# Brasília:
# controvérsias ambientais

# Brasília: controvérsias ambientais

ALDO PAVIANI E
LUIZ ALBERTO DE CAMPOS GOUVÊA
(Organizadores)

*Coleção Brasília*

COLEÇÃO BRASÍLIA

EDITORA UnB

Equipe editorial: Severino Francisco (Supervisão editorial); Galber Maciel (Preparação de originais); Maria Carla Lisboa Borba e Washington Sidney de Souza (Revisão); Marlene Augusta da Penha (Editoração eletrônica); G+ desing (Capa); Elmano Rodrigues Pinheiro (Supervisão gráfica); Logo da coleção (Azulejo Athos Bulcão)



*Impresso no Brasil*

Direitos exclusivos para esta edição:

Editora Universidade de Brasília
SCS Q. 02 Bloco C nº 78 Ed. OK 2º andar
70300-500 – Brasília, DF
Tel: (0xx61) 226-6874
Fax: (0xx61) 225-5611
editora@unb.br



Ficha catalográfica elaborada pela
Biblioteca Central da Universidade de Brasília

---

R454 Brasília: controvérsias ambientais / Luiz Alberto de Campos Gouvêa e Aldo Paviani (Organizadores). – Brasília : Editora Universidade de Brasília, 2003.
316 p.

ISBN: 85-230-0684-2

1. Meio ambiente. 2. Brasília. I. Gouvêa, Luis Alberto de Campos. II. Paviani, Aldo. III. Título.

CDU 502.3(817.4)

---

# Sumário

# Nota sobre os autores

ALDO PAVIANI, gaúcho, professor-titular aposentado e pesquisador associado ao Departamento de Geografia e ao Neur/UnB, geógrafo, livre-docente/doutor em Geografia Urbana (UFMG, 1977). Ex-diretor do Ceam/UnB e ex-diretor do Instituto de Ciências Humanas/UnB. Organizador das obras: *Brasília, ideologia e realidade* (1985); *Urbanização e metropolização – a gestão dos conflitos em Brasília* (1987); *Brasília: a metrópole em crise* (1989); *A conquista da cidade* (1991); *Brasília: moradia e exclusão* (1996) e *Brasília – gestão urbana: conflitos e cidadania* (1999), da Editora Universidade de Brasília. "Cidadão Honorário de Brasília" (Câmara Legislativa do DF, 1999). Campos de interesse: urbanização e metropolização, impactos ambientais, emprego/desemprego urbano, exclusão socioespacial, gestão do território.

BRASILMAR FERREIRA NUNES, mineiro, economista (FEA, USP, 1974), mestre em Planejamento Urbano (PUR-COPPE, UFRJ, 1976) e doutor (Université de Picardie – França, 1983). Pós-doutoramento (École des Hautes Etudes en Sciences Sociales – França, 2001), professor-titular (Departamento de Sociologia, UnB), pesquisador 1B e consultor *ad hoc* do CNPq. Coordena o projeto integrado "Estrutura de classes e estratificação social em Brasília". Publicações: *Brasília: a construção do cotidiano* (Org.). Brasília: Paralelo 15, 1997; "Novos olhares sociológicos sobre o urbano" (Org.). *Revista Sociedade Estado*, Brasília, v. XIII, (1), jan./jul. 1998; *Notas teóricas sobre classes e estratificação no meio urbano* – Brasília: UnB/SOL.

FREDERICO FLÓSCULO PINHEIRO BARRETO, cearense, doutorando em Psicologia Ambiental (Instituto de Psicologia/UnB), mestre em Planejamento Urbano (UnB, 1988) e arquiteto (UFCE, 1982). Ex-arquiteto do CEDATE/MEC e da FHDF. Colaborou nas publicações: *Programação arquitetônica de biotérios* (MEC, 1986); *Planejamento físico de bibliotecas universitárias*

(MEC/CNPq, 1993); *Normas para projetos físicos de estabelecimentos assistenciais de saúde* (MS, 1994); *Código de edificações do Distrito Federal* (Sinduscon-DF, 1998); *Ágora* (ASS-IPDF, 1998); *Contribuição ao ensino de Arquitetura e Urbanismo* (INEP, 1999); e *Revista Humanidades* (Ed. UnB, 1999). Co-autor do *Plano diretor físico do Campus Universitário Darcy Ribeiro* (PRC-UnB, 1998) e de projetos hospitalares no DF (1983-1993). Professor do Departamento de Projeto, Expressão e Representação da FAU/UnB desde 1992. Ex-coordenador do programa de extensão PRATICOM (DEX-UnB, 1994-2000).

HARTMUT GÜNTHER, após estudos de Psicologia na Alemanha e nos Estados Unidos, concluiu o doutorado em Psicologia Social na University of California, Davis (1975). Professor na UFRGS, UFPB e, desde 1988, na UnB. Tem trabalhos publicados nas áreas de Psicologia Transcultural, Psicologia Social e técnicas de pesquisa social. Desde 1990 é coordenador do Laboratório de Psicologia Ambiental da UnB, em que realiza, junto com alunos de graduação e pós-graduação, pesquisa empírica sobre aspectos da vida urbana, especialmente da vida em Brasília.

LÚCIA CONY FARIA CIDADE, gaúcha de Porto Alegre, mas cresceu no Rio de Janeiro. Formou-se em Arquitetura (UFRJ, 1969) e obteve os títulos de mestre em Arquitetura (U. C. Berkeley, 1972), mestre em Planejamento Urbano e Regional (COPPE/UFRJ, 1978) e doutora em Planejamento Urbano e Regional (Cornell University, 1987). Professora do Departamento de Geografia da UnB desde 1993, atua também no Centro de Desenvolvimento Sustentável (CDS/UnB) e no Núcleo de Estudos Urbanos e Regionais (Neur/Ceam/UnB). Trabalhou no Ministério do Desenvolvimento Urbano e Meio Ambiente e na Companhia de Desenvolvimento da Região Metropolitana de Salvador (CONDER). Suas áreas de pesquisa incluem imagem ambiental urbana, urbanização e metropolização, planejamento urbano e regional, e aplicações do planejamento à gestão ambiental.

LUIZ ALBERTO DE CAMPOS GOUVÊA, mineiro, arquiteto (UnB, 1979), especialista em Planejamento Habitacional (UnB, 1982), mestre em Planejamento Urbano (UnB, 1988) e doutor em Arquitetura e Urbanismo (USP, 1995), com pós-doutorado na Universidade Politécnica da Catalunha /Espanha (1999). Participou, entre 1980/1990 e 1997/1998, como arquiteto do GDF da elaboração de projetos e trabalhos sobre planejamento urbano/habitacional. Foi um dos fundadores e dirigentes dos Sindicatos dos Arquitetos e dos Servidores Públicos do DF e também assessor de várias associações de moradores de Brasília. Ex-professor de Urbanismo da PUC/Goiás e da Unesp/SP. Autor do livro *Brasília: a capital da segregação e do controle social*, São Paulo: Editora Annablume, 1995, e de vários artigos sobre habitação e planejamento urbano nos livros da Coleção Brasília, Editora Universidade de Brasília. É professor da UnB, em que desenvolve pesquisa sobre a forma urbana sustentável no Planalto Central.

MARÍLIA LUIZA PELUSO, catarinense, geógrafa (UFSC, 1962), realizou curso de especialização em Planejamento Urbano (UnB, 1978). É mestre em Planejamento Urbano (UnB, 1983) e doutora em Psicologia Social (1998, PUC/SP). Publicou trabalhos sobre temáticas urbanas e regionais, focalizando a moradia, as representações sociais e a identidade urbana. É professora do Departamento de Geografia e coordenadora do programa de pós-graduação em Geografia da UnB. Atualmente, desenvolve pesquisas sobre representações sociais do meio ambiente urbano.

MARÍLIA STEINBERGER, carioca, economista, mestre em Planejamento Urbano e Regional (COPPE/UFRJ, 1976), doutora em Estruturas Ambientais Urbanas (FAU/USP, 1994). É professora de Geografia Política, Economia Política e Meio Ambiente, e Meio Ambiente Urbano no curso de mestrado de Gestão do Território do Departamento de Geografia da UnB. Desenvolve pesquisas nas áreas de política urbana, regional e ambiental com trabalhos publicados sobre esses temas. Foi professora de Economia Urbana e Regional nos mestrados de Planejamento Urbano do Propur/UFRGS e da FAU/UnB, nas décadas de 1970 e 1980. Desempenhou atividades profissionais no IPEA e no extinto Ministério do Interior, tendo neles exercido cargos de chefia nos anos 1980.

MARTA ADRIANA BUSTOS ROMERO, nascida em Santiago – Chile, arquiteta, mestre em Planejamento Urbano (FAU/UnB, 1985) e doutora em Arquitetura (ETSAB/UPC, 1993). Professora e chefe do Departamento de Tecnologia da FAU/UnB desde 1997. Ex-técnica da Corvi de Chile e da Cohab de Campinas, SP. Ex-técnica da Codeplan e do Indur, em que desenvolveu "Subsídios para o Macrozoneamento do Entorno do DF" e "Regularização do Setor Tradicional de Planaltina-DF". Ex-assessora da Prefeitura de Luziânia, GO. Pesquisadora do Neur e do NPH-Ceam/UnB. Líder do grupo de pesquisa "A Sustentabilidade da Arquitetura e do Urbanismo", Plataforma Lattes/CNPq.

Autora das obras: *Princípios bioclimáticos para o desenho urbano, Sistemas construtivos* e *As modalidades de construção tecnologicamente significativas*. Desenvolve pesquisas sobre bioclimatismo e a viabilidade ambiental do processo de urbanização do DF, como subsídio ao planejamento urbano (apoiada pelo CNPq).

NELBA AZEVEDO PENNA, gaúcha, bacharel em Geografia, formada pela Universidade Federal de Santa Maria (RS), professora do Departamento de Geografia da Universidade de Brasília (UnB) e doutora em Geografia Humana pela Universidade de São Paulo (USP). Participou do Programa de Intercâmbio Internacional na Universitat de Barcelona (ES), durante o ano de 1998. Coordenadora do Núcleo de Estudos Urbanos e Regionais (Neur/Ceam – UnB), tem-se dedicado à pesquisa da temática que envolve a cidade, a urbanização e seus processos de produção do espaço.

NELI APARECIDA DE MELLO, paulista, geógrafa (UFG, 1978), mestre em Arquitetura e Urbanismo (UnB, 1997), doutoranda em Geografia nas Universidades de Paris X-Nanterre e de São Paulo, pesquisadora associada da École Normale Supérieure (ENS) de Paris e servidora pública. Participou de inúmeros projetos de planejamento urbano e regional e a partir de 1987, passou a dedicar-se também à área de meio ambiente. Foi diretora de pesquisa do Ibama e exerceu outros cargos de chefia também no Ministério do Meio Ambiente. Desenvolve pesquisas sobre políticas públicas territoriais: ambientais e urbanas.

PAULO CASTILHO LIMA, arquiteto, formado na Universidade do Brasil (RJ), professor-doutor da Faculdade de Arquitetura e Urbanismo da UnB, com pós-doutorado no Center of Urban Research da City University of New York (CUNY, 1998), pesquisador do Núcleo de Estudos Urbanos e Regionais (Neur).

RAFAEL SANZIO ARAÚJO DOS ANJOS, geógrafo (IG/UFBa, 1983); especialista em Sensoriamento Remoto (UNESP/Rio Claro, 1985); mestrado em Planejamento Urbano (FAU/UnB, 1991) e doutor em Informações Espaciais (EPUSP – Br/Orstom – Fr), atual IRD, 1995. Experiência profissional e pesquisas nas representações cartográficas para o planejamento do território; na formação de banco de dados espaciais; e no uso da tecnologia SIG no monitoramento do uso da terra. É professor do Departamento de Geografia e diretor do Centro de Cartografia Aplicada e Informação Geográfica da UnB, em que desenvolve com parcerias o projeto Popularização da Informação Geográfica. Publicou o Mapa Imagem Multitemporal do DF, o Mapa dos Processos Formadores da Dinâmica Territorial no DF e a Carta Imagem do Uso da Terra do Plano Piloto de Brasília e seu Entorno Imediato.

# Prefácio

(*In memoriam* a Milton Santos)

Na obra que inspirou a Coleção Brasília, *Brasília, ideologia e realidade – espaço urbano em questão*, datada de 1985, Milton Santos homenageou os co-autores com o Prefácio. Nele, salientava que a obra era o "retrato vivo da primeira grande cidade brasileira da era científico-técnica, prova concreta de como, no espaço humano, encontram-se enfeixadas vontades diversas hierarquizadas segundo os tempos e diferentes em escala, índole e alcance. É uma cidade do futuro, avançando na era pós-industrial pelo arrojo do Plano Piloto. Como um todo, porém, revela, de modo claro, a realidade contraditória da Nação". Seu prefácio foi, na realidade, uma homenagem a Brasília, em sintonia com os autores da coletânea.

Em outubro de 2000, durante a organização da presente obra, o nome do prefaciador recaiu, por unanimidade, em Milton Santos, como uma renovada homenagem ao grande geógrafo, pensador e "militante das idéias", como se definia. O agravamento de seu estado de saúde e seu falecimento, na madrugada de 24 de junho de 2001, impediram que nos brindasse com mais uma de suas contribuições.

Os co-autores desta coletânea, profundamente consternados com seu falecimento, mantiveram Milton Santos no prefácio. Na falta de seu texto, resolveram à guisa de prefácio, homenageá-lo com o artigo publicado no *Correio Braziliense*, Caderno Pensar, "Geografia Intelectual", de autoria de Aldo Paviani. Assim, nossa homenagem ao grande impulsionador dos estudos urbanos, reconhecido nacional e internacionalmente, fica registrada a seguir, na esperança de que as novas gerações busquem em seus ensinamentos multivariados a inspiração e o exemplo de conduta do grande pensador e humanista Milton Santos.

> O falecimento em 24 de junho do geógrafo Milton Santos deixa de luto a intelectualidade brasileira, setores das humanidades, como a Economia, a

Filosofia e, de modo especial, sua área: a Geografia. Milton era homem engajado na luta pela cidadania, pela inclusão e justiça social, contra o "pensamento único" e por um forte engajamento intelectual e ético dos docentes/pesquisadores da Universidade.[1] O nosso consolo é saber que seu pensamento está vivo, presente nas suas obras e nas muitas cabeças formadas por ele.

Milton Santos foi um colecionador de prêmios nacionais e internacionais. Dono de quase duas dezenas de títulos **Honoris Causa** no exterior e no Brasil. A UnB lhe conferiu esse título em 1999. Milton recebeu também o Prêmio *Vautrin Lud* – o "Nobel da Geografia", concedido pela França em 1994. Embora formado em Direito, abraçou a Geografia ainda jovem: aos 22 anos publicou seu primeiro ensaio geográfico: *O povoamento da Bahia: suas causas econômicas* (Salvador, 1948). Aos 32, conquistou seu doutorado em Geografia na Universidade de Estrasburgo. Com isso, inseriu-se definitivamente na Geografia Humana e ganhou *status* para uma vigorosa e profícua produção acadêmica. Autor de quase cinqüenta livros, diversas participações em obras coletivas (não menos importantes), quase três centenas de artigos publicados e inumeráveis conferências, participações em congressos científicos no Brasil e no exterior e artigos/entrevistas divulgados na imprensa, Milton Santos teve também incontáveis alunos orientados de graduação, mestrado e doutorado, no Brasil e no exterior. Nos anos da ditadura, exilou-se na França e aproveitou para aprofundar suas pesquisas e estudos. Pesquisou, publicou e ensinou na Tanzânia, no Canadá, nos EUA, na Venezuela, na França, na Nigéria e em outros países.[2] Sem dúvida, é o geógrafo brasileiro mais conhecido e respeitado no exterior, criador de teorias sobre o espaço e responsável por uma nova geografia brasileira, pois fez escola em todos os quadrantes do país.

Na obra de Milton Santos, destacam-se vigor e paixão pela defesa de teorias e idéias e originalidade na expressão de seus pensamentos. Exemplo disso são suas opiniões sobre o que é ser intelectual. Em conferência na UnB, em 16 de outubro de 1980, Milton salienta que "o intelectual é sempre capaz de ser surpreendente; isto é, de dizer, de fazer o que dele não se espera no momento, de mudar de opinião, de vencer as inércias ou as pressões e de exprimir-se na única língua própria do intelectual que é a língua da verdade..." Diz ainda que "o intelectual é o homem que tem o gosto do risco sem o qual não há descoberta. [...] é aquele que se indispõe com os que o ouvem para trazer a verdade em que acredita naquele momento, que tem a coragem de descobrir que essa é a verdade e não mais voltar atrás, isto é, dará um passo

[1] Ver seu último artigo "O intelectual anônimo", republicado pelo *Correio Braziliense*, de 25/6/2001, p. 7.

[2] A respeito de seu périplo no exterior, ver "Milton Santos recebe o título de Professor *Honoris Causa* na UnB", em 11/11/1999, saudação de minha autoria, não publicada.

à frente, trazendo a nova verdade."[3] No seu último artigo, publicado por esse jornal em 25 de junho, ele conclui com a seguinte frase: "por definição, vida intelectual e recusa a assumir idéias não combinam. Esse, aliás, é um traço distintivo entre os verdadeiros intelectuais e aqueles letrados que não precisam, não podem ou não querem mostrar, à luz do dia, o que pensam".

No enorme leque de suas publicações, Milton incluiu obras de metodologia científica, destacando-se *Por uma Geografia Nova* (1978 – tradução para o francês e o espanhol), na qual as bases da geografia crítica são lançadas; *O trabalho do geógrafo no terceiro mundo* (1978); *Pensando o espaço do homem* (1982) sobre o "espaço global do capital"; *Espaço e método* (1985), na qual o autor teoriza sobre o "período técnico-científico informacional" e sobre estrutura, processo, função e forma como categorias do método científico; *Metamorfoses do espaço habitado* (1988), na qual Milton Santos analisa a passagem da "internacionalização à globalização", lança um novo olhar sobre o período técnico-científico e propugna pela passagem da teoria à prática; *Técnica, espaço tempo – globalização e meio técnico-científico informacional* (1994), tratado sobre "sistema de objetos e sistema de ações" na dinâmica espacial submetida à globalização/fragmentação dos territórios. Ainda nos debates sobre a nova Constituição brasileira publicou *O espaço do cidadão (1987),* um chamamento à cidadania e à crítica sociopolítica com validade para o momento de crise por que passa o país neste início de século. Em 1965, publicou *A cidade nos países subdesenvolvidos,* na qual teoriza sobre o processo de urbanização, ao mesmo tempo em que fornece exemplos empíricos e dedica uma unidade a "Brasília e o subdesenvolvimento brasileiro", aproveitando seu conhecimento como morador da capital nos tempos em que esteve à frente da subchefia da Casa Civil do governo Jânio Quadros; em 1979, Milton desenvolve em *Espaço e sociedade* o que poderia ser denominado de Geografia Aplicada já que, ao lado de suas teorias sobre "terceirização, urbanização e planificação", analisa empiricamente o Brasil como "país subdesenvolvido industrializado". Teorias e análises vão estar também no *Manual de Geografia Urbana,* de 1981. Em 1982 publicou a obra *Ensaios sobre a urbanização latino-americana* e, em 1990, *Metrópole corporativa fragmentada – o caso de São Paulo*, com documentação estatística e cartográfica sobre a grande metrópole brasileira; a mesma temática metropolitana vai surgir em *Por uma economia política da cidade*, obra de 1994, com ênfase na metrópole paulista.

A meu ver, as obras de Milton Santos que perpassarão o tempo e constituirão um somatório à enorme contribuição à teoria e prática socioespacial são: *O espaço dividido – os dois circuitos da economia urbana dos países*

---

[3] Para outros aspectos de sua contribuição, ver "Milton Santos em Brasília: presença no ensino e na pesquisa", de minha autoria e apresentado no 6º Encontro de Geógrafos da América Latina, Buenos Aires, em março de 1997.

*subdesenvolvidos* (1979) e *A natureza do espaço – técnica e tempo. Razão e emoção,* publicação de 1996. A primeira, sua obra maior, tem como proposta bem formulada a substituição dos termos "economia formal e informal" (muito em voga entre os economistas) por circuito superior e inferior. Nessa obra, Milton Santos define os elementos e as características dos dois circuitos e os aplica como "não-dualismos" da urbanização. A pobreza urbana é inserta na unidade "circuito inferior", enquanto o circuito superior engloba a economia organizada: "comércio, indústria e serviços modernos" (isto numa simplificação enorme da densa linha de raciocínio explicitado com rigor e método). O ilustre geógrafo teoriza ainda sobre o papel do Estado e suas relações com o planejamento, com os monopólios e a "macroestruturação do espaço". Essa obra foi traduzida do francês (*L'Espace Partagé,* de 1975*)* para o português. Foi ainda vertido para o inglês, em 1979 (*The Shared Space...*). Essas teorizações assumiram importância no meio científico, tendo causado polêmica com repercussão sobretudo na Europa e América do Norte. A obra *A natureza do espaço* é o coroamento de alguns anos de pesquisa, quando participou de reuniões científicas na França, Cuba, Estados Unidos, Venezuela, Argentina, México, Espanha e ministrou cursos de pós-graduação na Universidade de São Paulo. Nesse livro, Milton Santos dá ao espaço um tratamento filosófico-geográfico como em "Uma ontologia do espaço: noções fundadoras", de grande utilidade para todas as áreas das Ciências Humanas. Nesse trabalho, Milton faz uma ponte entre o meio natural e o meio técnico-científico, tratando por fim do lugar, do cotidiano e da globalização, temáticas de grande interesse nos meios acadêmicos na atualidade.

Em 2000, já com a saúde debilitada, Milton mantém a vivacidade intelectual, demonstrando-a em *Território e sociedade, Por uma outra globalização* e em *Território e sociedade no início do século XXI.* Essas três publicações tratam de temáticas atuais como a estruturação do espaço sob o processo de globalização, incluindo crítica ao governo por seu atrelamento às estruturas hegemônicas e dependência do capital internacional.

Concluo que Milton Santos ainda está entre nós, pois seu espírito de homem de idéias e ideais, de intelectual íntegro e de inteligência penetrante estará sempre disponível na materialidade de suas teorias. Quando o tempo passar e as novas gerações buscarem referências do nome Milton Santos, o desejo de um mundo melhor, mais igualitário, liberto da apartação socioespacial as remeterá de novo a seus ensinamentos.

Aldo Paviani

# Apresentação

As preocupações do homem com os impactos sociais e ambientais do processo de industrialização remontam à 1ª Revolução Industrial, em meados do século XVIII. Entretanto, somente no século XX, com a expansão global das usinas e fábricas, agravam-se os danos sobre a natureza, ampliando-se a pressão sobre os insumos industriais e sobre as fontes de energia. A partir de então, surgem estudos científicos, sistemáticos e abrangentes, visando ao conhecimento do processo em curso e no sentido de explicitar proposições para a questão ambiental nos países industriais.

Nas décadas de 1950 e 1960, começam a aparecer propostas pontuais para evitar a extinção de espécies animais, a destruição de florestas, com a atenção voltada para a poluição dos núcleos urbanos. Ao fim dos anos 1960, com a divulgação do relatório do Clube de Roma, as propostas foram globalizando-se e, embora se referissem às questões ecológicas, estavam ideologicamente muito direcionadas para solucionar problemas econômicos dos países hegemônicos. A partir da década de 1970, no entanto, a pressão social imposta pela fome, pela miséria crescente e pela morte de centenas de milhares de pessoas em todo o mundo contrasta com o enriquecimento cada vez maior dos países centrais. Esses, por sua vez, propunham a desaceleração da economia e da industrialização, até mesmo nos países periféricos, visando a minimizar os impactos ambientais. Por outro lado, na ECO 72, a declaração da líder indiana Indira Ghandi de que "a pior forma de poluição é a miséria" chamou a atenção para o problema e trouxe para o debate mundial o componente social da questão ambiental.

Do conhecimento gerado e das conseqüentes proposições vai depender, em muito, a qualidade de vida nos núcleos urbanos contemporâneos. Dentro dessa perspectiva, na presente coletânea, deseja-se investigar a questão ambiental de forma ampla, inter e multidisciplinar, tendo como foco o território do Distrito Federal (DF), mormente os centros urbanos que formam Brasília. Os trabalhos analisarão as contradições e controvérsias da atuação pública e do setor privado, bem como as implicações ecológicas, sociais, psicológicas e econômicas do ambiente urbano. Em cada capítulo há propostas e recomendações, objetivando minimizar os problemas ambientais urbanos encontrados na capital federal, como se verá adiante.

Dessa forma, os trabalhos buscarão responder a questões como: Qual é o papel dos atores econômicos e sociais na produção do ambiente urbano? De que forma as representações sociais se relacionam, contraditoriamente, com as práticas socioeconômicas? Como definir diretrizes de planejamento urbano e de desenho ambiental urbano a partir dos fatores históricos, sociais e ecológicos? Para abordar corretamente a questão ambiental de Brasília, por que é necessário envolver um território mais amplo que extrapole seus limites? Esses limites ou escalas seriam de uma região ou de uma área metropolitana?

Torna-se importante destacar que nosso objeto de estudo, Brasília, tem uma história pioneira com relação às questões do ambiente ecológico/social, pois, antes mesmo de ser construída, na década de 1950, a cidade foi objeto de um verdadeiro estudo de impactos ambientais: o Plano Belcher, orientador das bases físicas para o projeto da implantação da capital. Brasília também foi pensada como solução para questões sociais, estéticas, imagéticas, ideológicas e estratégicas nacionais. Enfim, o ambiente urbano brasiliense foi alvo de proposições novas/modernistas, constituindo-se num laboratório ambiental urbano, por excelência

Com efeito, Brasília tem sido largamente considerada o símbolo da cidade modernista, cujo charme urbanístico e arquitetônico integra o imaginário nacional como um exemplo de qualidade de vida e qualidade ambiental invejável. É certo que os apelos de um bem-sucedido *marketing* original, cultivado e reiterado ao longo de anos, não podem ser subestimados. No entanto, a pretensão de uma capital imune às profundas contradições da sociedade brasileira revelou-se, na melhor das hipóteses, um discurso profundamente ingênuo ou, o mais provável, uma bem-sucedida manobra demagógica.

Após quase 43 anos, Brasília, composta pelo Plano Piloto e por cidades-satélites, apresenta-se como uma metrópole segregada, com problemas semelhantes aos de outras cidades brasileiras e latino-americanas. Sua região envolve ainda o Entorno, constituído de municípios externos, cidades-dormitório com uma população carente, com reduzida assistência e em acelerado crescimento. Apesar de contar com um perfil industrial bastante limitado, constituído principalmente de atividades não poluentes, e apoiando-se fortemente em atividades administrativas, Brasília sofre de graves problemas socioambientais. A expansão urbana nas últimas décadas tem-se caracterizado pelo desrespeito às restrições ambientais estabelecidas pela legislação e pelo planejamento. Nesse contexto, o debate sobre as condições de sustentabilidade urbana em Brasília torna-se urgente e essencial, sobretudo frente às controvérsias, polêmicas e questões (muitas vezes pendentes de resposta) que a temática poderá ensejar.

Ressalte-se, contudo, que a cidade e seu território vêm sendo objeto de inúmeros estudos científicos, muitos deles já divulgados em coletâneas anteriores, como *Brasília, ideologia e realidade – espaço urbano em questão* (1985); *Urbanização e metropolização – a gestão dos conflitos em Brasília* (1987); *Brasília, a metrópole em crise* (1989); *A conquista da cidade – movimentos populares em Brasília* (1991); *Brasília: moradia e exclusão* (1996) e *Brasília – gestão urbana: conflitos e cidadania* (1999). Faltavam, no entanto, estudos mais detalhados sobre os vários aspectos do ambiente urbano social/econômico, psicológico/ideológico, ecológico, com preocupações sobre a qualidade de vida em Brasília, que esta obra busca suprir.

A respeito da produção científica sobre a capital, assumimos, como o fizemos na obra *Brasília: moradia e exclusão*, de 1996, que se "procurou de forma consensual entre os colaboradores desta coletânea, de variada composição profissional, que **Brasília deveria ser conceituada como Distrito Federal urbano**, ou seja, o conjunto que se formou com o Plano Piloto de Brasília e todos os outros núcleos urbanos anteriormente chamados de cidades-satélites". Ainda em 1996, foi afirmado que "a Coleção Brasília foi instituída justamente para abrigar pesquisas científicas. Com isso, as obras prestigiam o trabalho de pesquisadores e colaboram para que a capital federal seja conhecida, compreendida e reavaliada ao longo de seu processo de urbanização". (Paviani, 1996:16 e 18). Essa postura foi mantida na presente coletânea.

Composta de doze artigos, a presente coletânea encontra-se dividida em três partes:

CONFLITOS SOCIOECONÔMICOS E PRODUÇÃO DO AMBIENTE;
PSICOLOGIA AMBIENTAL E REPRESENTAÇÕES SOCIOESPACIAIS;
ECOLOGIA AMBIENTAL URBANA.

A primeira parte, CONFLITOS SOCIOECONÔMICOS E PRODUÇÃO DO AMBIENTE, inicia com o trabalho *Ambiente urbano com desemprego*, do geógrafo Aldo Paviani. O autor trata a questão como totalidade e a questão ambiental como social. Enfoca o caso de Brasília, na qual o idealizado, desde sua construção, não se materializou ou foi implantado de modo diverso do que os fundadores demarcaram como objetivo central da transferência da capital federal do Rio de Janeiro para o Planalto Central. Paviani avalia que a qualidade de vida na capital tem caído constantemente, sendo o desemprego apontado como um dos elementos-chave para o incremento da crise urbana, mormente da violência. Em sua contribuição, Paviani interliga pressão ambiental e desemprego/lacunas de trabalho à questão da qualidade de vida urbana, apontando a urgente necessidade de planos e projetos que ampliem as possibilidades de trabalho em

Brasília, em sua área metropolitana e nas regiões deprimidas, expulsoras de mão-de-obra, especialmente o Nordeste brasileiro. Inclui, ao final, a questão de como superar conflitos e controvérsias entre preservação ambiental e desenvolvimento socioeconômico.

Nelba Azevedo Penna, no capítulo *Fragmentação do ambiente urbano: crises e contradições*, tem por objetivo expor os conflitos e contradições do processo de fragmentação do espaço urbano de Brasília, que se define pela expansão e crescimento da cidade sobre as áreas de proteção ambiental. Esse processo de fragmentação do espaço está fundamentado na gestão pública conflituosa entre as propriedades pública e privada da terra no DF, onde o poder público luta para manter seu domínio sobre todo o território. Essa análise questiona o processo de refuncionalização da periferia, ou seja, a transformação das áreas ambientais em áreas de urbanização dinâmica, buscando estabelecer quais os elementos da urbanização atual que tornam as áreas de proteção ambiental atrativas para a apropriação privada dos elementos da natureza. A análise desses elementos permite entender a ruptura do espaço estatal e homogêneo, concebido para o DF, por uma urbanização extremamente descontínua, porém fortemente integrada. Revela-se a importância da apropriação dos elementos da natureza na valorização do lugar, que redesenham novas áreas de crescimento urbano acelerado, desconsiderando os usos ambiental ou rural estabelecidos pelo governo do DF. Esse processo permite a explicação dos novos elementos intervenientes na produção do espaço urbano, que consolidam novas estratégias, na relação dialética entre os usos sociais e o uso econômico dos recursos do lugar.

O sociólogo Brasilmar Ferreira Nunes propõe, com *A lógica social do espaço*, sistematizar elementos analíticos úteis para uma compreensão da lógica social de Brasília. O autor procura ao longo do texto pontuar aspectos sociológicos que dão a especificidade social da cidade, privilegiando o Plano Piloto e os Lagos Sul e Norte, áreas onde habitam e trabalham as pessoas para quem a cidade foi pensada a princípio. Para tanto, esse artigo é uma reflexão sobre as características socioculturais do funcionalismo público, a principal categoria socioprofissional da cidade, procurando identificar a relação entre o urbanismo extremamente racional implantado e a procura de eficiência característica de certos setores do funcionalismo. Nesse sentido, o Plano Piloto e os Lagos aparecem mais como grandes bairros de classe média onde as teorias sobre as evidências espaciais das desigualdades sociais e econômicas, dentro do espaço urbano, e seus efeitos sobre a ecologia urbana encontram uma concretude lapidar: áreas que apresentam elevado conforto ambiental gozam também de uma homogeneidade do ponto de vista da renda média de seus habitantes.

Com *Revitalização urbana e o uso da contribuição de melhoria no Distrito Federal*, o arquiteto Paulo Castilho Lima apresenta o exemplo de um programa de revitalização urbana utilizado nos Estados Unidos, com possibilidades de adaptação para áreas urbanas do DF. O impacto desse programa está relacionado à melhoria da qualidade de vida, decorrente de ambientes públicos urbanos mais adequados e do uso da contribuição de melhoria como instrumento arrecadador dos fundos necessários para sua execução. O assunto também está relacionado às questões de parcerias entre o governo e a iniciativa privada e a administração pública local, em especial com a participação da comunidade no sentido do conhecimento dos instrumentos e mecanismos do planejamento urbano, suas conseqüências na implantação e no processo decisório de sua utilização. Ao final, inserem-se duas experiências efetuadas, por simulação, no Plano Piloto de Brasília e em Planaltina, a mais antiga cidade do DF, com os procedimentos adaptados do citado programa. Segundo Castilho, os resultados indicam ser possível sua aplicação, dependendo de vontade política e de maior divulgação do programa com a população.

Na segunda parte, PSICOLOGIA AMBIENTAL E REPRESENTAÇÕES SOCIOAMBIENTAIS, o arquiteto Frederico Flósculo Pinheiro Barreto e o psicólogo Hartmut Günther trabalham com *Psicologia ambiental no Distrito Federal: uma agenda para pesquisa*. Os autores exploram uma série de questões voltadas para o estudo do espaço urbano dessa metrópole projetada sob a ótica da psicologia ambiental. Apresentam uma breve caracterização da psicologia ambiental, explicando-a por meio da relação entre a natureza de Brasília e a vida dos seus habitantes. Os autores concluem com uma agenda de pesquisa-ação para avançar tanto no campo teórico da psicologia ambiental como nos estudos que visam a intervenções na vida diária em Brasília. Emergem algumas provocações à intensificação do necessário diálogo entre as diversas ciências sociais sobre cidades planejadas e sobre a capital federal. O projeto participativo é apresentado como a espinha dorsal para uma agenda que reúna pesquisa e ação, estimulando a realização de intervenções e visando a promover a qualidade ambiental urbana. O artigo finaliza com a proposta de estudos do ambiente construído em Brasília, utilizando princípios urbanísticos com valor para a educação ambiental na cidade.

Na seqüência, a arquiteta Lúcia Cony Faria Cidade, seguindo o mesmo enfoque da psicologia ambiental urbana, apresenta o trabalho *Qualidade ambiental, imagem de cidade e práticas socioespaciais*. Nele, a autora considera que uma das formas de mascarar a desigualdade característica das metrópoles do capitalismo periférico é disseminar a idéia de que o ambiente urbano, um bem público, é igualmente acessível a todos. Lúcia Cony Faria Cidade considera que, como representação coletiva das qualidades de uma cidade, a imagem ambiental pode ser construída e divulgada com fins ideológicos. No entanto, a sociedade é capaz de captar conflitos reais e perceber o ambiente como a marca registrada dessa dinâmica. A imagem construída pelo governo e divulgada em escala internacional, desde a fundação de Brasília, foi a de uma cidade com qualidade ambiental elevada e homogênea. Diante das desigualdades reais, no entanto, a imagem ambiental percebida tem refletido grande variação. A reflexão conduz a algumas questões. Qual o papel da imagem de cidade na produção do espaço no Distrito Federal? Qual a correspondência entre imagens criadas e percepção do ambiente vivido na cidade? Ao longo da evolução da capital brasileira, é possível identificar um padrão no qual se contrapõe uma imagem de cidade ideal à de um ambiente urbano cada vez mais desigual e caótico. O processo pode estar reforçando uma organização territorial com elevados custos sociais e degradação ambiental. Soluções poderiam começar a ser vislumbradas a partir da construção de identidades coletivas transformadoras.

No trabalho seguinte, *Reflexões sobre ambiente urbano e representações sociais*, a geógrafa Marília Luiza Peluso aborda o problema da apropriação de terras públicas no DF e a degradação do meio ambiente que daí decorre, buscando as raízes históricas e sociais do comportamento territorial predatório, que transforma a terra pública em terra de ninguém. Peluso trabalha a questão a partir de representações sociais, nas quais a terra pública deixa de constituir um bem comum, mas é vista como um objeto de apropriação individual. Segundo a autora, a ocupação do território de Brasília deveria romper com esse padrão, adotando uma ótica igualitária de organização do espaço, o que é dificultado pela contradição interesses particulares/interesses coletivos. É necessário, portanto, uma visão do meio ambiente como uma nova dimensão do urbano, com a qual se possa gestar uma representação social da terra como bem comum. Peluso pretende abordar teoricamente as questões mencionadas e fornecer subsídios para uma gestão menos injusta e predatória do espaço.

Na terceira parte, ECOLOGIA AMBIENTAL URBANA, o geógrafo Rafael Sanzio Araújo dos Anjos, com seu trabalho *Estruturas básicas da dinâmica territorial no DF*, dá uma interpretação da dinâmica dos fatos geográficos mais relevantes, responsáveis pela conformação e pelo ordenamento resultante no espaço urbano do DF. Rafael Sanzio, de forma original, identifica vários elementos espaciais, estimuladores e inibidores do crescimento urbano. O processo de trabalho se operacionalizou mediante a identificação dos fatores com interferências estimuladoras do crescimento urbano, principal componente das transformações territoriais e ambientais, assim como dos espaços com função mais estabilizadora e inibidora da expansão do conjunto urbano. A modelagem gráfica de fatos geográficos registrou uma abstração e uma simplificação da realidade territorial, evidenciando a dinâmica dos agentes intervenientes na estruturação do conjunto urbano. Os produtos desse estudo foram referências fundamentais na Revisão do Plano Diretor de Ordenamento Territorial do DF, concluído em 1997, e estão sendo utilizados nos vários níveis de ensino, na transmissão de conteúdos geográficos, dentro do projeto Popularização da Informação Geográfica.

No capítulo seguinte, *Políticas públicas e consumo do meio ambiente urbano*, a geógrafa Neli Aparecida de Mello aborda alguns elementos da transformação ambiental em Brasília. Utiliza como argumento, por exemplo, que embora o planejamento e o ordenamento territoriais tenham tido papéis significativos nessa cidade, as contradições da sociedade brasileira se refletiram nas desigualdades espaciais e na qualidade ambiental, estreitamente vinculada aos níveis de renda. Para a análise dessas inter-relações ambiente natural–meio construído, a autora utiliza como estudo de caso a sub-bacia do ribeirão Riacho Fundo. Neli Mello mostra, também, aspectos da vulnerabilidade dessa região, ao ressaltar a relação entre a conurbação em desenvolvimento e o recuo das áreas protegidas, e lança mão das estratégias governamentais de investimentos regionais para analisar tendências e cenários que indicariam novos impactos ambientais decorrentes da expansão urbana ou da intensificação dos altos índices de migração para o DF.

Com seu trabalho *Zoneamento Ecológico-Econômico: instrumento geoestratégico*, Marília Steinberger salienta que o DF é um território especial. Essa condição é fruto de características intrínsecas, como "berço das águas" das três principais bacias do país, e adquiridas, como grande entroncamento rodoviário e marco arquitetônico e urbanístico, que configuram o seu ambiente como ponto de encontro. Por essas razões, o DF requer um planejamento territorial também especial que ultrapasse seus limites político-administrativos e ganhe abrangência regional, sob pena de deterioração de seu ambiente. Tal visão, segundo Marília, não tem sido devidamente contemplada pelos gestores do seu território até o presente. Ações fragmentadas do Estado e a pequena participação da sociedade local nas decisões, ao longo dos quarenta anos de existência, têm feito do território do DF um palco de disputas políticas e ganância fundiária. Na seqüência, a autora indica que, com esse pano de fundo, pretende discutir a idéia de que somente um instrumento de ordenação territorial como o Zoneamento Ecológico-Econômico (ZEE), ao reunir as dimensões da socioeconomia e da natureza, poderá constituir a verdadeira base geoestratégica para a tomada de decisões compartilhada sobre o território do DF. Por fim, a autora pretende, num primeiro momento, desmistificar a falaciosa preocupação ambiental com o território do DF, resgatando ações isoladas e pontuais desde a sua criação para, em seguida, mostrar a crescente dilapidação do patrimônio natural e da qualidade de vida e, ainda, apontar as dificuldades de se elaborar o ZEE por meio da história oral de vários dirigentes da área ambiental.

A arquiteta Marta Adriana Bustos Romero, em *A sustentabilidade do ambiente urbano da capital*, identifica as relações significativas e os elementos que estruturaram e qualificaram o ambiente para convertê-lo num fato único sobrecarregado de significações. Distingue, no seu trabalho, o fato de as intenções iniciais terem sido cuidadosas com o sítio, mas as ações subseqüentes não terem tido essa qualidade. Toma como base para o planejamento e desenho urbano as premissas sobre a estruturação ambiental e a persistência do sítio, e considera os dados relativos ao estado da devastação a fim de desenvolver um modelo escalar para a análise de sustentabilidade do ambiente construído. Utiliza duas premissas fundamentais, a primeira relativa à persistência do sítio e a existência do lugar e a segunda, que denomina urbanismo sustentável. As técnicas e os ritmos adequados a cada escala foram estabelecidos pela identificação da estrutura ambiental da área, pela sua vulnerabilidade e pelas alternativas de uso que se harmonizem com as peculiaridades do meio físico e com as aspirações da sociedade. O modelo proposto por Marta Romero parece prever, a partir das escalas propostas, o tipo e a esfera de ação a ser planejada, contribuindo assim para a transformação de premissas genéricas de desenvolvimento sustentável em premissas específicas para o espaço de Brasília.

Finalmente, o urbanista Luiz Alberto de Campos Gouvêa, que há mais de vinte anos vem pesquisando a relação da forma urbana com o ambiente natural do Planalto Central, desenvolve no trabalho *A cidade sustentável: Planaltina* uma avaliação crítica entre o processo de globalização e os impactos ambientais nos núcleos urbanos do Planalto Central, propondo um elenco de conceitos e critérios urbanísticos, com o objetivo de minimizar esses impactos. Nas idéias e critérios desenvolvidos, Gouvêa procura resgatar aspectos positivos da relação das formas urbanas com a natureza tropical de planalto, contidos em processos utilizados há séculos por nossos antepassados na região. Ao mesmo tempo, o autor procura empregar a tecnologia ambiental para garantir os níveis de conforto da cidade contemporânea, numa perspectiva de construção de espaços originais/genuínos, naturalmente representativos do local, os quais certamente permitirão uma inserção no global de uma forma sustentável, como nos interessa.

Considere-se, finalmente, que esta coletânea se concretizou como uma construção coletiva e de participação aberta, da mesma forma que as organizadas anteriormente, ensejando enriquecimento empírico e teórico entre os co-autores. Nas reuniões científicas, cerca de uma dezena, discutiram-se os conteúdos de cada contribuição agendada para apresentação, quando avaliações e sugestões eram feitas no sentido de aprimorar os trabalhos da obra. A sistemática de elaboração da coletânea possibilitou um intercâmbio de conhecimento multi e interdisciplinar, dando sentido à própria idéia da universidade e da pesquisa acadêmica e aprofundando a investigação nas diversas formas de se apreender o ambiente urbano brasiliense.

Ao apresentarmos esta coletânea, gostaríamos de agradecer o empenho dos co-autores da obra e de dedicar este livro ao professor emérito Milton Santos que, infelizmente, veio a falecer em junho de 2001 e, com seu exemplo e sua obra, estimulou-nos a estudar as diferentes formas do processo de urbanização em nosso contexto e a prosseguir em seu caminho de "militante das idéias".

Os Autores

# Parte I

# Conflitos socioeconômicos e produção do ambiente

# Ambiente urbano com desemprego[1]

Aldo Paviani

Duas questões ganham proeminência nesse início de século e milênio: a ambiental e a urbana. A questão ambiental está sob os refletores da mídia, da academia, das ONGs, dos governos e da sociedade, nem sempre nessa ordem ou importância, no presente e no futuro. A temática ambiental enquadra-se na abordagem geográfica totalmente, nela incluído o meio urbano. Assumindo o meio urbano e as problemáticas ambientais, em uma totalidade, compomos um macrossistema, uno em sua essência e funcionalidade, que poderá afetar a qualidade de vida, pelas políticas que levam ao desemprego. Milton Santos considera que a "totalidade é a realidade em sua integralidade", assumindo com Wittgenstein que "a realidade é a totalidade dos estados de coisas existentes, a totalidade das situações. A totalidade é o conjunto de todas as coisas e de todos os homens, em sua realidade, isto é, em suas relações, e em seu movimento" (Santos, 1996: 94). Recentemente, Santos retomou essa questão para reforçar a idéia de totalidade:

> E só a partir da visão do todo e de todos que podemos alcançar um conhecimento abrangente e unitário. E esta é uma forma de trabalhar com uma totalidade que garanta a manutenção de uma Geografia radical, de uma Geografia crítica (Santos, 2000a: 20).

Por isso, levamos em conta que o que se denomina vulgarmente de "meio ambiente" nada mais é do que o meio geográfico, em seu estado puro ou transformado pela ação humana.

Para Antônio R. Silveira dos Santos, a questão ambiental ganha mais evidência após a Conferência sobre Meio Ambiente e Desenvolvimento, a Rio-92,

[1] Adaptado de "Meio ambiente urbano e totalidade geográfica", trabalho apresentado na 52ª Reunião Anual da SBPC, Brasília, de 9 a 14/7/2000, e "Pobreza e desemprego no Brasil: a exclusão globalizada". *Revista Finisterra*. Lisboa, *XXXIV* (67-68): 161-174, 1999.

> quando o fator humano passou a integrar o meio ambiente, incluindo os problemas do homem relacionados diretamente à problemática ambiental, como a pobreza, o urbanismo etc. Assim, o conceito apenas clássico perdeu sentido ante as novas proposições da referida conferência, deixando o conceito de meio ambiente a se limitar apenas às condições meramente naturais (Dos Santos, 2000: 5).

Ressalte-se, todavia, que, em fins da década de 1970, o geógrafo Milton Santos já tratava a questão ambiental como social a partir de sua obra *O espaço dividido* (Santos, 1979) e, após, em muitos de seus trabalhos sobre a problemática urbana, como o que desenvolveu em "Do meio natural ao meio técnico-científico-informacional", na obra *A natureza do espaço – técnica e tempo; razão e emoção* (Santos, 1996: 186).

O que importa agora é considerar que tanto geógrafos como juristas e outros profissionais assumam o desafio no sentido de evitar desperdícios e depredações de recursos ambientais e ampliem as preocupações com a propalada natureza sustentável. Essa visão nos remete a outras, sobretudo à questão ambiental urbana. Inicialmente, não se poderá negar que ela é multifacetada, possibilitando abordagens inter, multi e transdisciplinares. Idealiza-se, todavia, a questão ambiental com visão de totalidade, como referido, uma vez que a geografia das regiões ou ecossistemas é una e abrange todos os componentes da natureza. O que se quer destacar é a interconexão de cada componente do meio natural, formando um todo, em sua essência e funcionalidade. Não se pode, por exemplo, separar o rio da mata ciliar, da vida animal, aquática e terrestre. Portanto, fauna, flora e meio hídrico formam um todo harmônico, no qual o homem pode ter presença para a sustentabilidade ambiental. Todavia, ao se implantar e desenvolver uma cidade nesse meio, introduz-se um elemento novo, que é o homem com suas atividades e interconexões de produção/consumo, circulação etc. O meio urbano, nesse caso, irá romper o equilíbrio preexistente. O meio se modifica, mas continua sendo um todo. Por isso, parece óbvio que se trate o meio urbano em sua amplitude natural e social, sem cair na armadilha de enfocar apenas o quadro natural, de um lado, ou o ambiente urbanizado, de outro.

Como, ao correr dos séculos, várias gerações de administradores atuaram sobre o meio urbano de forma descontínua e desconexa, as cidades assumiram diferentes papéis frente ao meio. Também, sob o ponto de vista histórico, as cidades assumiram funções diversas e, com isso, expandiram-se para além dos cascos que as formaram. Deve-se considerar igualmente a posição geográfica nos *impactos* da e na cidade. Assim, os impactos da e na cidade serão diversos em cidades do litoral, detentoras de parques industriais e portos marítimos, daqueles centros urbanos implantados nos planaltos interiores do país com relações comerciais em rede. Ademais, nas economias em globalização, as funções urbanas têm comando externo,[2] impactando o mercado de trabalho com o agravamento do desemprego, sobretudo nos países subdesenvolvidos. Algumas dessas questões serão abordadas a seguir, na análise das relações homem/ambiente transformado, quando afetam a qualidade de vida da população, em especial aqueles impactos vindos de ações e/ou políticas que levem ao desemprego e às lacunas de trabalho. O caso empírico é o desemprego em Brasília, comparando-o ao das demais metrópoles brasileiras. No caso de Brasília, salientamos que a cidade será definida como o "DF urbano", ou o somatório do centro da cidade, o Plano Piloto, com os demais núcleos, originariamente denominados de "cidades-satélites", considerando-se a capital federal como uma "cidade polinucleada". Como será referido adiante, Brasília, hoje, assume um papel metropolitano, englobando o que se passou a denominar "Entorno". Esse novo conjunto já foi por nós considerado como a "Área Metropolitana de Brasília" (AMB).[3] Embora a AMB, administrativamente, ainda não tenha uma lei ou ato criatório, não deixa de produzir conseqüências de magnitude variável como, por exemplo, sobre o mercado de trabalho. À força de trabalho de Brasília, deve-se acrescentar a do Entorno, o que amplia a influência sobre as taxas de emprego/desemprego da AMB, esteja ou não sendo isso computado nas estatísticas oficiais. Essa é uma questão funcional do aglomerado que se expande e se consolida.

## Ambiente e desperdícios

Na relação homem/natureza, com impactos ambientais, deve-se examinar, ainda, a questão dos desperdícios de recursos, sejam eles urbanos ou não. Será também importante analisar os desperdícios oriundos da extração de recursos da biomassa e os malbaratamentos realizados por certos agentes da produção, na dependência do "modo de produção". Ambos se associam e se tornam inextricáveis em todos os contextos, seja nos países industrializados, seja nos subdesenvolvidos. Ao longo da história, esse universo de desperdício vai ter uma incidência de grau variável sobre a natureza em constante transformação. Os desperdícios do passado, da atualidade e os que ainda virão merecem conside-

[2] Sobre comando externo das economias dependentes, ver de Aldo Paviani "Impactos de grandes projetos e a gestão externa do território". *Anais do III Encontro Nacional da ANPUR*. Águas de São Pedro, maio de 1989 e "Perspectivas para as metrópoles regionais – algumas considerações sobre migrações e lacunas de trabalho nos 90". Seminário "Metropolização e rede urbana: perspectivas para os anos 90". IPPUR/UFRJ, setembro de 1990.

[3] Um território mais amplo, formado pelo DF e nove municípios de Goiás, é considerado por Marília Steinberger como o "Aglomerado urbano de Brasília". Ver seu artigo "Zoneamento Ecológico-Econômico: instrumento geoestratégico", nesta coletânea.

ração especial não apenas em razão de sua irracionalidade, mas como forma de, conhecendo-os, evitar que as futuras gerações herdem espaços dilapidados e exauridos. O futuro do planeta está tanto no meio urbano como no agrário e florestal, intimamente ligado à contenção de desperdícios de qualquer natureza. O meio preservado é a garantia de um espaço conservado e em condições de sustentabilidade. Desperdiçar recursos humanos, técnicos e da primeira natureza é condenar o ambiente à esterilidade, com ampliação dos desertos, das áreas alagadas, dos territórios erodidos, dos espaços da pobreza, da miséria, da fome e sede, mesmo em um ambiente exuberante como a Amazônia sul-americana, tal como foi aventado com a ampliação de 20% para 80% da área a ser desflorestada na Amazônia brasileira, como estipula um projeto de lei aprovado em comissão da Câmara dos Deputados.[4] Por esse projeto, "o desmatamento na Amazônia poderá atingir mais 405 mil quilômetros quadrados, se o plenário aprovar o parecer do deputado Moacir Micheletto (PMDB-PR), que reduz de 80% para 50% o limite da reserva legal em cada propriedade da região". A reação a essa postura predatória veio com Medida Provisória (MP), mudando o Código Florestal para contornar o problema criado pela aprovação do parecer apelidado de "projeto motosserra".[5] O exemplo amazônico revela o quanto isso é irracional em termos de políticas de sustentabilidade, uma vez que o projeto foi elaborado para beneficiar apenas grupos poderosos, com poder de pressão sobre o Congresso Nacional. Na eventual aprovação do projeto em lei, os legisladores estarão perpetrando um atentado contra a preservação da biodiversidade, afetando o Brasil de forma irreversível.

A história dos desperdícios do passado não serviu, absolutamente, para aprender a lição de que se deva preservar o patrimônio natural para as gerações do futuro. O que poderá ocorrer na Amazônia ocorreu no Extremo Sul, com a devastação da Mata dos Pinhais, quando as araucárias forneceram a madeira para incrementar as exportações. No presente, assiste-se à dilapidação da biomassa do cerrado na região Centro-Oeste e da fímbria sul da Amazônia, de forma silenciosa e sob o patrocínio da agricultura da soja e da pecuária extensiva e da extração dilapidadora de madeiras, tudo para a exportação. Poderíamos afirmar, como nos últimos anos (Paviani, 1988: 3), ser necessário "examinar dados do passado perdulário (no qual se deram os desperdícios), do presente esbanjador (com a pletora de dilapidações veiculadas pela "mass media"), aumentando a densidade de fatos vividos e os possíveis e previsíveis

[4] Ver "Projeto leva mais risco à Amazônia", *Correio Braziliense*, edição de 12/5/2000, p. 15 e Editorial "Amazônia em risco", p. 20 do mesmo matutino e edição, e "Licença para cortar", *revista VEJA*, edição 1.649, ano 33, nº 20, p. 51, de 17/5/2000.

[5] Em 17/5/2000, a imprensa divulgava "A pressão contra projeto que permite a devastação da Amazônia" e "Oposição enterra *projeto motosserra*". *Correio Braziliense*, edição de 17/5/2000, p. 14.

malbaratamentos futuros, que haverão de emergir de ações erosivas (...)". Ao final do trabalho em referência, sugerimos que "esse elenco de desperdícios poderia ser mapeado por estado ou por regiões (ou ao nível municipal) e teríamos uma Geografia do Desperdício com diferentes graus de magnitude" (Paviani, 1988: 13).

Finalmente, observa-se que essas preocupações, de mais de uma década, sempre apontaram no sentido da preservação do ambiente para o futuro, seja ele no meio urbano ou no rural, em sua totalidade. Nesse aspecto, alguns estudiosos se armam de ceticismo pelos séculos decorridos e sem medidas eficazes com poder de obstaculizar as políticas de "terra arrasada", como o "projeto motosserra" ou os projetos de mega-hidroelétricas, de mineração, agropecuários e outros, que comprometem a vida em país sempre decantado justamente por sua "natureza bela e exuberante" e um "povo cordial e pacífico". No caso de Brasília, o ambiente natural está sendo constantemente dilapidado pela construção dos espaços urbanos, visando a implementar uma política assistencialista de "doação de lotes", despidos de infra-estrutura, e pela ampliação do espaço dedicado à agricultura. No início de 2001, por exemplo, a imprensa divulgou que "em 44 anos, o DF perdeu 57,65% de sua vegetação nativa. Estudo da Unesco constatou que pelo menos 600 espécies da flora original desapareceram neste período".[6] Ao se confirmarem a "dilapidação sem proveito" e a violência urbana e rural dos dias correntes, os epítetos de "país de natureza exuberante" e "povo cordial" podem ser esquecidos.

Sabe-se que o "verde destruído" tem repercussões na vida animal, que também padece com a dilapidação da flora. Por seu turno, o homem deixa de usufruir melhores condições ambientais quando sofre os impactos do "desperdício ambiental". De alguma forma, a "política de terra arrasada", com "assentamentos semi-urbanizados" no DF, pode ser considerada como uma forma de violência, sobretudo porque a "doação" de lotes sem infra-estrutura humilha o cidadão e não oferece oportunidades de trabalho no local, configurando apenas oportunismo e política paternalista. Note-se que, para o empobrecido, o lote que lhe é concedido é um bem concreto, uma segurança para o futuro, uma liberação do aluguel ou a possibilidade de lucro com sua venda.[7] Explique-se que os "assentamentos semi-urbanizados" apenas desempenham a função de moradia (precária), porque não foram constituídos para estar próximos de locais onde se geram novos postos de trabalho em seu interior ou na periferia

[6] Ver "Cerrado" e "Verde destruído", matérias publicadas pelo *Correio Braziliense*, edição de 31/1/2001, capa e p. 6 e 7, em que são reproduzidos mapas e dados do estudo da Unesco.

[7] Sobre a visão dos pobres, beneficiados com lotes doados, ver a tese "O morar na constituição subjetiva do espaço urbano. As representações sociais do morar na cidade-satélite de Samambaia/DF", apresentada à PUC/SP, em 1998, pela geógrafa Marília Luiza Peluso.

próxima. Isso em um quadro urbano tido como "planejado" e preservado, mas detentor de elevado índice de pobreza, de pessoas sem teto e de favelados. Não seria a favela uma forma de violência urbana? A favela é um dos maiores indicadores da baixa qualidade de vida da população afetada. Brasília, considerada "patrimônio da humanidade" pela beleza arquitetônica de seu centro, foi "tombada" pela Unesco. Todavia, a elevada apartação social e os bolsões de pobreza ao seu redor comprometem o ideal de terra onde "corre leite e mel", segundo a profecia divulgada pelos fundadores.

Em Brasília, portanto, como em qualquer outra metrópole brasileira, há crises, conflitos e contradições entre o esperado pela utopia dos fundadores e a realidade dura de uma cidade que cada vez mais se assemelha a outros centros urbanos de qualquer país pobre. Por isso, o grande desafio para reverter o atual processo será mudar o "modelo" extrativo/dilapidador, com ênfase na distribuição social da riqueza socialmente produzida e acumulada. Porém, isso não se concretiza em razão das ações e políticas que consolidam, perpetuando o quadro de pobreza e desemprego, teorizado anteriormente, o qual será objeto das unidades seguintes.

## A lógica do desemprego no fim do século XX

A lógica do desemprego, no fim do século XX, está na raiz das racionalidades aventadas por Milton Santos ao referir-se à "produção de carências e de escassez".[8] Admite-se que, ao se produzir escassez, reduzindo a produção, eliminam-se postos de trabalho.Os produtos mais escassos no mercado terão seus preços elevados, porque a procura será maior que a oferta. Se a eliminação de postos de trabalho se deu com o emprego de novas tecnologias, pode-se prever não apenas o desemprego como o incremento do lucro das empresas. Nessa lógica, o produto não se destinaria à massa trabalhadora que aufere baixos salários, mas a uma minoria possuidora de maior poder aquisitivo.

Com raciocínio assemelhado, Cristovam Buarque (1995: 32) salienta:

> Nos *países-com-maioria-rica*, criou-se uma sociedade de abundância, ao mesmo tempo em que o desemprego e a falta de perspectiva jogavam na marginalidade uma parcela da população, especialmente de jovens. Nos *países-com-maioria-pobre*, a situação é muito mais grave, porque, ao lado da riqueza de uma elite minoritária, que muitas vezes supera a ostentação dos ricos dos *países-com-maioria-rica,* observa-se um empobrecimento ainda mais drástico da população que, se antes não consumia bens industriais, agora nem ao menos come.

[8] Santos, M. "A revolução tecnológica, a experiência da escassez e os limites da globalização atual". Conferência pronunciada em 11/11/1999, por ocasião da outorga do título de professor *Honoris Causa* pela Universidade de Brasília.

Em outras palavras, retorna-se à denúncia de Santos: "O que é produzido – necessária ou desnecessariamente – é desigualmente distribuído".[9] Dessa forma, pelo lado do trabalho, a desigualdade, criada nos tempos de globalização acelerada, significa também seletividade na manutenção e/ou criação de empregos em áreas de elevado uso de tecnologias. Na base da pirâmide ocupacional, com uso da força muscular, as tecnologias desempregam, sobretudo operários com baixa escolaridade. No topo da pirâmide, há incremento da produção seletiva e, portanto, do emprego dos que se prepararam intelectual e tecnicamente para o novo "modelo" a que se submetem os países em vias de globalização.

Desse processo infere-se que os que trabalham são virtualmente "possuidores", e os empregados a baixos salários e/ou desempregados constituem-se em "não possuidores".[10] Ambas as expressões caracterizam o fim do século XX, à semelhança do fim do século XIX, quando as máquinas a vapor introduzidas no setor industrial produziram trabalhadores excluídos das fontes de trabalho, dando-se assim início à formação do "exército de reserva" ou, em outros termos, ao agrupamento das massas proletárias, os excluídos da produção e do consumo, os "possuidores" e os "não possuidores". Ademais, a modernização criou produtos descartáveis, de vida efêmera.

Por moda ou por rotação de materiais, com a ajuda da ciência e da técnica, setores produtivos e de serviços criam necessidades, tornando obsoletos similares de uso corrente. Mas as sucessivas substituições não chegam aos não-possuidores, o que limita a compra e/ou uso de produtos/serviços. Além da contração do consumo, esse procedimento do mercado não incrementa a criação de novos postos de trabalho, sendo desprezível sua influência no setor empregatício. Os dados recentes do desemprego no Brasil são indicadores do incremento da injustiça social, que amplia a apartação existente entre ricos, pobres e classe média.

## Pobreza e desemprego: a exclusão socioespacial

No âmbito da natureza modificada, percebe-se o esforço capitalista de criar e acumular riquezas pela exploração do trabalho humano, com a utilização da ciência e da técnica. Com isso, a riqueza gerada se concentra nas mãos de poucos ou é distribuída de modo desigual e injusto, ocasionando exclusão social e pobreza. Portanto, ao se tratar da exclusão socioespacial, consideram-se os diversos aspectos geográficos e socioeconômicos bem como os desafios a en-

[9] Cf. Milton Santos, nota anterior.

[10] "Possuidores" e "não possuidores" são expressões de Milton Santos, ver nota anterior.

frentar, como o desemprego, quando a população mundial chega a 6 bilhões.[11] De modo geral, divulga-se na mídia uma previsão de crescimento populacional com sutil enfoque malthusiano, destacando que a população cresce mais onde há pobreza, fome e subdesenvolvimento nas condições básicas de água tratada, moradia, educação, saúde, saneamento etc. A imprensa[12] destacou os problemas econômicos da pobreza de forma inversa, argumentando que "a pobreza prejudica os negócios", visto que "chegaremos ao ano 2000 com 1,5 bilhão de pessoas sobrevivendo com o equivalente a menos de um dólar por dia".[13] Essa previsão de 1999 foi atingida, prevendo-se que seja ultrapassada em 2001.

Contudo, os negócios (ou a macroeconomia), aumentando a pobreza/miséria em diversos pontos do planeta, não são considerados. Embora haja uma crítica à teoria de Malthus, a imprensa salienta o fato de "97% do crescimento populacional acontecer hoje nos países subdesenvolvidos, onde os índices de escolaridade, os serviços de saúde e o planejamento familiar ainda são muito precários. É uma desigualdade brutal: os mais pobres (80% da população mundial) detêm apenas 20% da riqueza".[14]

Essas abordagens com viés econômico/demográfico não salientam, nem sequer referem, o dado concreto do manancial da pobreza e do subdesenvolvimento, a forma como se deu a colonização de muitos dos atuais países pobres e de como persistem os mecanismos de manutenção da dependência econômica pelos receituários da banca internacional e dos mecanismos extrativos do capitalismo contemporâneo. Refere-se na mídia à questão da baixa renda dos pobres, renda insuficiente para o consumo, mas nenhuma referência se faz às formas de produção, pelo lado da retribuição ao trabalho humano. Se não há distribuição de renda e dos demais bens e serviços socialmente produzidos, logicamente não há consumo ou há consumo compatível com uma "renda" de "um dólar por dia". A análise do quadro mundial de pobreza deveria dar mais ênfase ao subaproveitamento da força de trabalho, em que a produção não cria novos postos de trabalho (no campo e na cidade) ou sonega novas vagas, sob a forma de lacunas de trabalho, como já tratamos repetidas vezes (Paviani, 1997a, 1997b, 1999), sempre com a utilização de estatísticas, como as explicitadas mais adiante.

---

[11] O *Correio Braziliense* (12/10/1999, p. 3) divulga, de acordo com cálculos da ONU, que, com o nascimento de um menino, à 0h01, no Dia da Criança, em Sarajevo/Bósnia-Herzegovina, somos 6 bilhões de pessoas.

[12] A evolução do emprego/desemprego e problemas correlatos têm tido cobertura cotidiana em jornais, revistas e redes de televisão. Iremos aproveitar material de imprensa, observando que ele reflete o pensamento do empresariado, do governo e dos trabalhadores, nem sempre enfatizado pela mídia nessa ordem.

[13] Cf. artigo em *VEJA*, ano 32, nº 38, edição 1.616, de 22/9/1999, p.124, sob o título "As raízes da nova pobreza são antigas".

[14] Ver "O bebê número 6 bilhões", *VEJA*, ano 32, nº 39, edição 1.617, de 29/9/1999, p. 84.

No caso dos países subdesenvolvidos, especialmente os da América Latina e África, a oferta de bens e serviços necessários não acompanha as demandas das massas populacionais. Há carências no setor habitacional, a oferta de postos de trabalho é insuficiente, a fome se estende por vastos territórios e a educação e os cuidados com a saúde pública não cobrem largos estratos populacionais em todo o ecúmeno. Considerem-se ainda os modelos socioeconômicos adotados em muitos contextos, geradores de pobreza e miséria por serem extrativos, excludentes, verdadeiros atos de violência. Como salientamos em outro trabalho

> o processo de urbanização nos países subdesenvolvidos sofre com políticas governamentais neoliberais, atreladas à ânsia de modernidade, seguindo padrões impostos externamente. (...) [No Brasil] as políticas governamentais, paradoxalmente, alardeiam a formulação de programas para a geração de emprego e renda, ao mesmo tempo em que estimulam a demissão 'voluntária' na esfera da União, o chamado PDV (Programa de Demissão Voluntária), atitude que é imitada por governos estaduais, que progressivamente possuem menores dotações orçamentárias para investimentos em atividades e novos empregos demandados por uma PEA que se amplia. (Paviani, 1997a).

Não há, portanto, políticas para aquecer a oferta de trabalho, não se estimulando, com isso, a redução das desigualdades e da pobreza.

## Os agentes do desemprego/lacunas de trabalho

Segundo alguns autores, as iniciativas econômicas e políticas do processo de "globalização" são responsáveis pelo que acontece em diversas regiões do planeta, em termos de fraco desempenho da economia, gerando desemprego e fome. Nessas regiões, não há produção voltada para a exportação, nem distribuição igualitária no mercado interno, que proporcione desenvolvimento econômico. Mais uma vez não se vai ao âmago dos sistemas econômicos nem se procura interpretar a lógica dos diferentes atores para avaliá-los e criticá-los. Em tese, os agentes econômicos, sobretudo a especulação financeira, procuram lucros rápidos, negociando papéis e moedas em diversos contextos territoriais. Na década de 1990, detectaram "capitais voláteis", que se instalaram nos países subdesenvolvidos, não nos setores produtivos mas nas bolsas de valores para aumentar a lucratividade em um menor espaço de tempo e com maior segurança e confiabilidade. Para que isso acontecesse, agentes econômicos transnacionais impuseram técnicas e normas às frágeis economias dependentes. Chegaram a conceder empréstimos, condicionados a reformas na legislação ou à absorção de novas tecnologias. Com novas legislações e aparato técnico, esses agentes "investiram" seu capital especulativo para auferir lucros ao redor do mundo com maior velocidade e volúpia.

Tal como acentua Milton Santos,

> o uso extremado das técnicas e a proeminência do pensamento técnico conduzem à necessidade obsessiva de normas. Essa pletora normativa é indispensável à eficácia da ação. Como, porém, as atividades hegemônicas tendem a uma centralização, consecutiva à concentração da economia, aumenta a flexibilidade dos comportamentos, acarretando um mal-estar no corpo social.

Ainda segundo Santos,

> a tirania do dinheiro e da informação são os pilares da produção da história atual do capitalismo globalizado. (...) Daí o papel avassalador do sistema financeiro e a permissividade do comportamento dos atores hegemônicos, que agem sem contrapartida, levando ao aprofundamento da situação, isto é, da crise (Santos, 1999: 5-3).

São justamente os países subdesenvolvidos, carentes de poupança interna, que mais se submetem à regulação vinda do exterior. Essa regulação visa à estabilidade nos ambientes em que um somatório de crises se perpetua. Desse modo, é exigido nesses países que se façam reformas na legislação vigente, ao mesmo tempo em que o sistema financeiro internacional sugere flexibilidade na legislação para a remessa de lucros, muitas vezes antecedida de isenção fiscal e tributária. Com isso, as crises não ficam resolvidas, ao contrário, aprofundam-se. É por isso, segundo Cristovam Buarque, que "o sistema financeiro mundial passou a ser um só, sem fronteiras. A crise em um mercado repercute, sem qualquer intervalo de tempo, em todas as praças" (1995: 27). A crise, com neoliberalismo e pobreza, dissemina-se como mais um sintoma da globalização (Paviani, 1999).

A crise que abala o sistema financeiro nos países dependentes cresce à medida que os investimentos giram pelo mundo, sem normas internacionais ou com normas prejudiciais aos países que os acolhem. Nesse sentido, segundo Noam Chomsky,

> houve também uma enorme expansão do capital desregulado no mundo. Em 1971, Nixon desmantelou o sistema Bretton Woods, desalinhando assim as moedas. Essa e muitas outras mudanças expandiram tremendamente o volume de capital desregulado no mundo, acelerando a chamada globalização (ou internacionalização) da economia (...), o que reduz as oportunidades de mão-de-obra produtiva em seu país de origem. É uma forma de aumentar os lucros corporativos. O que é muito mais fácil de se fazer com um fluxo livre de capital, avanços nas telecomunicações etc. (Chomsky, 1996: 12).

Como se percebe, andam de mãos dadas a imposição de normas pela banca, a desregulação dos capitais especulativos, a onda neoliberal de privatizações de sistemas telefônicos, de geração de energia elétrica, de empresas de produtos de base (como o da siderurgia e de extração de minérios), de bancos estatais etc., tudo para "retirar do Estado" setores passíveis de apropriação por empresas multinacionais (ou mesmo por estatais de países desenvolvidos, como a venda do sistema brasileiro de telefonia em 1998). Nessas privatizações, logicamente, a legislação favorecerá os compradores externos, quando não recebem financiamento de bancos estatais, a juros subsidiados, de longo prazo, como foi o caso brasileiro nos anos 1990. Em transações como essas não se estipulam regras para a remessa de lucros e dividendos ao exterior, nem se prevê a necessidade de criação de novos postos de trabalho nas empresas privatizadas. Essa foi a onda de privatizações no Brasil, a partir de meados dos anos 1990, quando setores e/ou empresas estatais, ao sabor de teses neoliberais, foram sendo repassados para compradores externos em termos altamente prejudiciais ao país, sem nenhuma garantia de geração de empregos novos. Nesses episódios, a imprensa foi pródiga em noticiar: a) a eliminação de postos de trabalho nas empresas privatizadas, sob o argumento de "ajustes" na administração, a despeito de protestos dos demitidos e b) a facilidade de remessa de lucros ao exterior por parte das novas direções dessas empresas.

Em resumo: o agente estatal desemprega frente ao que lhe é imposto pelas ações globalizantes. Em certos casos, essas ações não apenas desempregam como ajustam suas economias desfavoravelmente às massas trabalhadoras. Por seu turno, o agente empresarial, no afã de obter lucros, também ajusta seu esquema produtivo ou de prestação de serviços, quando absorve tecnologias de ponta, poupadoras de mão-de-obra. A massa trabalhadora acaba, via sindicatos, concordando com novas legislações que eliminam as conquistas na legislação trabalhista ante a ameaça de desemprego. No caso brasileiro, a nova legislação mantém os empregos por um ano, no máximo. Decorrido esse prazo, o desemprego será inevitável, além da perda de outras garantias trabalhistas como carteira assinada, férias anuais, horas extras e outros benefícios existentes nas legislações antes de serem modificadas.

Nos anos 1990, as estratégias da indústria automobilística brasileira exemplificam o descaminho para o desemprego: em fins de 1997, a pretexto de "ajustes no ABC", as montadoras multinacionais iniciaram um processo de "reformas" também de ordem locacional/operacional, que apontavam nitidamente para o desemprego.[15] No início de 1998, enquanto se divulgava que "as

[15] Ver "Ajuste no ABC" (Volkswagen vai reformar fábrica e operários podem perder o emprego), *VEJA*, nº 1.525, de 10/12/1997, ano 30(49): 122-125.

montadoras queriam cortar custos", os resultados se apresentavam em dois movimentos: no primeiro, "a empresa economizava R$ 45 mil com contratos temporários"; no segundo, "os metalúrgicos trocavam benefícios por emprego".[16] Essas estratégias, logicamente, tiveram repercussão negativa no mercado de trabalho, redundando em desemprego, tanto que, no conjunto das montadoras, a esperada redução de postos de trabalho se contava aos milhares até o fim do ano 2000.[17] Enquanto isso, os operários se mantinham vigilantes e ameaçavam com movimentos grevistas, como em 1999, com a paralisação de 100 mil trabalhadores. A greve já seria uma resposta à situação geral da indústria brasileira, que, "no primeiro semestre de 1999, teve uma redução de 9% nos empregos",[18] resultado dos ajustes e corte de custos nos diferentes setores produtivos, como mencionado anteriormente.

No caso de Brasília, muito do que foi idealizado em sua fundação não se materializou em sua integralidade, ou foi implantado de modo diverso do que seus fundadores demarcaram como objetivo central da transferência da capital federal do Rio de Janeiro para o Planalto Central. Um exemplo, aqui analisado, é o do ambiente de trabalho em Brasília. Ao longo de sua construção, a atividade ligada às obras civis gerou novos postos de trabalho cotidianamente. Todavia, à medida que a capital se consolidou, a desmobilização das obras públicas e mesmo dos empregos públicos (federal e do DF) gerou desemprego. Como resultado das políticas neoliberais, não se criaram novos postos de trabalho e, o mais grave, eliminaram-se muitos lugares de trabalho já existentes (o que denominamos lacunas de trabalho). Com isso, a qualidade de vida na capital federal e nas grandes cidades brasileiras tem caído constantemente, sendo o desemprego apontado como um dos elementos-chave para o incremento da violência urbana.

Nesse ponto, deseja-se ligar desemprego/lacunas de trabalho à questão da qualidade de vida urbana, apontando a urgente necessidade de planos e projetos que ampliem as possibilidades de emprego em Brasília, em sua área metropolitana e nas regiões deprimidas, expulsoras de mão-de-obra, especialmente o Nordeste brasileiro. A seguir, analisa-se como o desemprego, a pobreza e o subdesenvolvimento andam no mesmo compasso no país e na capital da República.

---

[16] Série de matérias no Caderno Economia do *Correio Braziliense*, edição de 15/1/1998, p. 15-17.

[17] Notícia da *Folha de S. Paulo,* edição de 11/1/1998, p. 2-9, sob o título: "Montadoras devem demitir 30 mil até 2000."

[18] Ver "Contradições do mercado brasileiro", revista *Manchete*, nº 2.470, edição de 14/8/1999, p. 12-15.

## Desemprego no Brasil e em Brasília

As teorizações e as constatações anteriores nos levam à cronologia do desemprego no Brasil e em Brasília. Apoiar-nos-emos em dados levantados pela Pesquisa de Emprego e Desemprego (PED), elaborada pelo Departamento Intersindical de Estatística e Estudos Socio-Econômicos (Dieese) e pela Fundação Sistema Estadual de Análise de Dados (SEADE/SP) para algumas metrópoles como São Paulo, Belo Horizonte, Porto Alegre, Curitiba, Salvador e Brasília. Explica-se que, para as instituições que elaboram a PED, o desemprego (total) é o somatório do "desemprego aberto"(pessoas que procuraram trabalho nos 30 dias e não trabalharam nos sete dias anteriores à entrevista), "desemprego oculto pelo trabalho precário" (pessoas que simultaneamente procuraram trabalho e realizaram algum tipo de atividade descontínua e irregular), e "trabalho oculto pelo desalento" (pessoas que, desencorajadas pelas condições do mercado de trabalho ou por motivos circunstanciais, interromperam a procura, embora ainda queiram trabalhar).[19]

Na cronologia do desemprego, comparam-se os dados de 1995/1996, a partir de trabalho prévio (Paviani, 1997b), e as estatísticas de 1998/2000, conforme tabelas a seguir.

No primeiro bloco de estatísticas, São Paulo ultrapassava um milhão de desempregados, em setembro de 1995, e chegava a 1.322.000, em agosto de 1996. Também conforme a Tabela 1, todas as metrópoles possuíam mais do que cem mil desempregados, em setembro de 1995. Em agosto de 1996, Belo Horizonte chegava a 230 mil desempregados, e Porto Alegre aproximava-se dos duzentos mil. Em resumo, de 1995 a 1996, o desemprego era crescente em todas essas grandes cidades brasileiras, conforme Tabela 1. Em anos subseqüentes (1998 e 1999), São Paulo possuía 1.600.000 desempregados; Belo Horizonte, Recife e Salvador ultrapassavam os trezentos mil, com elevação das taxas de desemprego em relação à População Economicamente Ativa (PEA), como se analisará adiante (Tabela 2).

Nesses quantitativos se mantêm as taxas elevadas de desemprego total em relação à PEA de setembro de 1996: 14,8 %, em São Paulo; 17,5%, em Brasília; 12,8%, em Belo Horizonte; 13,4%, em Curitiba e 12,9%, em Porto Alegre (Tabela 1).[20] Esses percentuais apresentam ligeira redução em confronto com os do mês de agosto de 1996, mas são mais significativos se comparados com os de setembro de 1995 (Tabela 1). Isso demonstra o incremento do

[19] SEADE/Dieese "Elementos para compreender a controvérsia sobre as taxas de desemprego no Brasil", maio de 1996.

[20] Ver Dieese. "Em setembro, desemprego cai e ocupação se estabiliza". *Boletim Dieese*, São Paulo, *XV* (188): 34-52, setembro de 1996.

desemprego, antes referido. Para São Paulo, dados do Dieese, divulgados em fins de janeiro de 1997,[21] demonstram ligeira queda da taxa de desemprego entre setembro, 14,8%, e dezembro de 1996, que ficou em 14,2%, sendo atribuída a um "fenômeno sazonal". Com isso, a capital paulista apresentou uma elevada média de desemprego: 15,1% para 1996" (Paviani, 1997b).

TABELA 1

**PEA e desemprego em cinco metrópoles brasileiras – 1995/96**

| Cidade | PEA | Desempregados set/95 | Desempregados ago/96 | Taxas de desemprego total (%) set/95 | Taxas de desemprego total (%) ago/96 | Taxas de desemprego total (%) set/96 |
|---|---|---|---|---|---|---|
| Distrito Federal | 834.900* | 127.600 | 151.300* | 15,9* | 17,5 | 17,5 |
| Belo Horizonte | 1.665.000 | s/d | 230.000 | s/d | 13,7 | 12,8 |
| Curitiba | 1.034.000 | 114.000 | 139.000 | 11,3 | 13,5 | 13,4 |
| Porto Alegre | 1.513.000 | 183.000 | 197.000 | 12,2 | 13,0 | 12,9 |
| São Paulo | 8.543.000 | 1.086.000 | 1.322.000 | 13,3 | 15,5 | 14,8 |

Fontes: Dieese. *Boletim DIEESE*. São Paulo, *XV* (188): 34-52, setembro de 1996.
*Codeplan – *Pesquisa de Emprego/Desemprego no DF* (PED). *Resultados*, jun/96.
S/d – Dado não disponível na fonte.

No segundo bloco de estatísticas (1998/2000), conforme Tabela 2, verifica-se um continuado incremento do desemprego. São Paulo, por exemplo, que em agosto de 1996 possuía 1.322.000 desempregados, ou 15,5% da PEA, passou a 1.621.000, ou 18,5% da PEA, em setembro de 1998 e 20,1% da PEA, em outubro de 1999, declinando para 16,3% em outubro de 2000. Em outras capitais, o incremento do desemprego também foi significativo. Brasília, em 1996, tinha 151.300 desempregados, ou 17,5% da PEA, passou a ter 161.300 ou 18,7% da PEA, em 1998 e a 23,0%, em outubro de 1999, declinando para 17,9%, em outubro de 2000. Belo Horizonte não fugiu à regra da elevação do desemprego vigente no país: de 230 mil desempregados, em agosto de 1996, ou 12,8%, passou a 301 mil, ou 15,8%, a 18,9 %, em outubro de 1999 e a 17,3% em outubro de 2000 (Tabelas 1 e 2).

[21] Ver editorial da *Folha de S. Paulo*, "Procuram-se vagas", edição de 27/1/1997, p. 1.2.

A situação de desemprego começa a ficar crítica em algumas das metrópoles, como é o caso de Salvador com 29,3% da PEA desempregada; São Paulo com 20,1%; Distrito Federal (Brasília) com 23,0% e Porto Alegre com 19,4%, em outubro de 1999 (Tabela 2). De outubro de 1999 a outubro de 2000, os percentuais de desemprego declinaram ligeiramente em todas as metrópoles: Brasília reduziu a taxa de 23,0% para 17,9%, e São Paulo, de 20,1% para 16,3% (Tabela 2), sugerindo, talvez, um pequeno aquecimento da atividade econômica, que passou a admitir empregados para incrementar a produção. No caso de Brasília, os desempregados eram 180.100, em outubro de 1999 (Tabela 3), reduzindo-se para 162.500, em outubro de 2000 (Tabela 6). Nesses anos, pode-se contar com estatísticas pormenorizadas. Dos 17,9% de desempregados (em outubro de 2000), desdobram-se as seguintes categorias: desemprego aberto iguala 11,7% (ou 106.500 pessoas); desemprego oculto pelo trabalho precário igual 3,1% (ou 28.700 pessoas) e desemprego oculto pelo desalento igual 3,1% (ou 28.700 desempregados), conforme Tabela 3. Embora Brasília esteja com 40 anos de existência, na questão do desemprego ela não apenas possui uma das mais altas taxas entre as metrópoles estudadas, como poderá ter um aumento significativo do número de desempregados no início do novo século e milênio.

TABELA 2

**PEA e desemprego em cinco metrópoles brasileiras – 1998/2000**

| Cidade | PEA set/98(1) | PEA set/99(2) | Desempregados set/98(1) | Taxas de desemprego total (%) set/98(1) | Taxas de desemprego total (%) out/99(2) | Taxas de desemprego total (%) out/2000 |
|---|---|---|---|---|---|---|
| Brasília (DF) | 861.200 | 883.900 | 161.300 | 18,7 | 23,0 | 17,9 |
| Belo Horizonte | 1.908.000 | s/d | 301.000 | 15,8 | 18,9 | 17,3 |
| Porto Alegre | 1.680.000 | 1.764.000 | 267.000 | 15,9 | 19,4 | 16,3 |
| Recife | 1.424.000 | 1.466.000 | 310.000 | 21,8 | 21,7 | 21,0 |
| Salvador | 1.394.000 | s/d | 357.000 | 25,6 | 29,3 | 25,2 |
| São Paulo | 8.762.000 | 8.934.000 | 1.621.000 | 18,5 | 20,1 | 16,3 |

Fontes: (1) Dieese. *Boletim Dieese*. São Paulo, *XVIII* (211): 4-5, jan/fev/1999.
(2) GDF/SEADE – *Pesquisa de Emprego/Desemprego no DF* (PED). *Resultados*, out/2000, p.6.

De fato, em abril de 2000, Brasília possuía uma taxa de desemprego de 21,6%, a mais alta de sua história, ou seja, em números absolutos, 191.900 pessoas desempregadas (Tabela 6). As taxas crescentes de desemprego (1992 a 2000) se encontram nas Tabelas 4, 5 e 6. Na Tabela 6, observa-se que, em 1992, para a PEA de 763.100 pessoas, havia 643.200 ocupadas e 119.900 desempregadas, com 488.300 inativas maiores de 10 anos. Já em outubro de 2000, para uma PEA de 908.500 pessoas, havia 530.900 inativas com idade superior a 10 anos e 162.500 desempregadas, com pequena queda em relação ao desemprego de dezembro de 1999, de 20,6% para 17,9%. De 1999 para 2000 o número de pessoas inativas também sofreu pequena redução: de 535.400 para 530.900 (Tabelas 3, 4 e 6).

TABELA 3
**PEA, emprego/desemprego em Brasília (DF) – 1997/2000**

| Indicadores | nov/97(1) | | nov/98 (1) | | out/99 (2) | | out/2000 (2) | |
|---|---|---|---|---|---|---|---|---|
| | Nº | % | Nº | % | Nº | % | Nº | % |
| População Econ. Ativa (PEA) | 862.400 | 100,0 | 864.200 | 100,0 | 880.000 | 100,0 | 908.500 | 100,0 |
| Desempregados | | | | | | | | |
| Total | 159.100 | 18,5 | 166.100 | 19,2 | 180.100 | 20,5 | 162.500 | 17,9 |
| Aberto | 94.600 | 11,1 | 104.600 | 12,1 | 115.700 | 13,2 | 106.500 | 11,7 |
| Oculto pelo Trabalho Precário | 42.200 | 4,7 | 35.700 | 4,1 | 36.100 | 4,1 | 28.200 | 3,1 |
| Oculto pelo Desalento | 24.300 | 2,8 | 25.800 | 3,0 | 28.300 | 3,2 | 27.300 | 3,1 |

Fontes: (1) Codeplan – *Pesquisa de Emprego/Desemprego no DF* (PED). *Resultados* nov/98, p.5.
(2) GDF/SEADE – *Pesquisa de Emprego/Desemprego no DF* (PED). *Resultados* out/2000, p. 5.

TABELA 4
**Taxas de desemprego no DF 1992/2000**

| Taxas de Desemprego | Dezembro 1992 | 1993 | 1994 | 1995 | 1996 | 1997 | 1998 | 1999(1) | 2000(2) (out) |
|---|---|---|---|---|---|---|---|---|---|
| Aberto | 11,7 | 9,7 | 9,5 | 9,0 | 10,4 | 9,8 | 11,0 | 12,3 | 13,4 |
| Oculto total | 6,0 | 4,9 | 4,6 | 5,8 | 5,6 | 7,5 | 7,6 | 7,2 | 6,2 |
| Precário | 3,4 | 2,4 | 2,3 | 3,3 | 2,9 | 4,6 | 4,4 | 4,0 | 3,1 |
| Desalento | 2,6 | 2,5 | 2,3 | 2,5 | 2,7 | 2,9 | 3,2 | 3,2 | 3,1 |
| Total | 15,7 | 14,4 | 13,6 | 16,2 | 15,4 | 18,5 | 19,9 | 20,6 | 17,9 |

Fontes: (1) SETER/GDF – Fundação SEADE/SP e Dieese (Mimeo, s/d).
(2) GDF/SEADE – *Pesquisa de Emprego/Desemprego no DF* (PED). *Resultados* out/2000.

Ainda para Brasília, as pesquisas da PED demonstram taxas em ascensão desde dezembro de 1994, com 13,6% de desempregados totais, passando a 18,5% em fins de 1997 e a 20,6%, no fim de 1999. Em outubro de 2000, todavia, a taxa cai para 17,9% (Tabela 6). Ressalte-se que, a partir de agosto, ocorre o que os técnicos denominam "emprego sazonal", isto é, empregos criados para atender à demanda das festas de fim de ano. Dessa forma, em dezembro de 1994, havia 13,6% desempregados. Os dados confirmam: a taxa de desemprego em agosto de 1999 se encontrava no elevado patamar de 21,9%, baixando em dezembro do mesmo ano para 20,6%. As estatísticas indicam que nos meses de dezembro, desde 1996 até 1999, as taxas se mostram ascendentes. Todavia, em outubro de 2000, o desemprego aberto se reduz para 11,7%, com pequena queda no desemprego precário e de desalento (Tabelas 4, 5 e 6). Apesar de as taxas dos meses de outubro terem uma ligeira queda em relação aos correspondentes meses de julho dos respectivos anos, as previsões indicam que, passadas as contratações temporárias de fim de ano, a tendência é de incremento do desemprego nos primeiros meses de 2001.

TABELA 5

**Taxas de desemprego no DF – 1994/2000**

| | | | | | |
|---|---|---|---|---|---|
| julho/1994 | 14,8 | outubro/1994 | 13,3 | agosto/1999 | 21,9 |
| julho/1995 | 15,8 | outubro/1995 | 15,6 | setembro/1999 | 21,1 |
| julho/1996 | 17,8 | outubro/1996 | 16,2 | outubro/1999 | 20,5 |
| julho/1997 | 17,9 | outubro/1997 | 18,5 | outubro/2000 | 17,9 |
| julho/1998 | 19,9 | outubro/1998 | 18,7 | | |

Fonte: Codeplan – *Pesquisa de Emprego/Desemprego do DF* (PED). *Resultados* (diversas edições).

TABELA 6

**Estimativa do número de pessoas economicamente ativas, ocupadas e inativas no DF – 1992/2000 e 2002.**

| Dezembro(*) | PEA Total (1.000) | Ocupados | Desem-pregados | Desemprego Total (%) | Inativos > 10 anos |
|---|---|---|---|---|---|
| 1992 | 763,1 | 643,2 | 119,9 | 15,7 | 488,3 |
| 1993 | 773,3 | 661,7 | 111,6 | 14,4 | 501,2 |
| 1994 | 769,7 | 665,2 | 104,5 | 13,6 | 528,4 |
| 1995 | 800,9 | 670,8 | 130,1 | 16,2 | 519,6 |
| 1996 | 795,0 | 672,2 | 122,8 | 15,4 | 554,0 |
| 1997 | 855,3 | 697,0 | 158,3 | 18,5 | 514,5 |
| 1998 | 865,7 | 693,3 | 172,4 | 19,9 | 527,7 |
| 1999 | 875,9 | 695,8 | 180,1 | 20,6 | 535,4 |
| Abr/2000 | 886,6 | 694,7 | 191,9 | 21,6 | 538,4 |
| Out/2000 | 908,5(**) | 746,0 | 162,5 | 17,9 | 530,9 |
| Set/2002 | 970,4(***) | 781,6 | 188,8 | 19,5 | 524,0 |

Fontes: (*)SETER/GDF – Fundação SEADE/SP e Dieese (Mimeo., s/d).
(**) GDF/SEADE – *Pesquisa de Emprego/Desemprego no DF* (PED). *Resultados* out/2000, p. 5 e 10.
(***) GDF/SEADE – *Pesquisa de Emprego e Desemprego no DF – Resultados* set/2002, p. 6 e 10.

Ao fim de 1999, a imprensa divulgava que a "queda do número de trabalhadores sem ocupação é o resultado da criação de vagas temporárias para vendas de Natal". De fato, de agosto a outubro desse ano, nota-se pequena queda do desemprego, conforme Tabela 5. A diretora técnica do Dieese, Lilian Marques, declarou, em entrevista à imprensa, que "no início do próximo ano, não haverá mais as vagas provisórias do comércio de Natal e muita gente jovem, que acabou de se formar, entrará no mercado de trabalho".[22] Isso se confirmou com a taxa de desemprego de 17,9%, em outubro de 2000, mas acabou recrudescendo com o desemprego sendo elevado para 18,4% da PEA, em novembro de 2000. Nesse mês, a PEA era de 909.600 pessoas, e o desemprego atingiu 167.300 trabalhadores.[23] No ano de 2001, o quadro de desemprego agravou-se: "a pesquisa do Dieese indica que a taxa de desemprego em maio ficou em 20,6% contra os 20,7% registrados em abril, o que resultou em 187,8 mil pessoas sem emprego", conforme matéria do *Correio Braziliense*.[24]

Os dados, de forma crescente, denunciam o incremento dos que não conseguem trabalhar. Uma das conseqüências previsíveis é o aumento do número de pobres em todas as grandes cidades brasileiras. Isso vem sendo avaliado na mídia, principalmente na imprensa escrita. Diários importantes como a *Folha de S. Paulo*, o *Jornal do Brasil*, o *Estado de São Paulo* e o *Correio Braziliense*, além das revistas semanais *IstoÉ* e *Veja*, vêm acompanhando a evolução das estatísticas e se ocupando em descrever a situação que os dados anteriores permitem observar. Desse modo, não desejando remontar à década de 1980, avaliamos que a cronologia do desemprego dos anos 1990 possui duas ramificações e uma política.

As ramificações do desemprego (o da órbita pública e o do setor privado) obedecem a uma mesma lógica, qual seja a de reduzir custos. No setor público, a política se encaminha para a redução do déficit e tem uma de suas raízes nos acordos com o FMI. No setor privado, não apenas são cortados empregos com a eliminação de postos de trabalho, como também o lobby do empresariado pressiona o Congresso Nacional para obter legislação que reduza o impacto da folha de pagamento das empresas e, com isso, amplie a lucratividade em detrimento de "benefícios sociais" previstos na Carta Magna brasileira.

Os dados da Tabela 7 revelam ser a capital federal uma cidade historicamente de ocupação terciária/quaternária. De 1992 a 2000 o setor de serviços

[22] "Desemprego no DF cai para 20,5%". Notícia, apoiada em dados do Dieese, *Correio Braziliense*, edição de 16/12/1999, p. 29.

[23] GDF/STDHS – *PED – Resultado mensal – Resultado novembro/2000*, p. 1 e *Correio Braziliense* – "Desemprego no DF sobe para 18,4%", edição de 19/1/2001, p. 14.

[24] "A ameaça do desemprego". *Correio Braziliense*, edição de 18/7/2001, p. 15.

demonstra ser o grande empregador, ocupando 400 mil pessoas; em segundo lugar, está a administração pública com cerca de 160 mil. O comércio é o terceiro empregador com 100 mil empregados. Seguem a indústria de transformação, com cerca de 26 mil, e a construção civil com média ao redor de 30 mil empregados. Essas duas atividades, de longa data, não são as mais importantes para gerar emprego, sendo a construção civil uma atividade oscilante, que fica na dependência de obras públicas (viadutos, metrô e ampliação de pistas) ou de financiamento para a construção de habitações.

TABELA 7

**Estimativa do número de pessoas ocupadas por setor de atividade econômica/DF-1992/2000 e 2002 (em 1.000)**

| Dezembro(1) | Total | Indústria de Transformação | Construção Civil | Comércio | Serviços* | Administração Pública | Outros** |
|---|---|---|---|---|---|---|---|
| 1992 | 643,2 | 25,4 | 36,4 | 99,5 | 336,1 | 139,2 | 6,6 |
| 1993 | 661,7 | 22,3 | 41,7 | 108,9 | 344,8 | 137,8 | 6,2 |
| 1994 | 665,2 | 24,6 | 43,6 | 108,3 | 347,7 | 136,1 | 4,9 |
| 1995 | 670,8 | 25,7 | 34,0 | 108,3 | 360,2 | 137,6 | 5,0 |
| 1996 | 672,2 | 28,5 | 34,2 | 93,3 | 365,3 | 144,2 | 6,7 |
| 1997 | 697,0 | 30,2 | 31,4 | 105,0 | 383,9 | 140,3 | 6,2 |
| 1998 | 693,3 | 26,1 | 28,6 | 101,1 | 389,9 | 139,9 | 7,9 |
| 1999 | 695,8 | 24,4 | 27,4 | 97,1 | 382,0 | 149,5 | 5,4 |
| Abr/2000 | 694,7 | 25,1 | 28,3 | 98,1 | 384,1 | 153,4 | 5,7 |
| Out/2000(2) | 746,0 | 26,4 | 33,9 | 105,5 | 413,5 | 160,8 | 5,9 |
| Set/2002(3) | 781,6 | 29,2 | 28,4 | 116,4 | 439,7 | 153,7 | 14,2 |

*Inclui serviços públicos e privados, inclusive os serviços domésticos.
**Inclui agricultura, pecuária, extrativismo vegetal e mineral, embaixadas, consulados, representações políticas e outras atividades não classificadas.
Fontes: (1) SETER/GDF – Fundação SEADE/SP e Dieese (Mimeo, s/d).
(2) GDF/SEADE – *Pesquisa de Emprego/Desemprego no DF* (PED). *Resultados* out/2000.
(3) GDF/SEADE – *Pesquisa de Emprego e Desemprego no DF – Resutados* set/2002.

Quanto ao desemprego por sexo (Tabela 8), de 1992 a 2000, o item "mulheres" possui um percentual maior e tem-se ampliado com o correr dos anos, com taxas crescentes de 18,3%, em 1992, para 20,7%, em 2000. O item "homens", com taxas um pouco inferiores, participou no desemprego com 13,6%, em 1992, e com 15,2%, em 2000. Quanto à faixa etária, a maior participação é dos jovens de 10 a 17 anos: em 1992, com 38% e, em 2000, com 48,7%. Nas faixas etárias superiores, as taxas se mostram ascendentes de 1992 a 1999, declinando, ao menos, até outubro de 2000.

De qualquer forma, os dados para Brasília indicam um continuado incremento do desemprego, que faz da capital federal uma cidade assemelhada às demais metrópoles brasileiras, como demonstram as tabelas anteriores.

TABELA 8

**Taxas de desemprego por sexo no DF – 1992/2000**

| Sexo: Dezembro de: | 1992 | 1993 | 1994 | 1995 | 1996 | 1997 | 1998 | 1999 | 2000(out.) |
|---|---|---|---|---|---|---|---|---|---|
| Homens | 13,6 | 12,5 | 11,5 | 14,4 | 13,2 | 16,8 | 17,4 | 17,5 | 15,2 |
| Mulheres | 18,3 | 16,8 | 16,1 | 18,4 | 18,0 | 20,4 | 22,7 | 23,8 | 20,7 |
| Total | 15,7 | 14,4 | 13,6 | 16,2 | 15,4 | 18,5 | 19,9 | 20,6 | 17,9 |

Fonte: *Idem* Tabela 6.

TABELA 9

**Emprego por faixa etária no DF – 1992/2000**

| Ano | de 10-17 | 18-24 | 25-39 | 40 e mais: |
|---|---|---|---|---|
| 1992 | 38,0 | 24,5 | 12,2 | 6,4 |
| 1996 | 38,9 | 25,3 | 12,5 | 5,8 |
| 1999 | 56,5 | 32,2 | 16,6 | 10,3 |
| 2000 (out.) | 48,7 | 29,2 | 14,6 | 8,4 |

Fonte: *Idem* Tabela 7.

A onda de desemprego se abateu sobre as cidades de forma continuada na última década. Noticiou-se que "emprego da indústria volta a cair" e "menos trabalhadores para produzir mais aço".[25] A informação se baseia no fato de, em 1990, terem sido 115 mil trabalhadores no setor e, em 1997, eles terem sido reduzidos a 65 mil. Mesmo com a redução do número de trabalhadores, a indústria produziu maior tonelagem de aço. Já em 1999, a "taxa de desemprego no ABC voltou a elevar-se, chegando a 23,1%", conforme o jornal *Folha de S. Paulo*.[26]

Na seqüência, foi noticiado que "muda o seguro desemprego", ao mesmo tempo em que o governo federal teve de pagar seguro desemprego no valor de R$ 3,3 bilhões para cerca de 4,3 milhões de desempregados, em 1997, e o fato de a "redução da jornada de trabalho", arquitetada para "aumentar o número de postos de trabalho", não ter tido êxito.[27] Essa mesma constatação é feita em

[25] *Correio Braziliense*, respectivamente edições de 09/9/1997, p. 19 e de 14/9/1997, p. 27.

[26] O ABC paulista é constituído por cidades onde se concentram as principais montadoras e metalúrgicas do país, como Santo André, São Bernardo, São Caetano e Diadema. O dado referido pela *Folha de S. Paulo* se apóia em levantamento de emprego/desemprego do Dieese e foi publicado na edição de 25/9/1999, p. 2-10.

[27] *Correio Braziliense*, de 24/9/1997, p. 15. "Redução da jornada de trabalho não aumenta emprego".

São Paulo, onde foi publicado que "vagas não recuperam perdas da década", pois, "mesmo com crescimento, em 1997, o país já viu sumir 2,1 milhões de empregos formais nos anos 1990".[28] Esse fato, por si só, é a prova cabal da produção de "lacunas de trabalho", como sustentamos há quase uma década.

Nos anos 1990, a mudança na Consolidação das Leis do Trabalho (CLT) procurou reduzir o peso da folha salarial do setor privado, mas isso acarretou aumento do desemprego. Dessa forma, divulgou-se que "o governo aprova o contrato temporário para tentar combater o desemprego" e que havia sido aprovado "o projeto que permite contratar, por tempo determinado, pagando menos encargos". Denunciou-se a política do governo federal: "A batata quente do desemprego", em que se afirmou estar o governo colhendo "uma das seqüelas mais graves da subida dos juros em 1997". Tudo isso para constatar que "as raízes da nova pobreza são antigas".[29]

Todos os malabarismos para reduzir o chamado "custo Brasil", a partir dos anos 1990, foram tidos como homeopáticos, insuficientes ou mesmo inócuos. Assim, quase ao final da década, isto é, nos primeiros meses de 1998, já se levantavam dúvidas e críticas àquelas medidas para a redução dos encargos sociais e da folha de pagamento das empresas. Noticiou-se que o "contrato de trabalho recebe críticas"[30] para, em seguida, informar que "poucas empresas aderem às vantagens do contrato de trabalho por tempo determinado", sendo, portanto, uma "alternativa rejeitada".[31] Era de esperar que todo o movimento para reduzir gastos acabasse se refletindo de duas formas no setor produtivo: a primeira, logicamente, é a de que os rendimentos dos trabalhadores sofressem redução, seguida de um brutal impacto sobre a manutenção de empregos: "São Paulo tem 1,5 milhão de desempregados", o que representava 17,2% da respectiva PEA[32] da região metropolitana, em março de 1998. Todavia, em setembro de 1999, para uma PEA de 8.934.000 pessoas, havia 1.621.000 desempregadas. Já em outubro de 1999, São Paulo atingiu a maior taxa desde 1985: 20,1%, segundo dados do Dieese.

Por sua vez, o setor governamental não obteve sucesso no Programa de Demissão Voluntária (PDV). Em meados de setembro de 1999, foi divulgado que o "PDV atrai 3,6 mil servidores" e que o Plano de 96 não atingiu objetivos".[33]

---

[28] *Folha de S. Paulo*, edição de 26/10/1997, p. 2-6 – Caderno de Economia.

[29] Revista *VEJA*, de 22/9/1999, edição 1.616, 32 (38): 124-125.

[30] *Correio Braziliense*, edição de 27/3/1998, p. 17.

[31] *Correio Braziliense*, edição de 28/3/1998, p. 16.

[32] "Rendimentos de trabalhadores em baixa", *Correio Braziliense*, edição de 28/3/1998, p. 17 e "São Paulo tem 1,5 milhão de desempregados", *Folha de S. Paulo*, edição de 28/3/1998, p. 2-1.

[33] *Correio Braziliense*, edição de 18/9/1999, p. 20. Ver também artigos referidos na Nota anterior.

Enquanto isso, o aumento dos juros faz o Brasil ser o primeiro no ranking mundial, constatando-se o incremento de falências e concordatas, e inúmeros escândalos no setor de empréstimos bancários pelo Banco Central brasileiro, em que bilhões de reais foram repassados a bancos privados e públicos para evitar a crise e a corrida aos bancos por parte dos correntistas. Ainda no setor governamental, voltou-se a ameaçar certas vantagens dos empregados como o "fim do seguro desemprego".[34]

No fim dos anos 1990, como em finais de quaisquer anos da década precedente, as festas de fim de ano despertaram alento para o comércio, que contratou temporariamente para fazer frente ao incremento do período de compras (Tabela 5). Passado o período de festas, os "empregados temporários" foram desmobilizados, incrementando as taxas de desemprego nos primeiros meses do ano, como foi referido anteriormente. Poder-se-ia mapear as regiões de incidência da violência e do desemprego, com a de surtos de criminalidade, e de delitos, da assim denominada violência urbana. Pode-se prever que haveria coincidência, ao menos no caso de Brasília, onde ao longo dos anos 1999 e 2000 ocorreu um incremento de assassinatos entre jovens, sobretudo desempregados ou ocupados com o tráfico de drogas.

Ao fim do ano de 1999, uma rede de TV informou que a "Indústria fechou 1.400.000 postos de trabalho em 8 anos", que o ano findou com 7.700.000 desempregados no país, que o ano de 2000 não apresentou melhoras, pois o desemprego se abateu sobre 8.300.000 pessoas em todo o território brasileiro. Agrega-se a esse quadro a informação de que o país deveria crescer algo em torno de 5,5% para atender aos jovens que ingressam no mercado de trabalho.[35] Essa marca não foi atingida, pois foi estimado que o PIB cresceria apenas 0,5% em 1999.[36] Em meados de dezembro de 1999, estimava-se no Ministério do Planejamento que o PIB cresceria 0,8%,[37] pouco diferindo do que havia sido divulgado um mês antes. Com isso, volta-se ao tema central dessa contribuição: há no Brasil incremento da pobreza pelo círculo vicioso dos custos que são cortados na folha de pagamento do governo e das empresas, reforçando a eliminação de postos de trabalho, isto é, produzindo-se lacunas de trabalho, e elevando-se o número dos sem-teto, dos sem-terra, dos sem-trabalho e dos desalentados que, morando na rua ou não, fazem aumentar o contingente de miseráveis, sobretudo nas grandes cidades brasileiras.

---

[34] "Benefícios ameaçados", *Correio Braziliense*, edição de 6/11/1999, p. 20.

[35] Edição do *Jornal Nacional* da TV Globo, de 13/12/1999.

[36] "PIB brasileiro tem queda de 0,18%", *Correio Braziliense*, edição de 13/11/1999, p. 20.

[37] "Última estimativa do governo é que o PIB cresça 0,8% este ano". *Folha de S. Paulo*, edição de 18/12/1999, p. 2-1, com declarações do ministro do Planejamento, Martus Tavares, que "se diz surpreso com o resultado".

Nessa mesma direção, escreve Maria da Conceição Tavares:

> o desemprego sempre afeta os trabalhadores de maneira desigual. Nesse "inferno astral" que os atingiu nos anos 1990, ocorreram alterações significativas na estrutura e no tempo de desemprego. Entre 1989 e 1998, o desemprego cresceu relativamente mais entre homens e mulheres de idade superior a 40 anos e, paradoxalmente, para os de maior escolaridade. Tais dados demonstram a falsidade da argumentação do governo e de seus economistas, que, depois de negarem o crescimento violento do desemprego, tentaram atribuí-lo à desqualificação do desempregado. O tempo médio de desemprego, que era de cerca de 15 semanas em 1989, passou para 36 semanas em 1998 e alcançou 40 semanas em 1999.[38]

Esses dados, apoiados em fonte confiável, corroboram a tese central deste trabalho, em que se sustenta ser o desemprego um dos responsáveis pela exclusão socioespacial. Como esse desemprego já não é mais conjuntural, mas passou a ser estrutural, em razão de políticas atreladas à banca internacional e à globalização, estima-se que a geografia do Brasil na entrada do novo século (e milênio) será extremamente modificada pela ampliação da pobreza e da miséria no país. Tal como argumenta Milton Santos, ao conceituar a globalização como perversidade:

> De fato, para a grande maior parte da humanidade a globalização está se impondo como uma fábrica de perversidades. O desemprego crescente torna-se crônico. A pobreza aumenta e as classes médias perdem em qualidade de vida. O salário médio tende a baixar. A fome e o desabrigo se generalizam em todos os continentes. (...) Todas essas mazelas são direta ou indiretamente imputáveis ao presente processo de globalização (Santos, 2000b: 19-20).

Um país inserido recentemente no sistema-mundo e no processo descrito por Santos possui uma capital moderna impactada pela globalização. Em Brasília, o desemprego e as levas de sem-teto, sem acesso à educação e aos meios modernos de produção fazem surgir duas cidades: a de Primeiro Mundo, no Plano Piloto e em partes de algumas cidades do DF, e a de Terceiro Mundo, nos assentamentos desequipados e apartados sob o ponto de vista de ambiente e de qualidade de vida.

[38] Tavares, Maria da Conceição. "O Brasil desempregado", publicado na *Folha de S. Paulo*, edição de 19/12/1999, p. 2-2.

## Considerações finais

Torna-se difícil chegar a uma conclusão, em razão do processo crescentemente dinamizado pela globalização e conturbado por problemas ambientais, com crises econômico-financeiras e conflitos de toda a ordem. O processo em curso flui, modifica-se, amplia-se, transforma-se, impulsionado pela ciência e pela técnica. Portanto, não se pode concluir em uma dada direção, sendo preferível voltar às unidades iniciais. Nelas apontava-se para a "questão ambiental com visão de totalidade e conotação social" e, por essa via, a "dilapidação da natureza sem proveito" afetava a qualidade de vida. Esta, por sua vez, decai nos centros urbanos em razão das diversas formas de violência.

Ora, admitindo-se a idealização do espaço urbano como totalidade, não se pode negar duas evidências. A primeira é que a dilapidação do quadro natural é uma violência contra a fauna e a flora, impactando negativamente contra as gerações futuras. A outra é que a falta de trabalho agride a cidadania, ampliando a chamada violência urbana, com corrupção, roubos, furtos, homicídios, seqüestros e crimes de toda a ordem. Mas há também a violência da não geração de postos novos de trabalho e/ou a eliminação de postos ocupados. Essa violência emerge de continuadas políticas econômicas submissas ao comando externo. Entre essas políticas estão: o "enxugamento" de orçamentos públicos e a manutenção de juros elevados, que conduzem à recessão.

Constata-se, portanto, que não há como sustentar a "violência" de manter juros elevados, retirar benefícios constantes da legislação trabalhista, facilitar a entrada de capitais especulativos e a saída de dividendos sem controle e taxação. A insustentabilidade dessas políticas já pode ser notada no clamor nacional, que também se apóia na forte aspiração dos brasileiros por justiça social, com melhor distribuição do capital acumulado socialmente.

O quadro que se descreve não leva a se pensar em melhoras no setor produtivo e na administração pública, o que continuará gerando desemprego. Costuma-se prever que "sem crescimento" o desemprego não cessará. A década de 1990 se encerra com um aumento do PIB positivamente ridículo (0,5%), após um período de estagnação, falências de empresas e ameaças contra o funcionalismo público. Mas, para que os pobres e miseráveis passem a ter sua cidadania respeitada, não basta "crescimento econômico" e geração de riquezas: há que se distribuir essa riqueza (gerada socialmente). Assim, há que se modificar a política de juros altos que leva à falência milhares de empresas e impede a implantação de novas, mas igualmente que se eleve substancialmente o salário mínimo para além dos atuais R$ 200,00 (algo em torno de US$ 55.60) e dos pretendidos R$ 240,00 (ou US$ 66.70) para maio de 2003.

Além de dar melhor retribuição ao trabalho assalariado, a "décima economia" do mundo deverá melhorar também seu ranking de "desenvolvimento humano", que situa o Brasil na 73ª posição entre os 173 países elencados pela ONU. Mas isso somente será possível incrementando a distribuição dos bens socialmente produzidos como educação, saúde pública, transporte, lazer e outros. Além disso, o governo federal deverá reavaliar seus compromissos com a banca internacional, que tem realizado ingerências múltiplas, incluindo as questões ambientais. Rever a idéia do pagamento da dívida externa, que exaure o tesouro nacional apenas com os juros do principal que, segundo alguns economistas, já foi devidamente resgatado ao longo das últimas décadas. Nessa direção, rever os compromissos tomados para as privatizações de empresas públicas nacionais. Aquelas que foram privatizadas nos últimos anos têm conduzido ao desemprego de grande massa de trabalhadores.

Sem medidas severas nesse sentido, a pobreza certamente aumentará, como também aumentarão os desalentados, os moradores de rua e os miseráveis sem conta que mal sobrevivem nos campos e nas cidades brasileiras. Portanto, o governo deverá erguer barreiras aos que dilapidam os patrimônios vegetal e mineral, parte de extrativistas de toda a ordem como os que praticam especulação/extrativismo financeiro no Brasil, causando verdadeira sangria às finanças e ao Tesouro Nacional. Esse será o grande desafio para o século e o milênio recém-iniciados. Naquilo que essas políticas interferem sobre a capital, salienta-se, com Ferreira (1985: 56), que

> Brasília hoje não pode ser considerada apenas como o Plano Piloto de Lúcio Costa, como era nos anos cinqüenta. Tampouco pode ser apenas a cidade com seus núcleos periféricos dispersos, dos anos sessenta. Ela é agora a metrópole que envolve além desses espaços os municípios vizinhos do Entorno do DF. O espaço metropolitano criado (ou destinado) vai interagir com as novas fases do processo de urbanização brasileiro e não pode ser ignorado nas políticas urbanas, seja ao nível local, regional ou nacional.

Como decorrência dessa agenda, propugnam-se: a) a criação de uma área metropolitana de Brasília, que congregue o DF e seu entorno imediato (cerca de nove municípios) para que se tenha uma gestão coordenada do patrimônio ambiental, dos recursos financeiros, e melhor equacionamento das questões socioambientais (geração de novos postos de trabalho, equipamento de saúde pública e da rede de escolas públicas); e b) organização do espaço em torno de uma mesorregião no Centro-Oeste capaz de diversificar o foco atrativo de Brasília e do entorno próximo, incrementando as oportunidades alternativas de trabalho no meio rural e nas cidades da região. Com isso, findará o desperdício, a subutilização da força de trabalho humano e a dilapidação de recursos minerais, da fauna e da flora dessa rica região.

**Referências bibliográficas**

BUARQUE, Cristovam. *A cortina de ouro. Os sustos do final do século e um sonho para o próximo*. São Paulo: Paz e Terra, 1995.

CHOMSKY, Noam. A *minoria próspera e a multidão inquieta*. Brasília: Editora Universidade de Brasília, 1996.

CODEPLAN. *Pesquisa de Emprego/Desemprego no DF – Resultados, junho/* 1996.

____________. *Pesquisa de Emprego/Desemprego no DF – Resultados, novembro/*1998.

____________. *Pesquisa de Emprego/Desemprego no DF – Resultados, abril/*1999.

____________. *Pesquisa de Emprego/Desemprego no DF – Resultados, setembro/1999*.

DIEESE. *Boletim Dieese*. São Paulo, *XV* (188): 34-52, 1996.

____________. *Boletim Dieese*. São Paulo, *XVIII (*211): 4-5, 1999.

FERREIRA, Ignez Costa Barbosa. "O processo de urbanização e a produção do espaço metropolitano de Brasília". *In* PAVIANI, Aldo (org.). *Brasília, ideologia e realidade – espaço urbano em questão*. São Paulo: Editora Projeto/CNPq, 1985.

GOVERNO DO DF/SEADE. *Pesquisa de Emprego/Desemprego no DF (PED/DF) – Resultados, outubro/*2000.

PAVIANI, Aldo. *Geografia do desperdício – impactos sobre o meio rural*. Anais da 40ª Reunião Anual da SBPC, São Paulo, 10-16/7/1988.

____________. *Impactos de grandes projetos e a gestão externa do território*. Anais do III Encontro Nacional da ANPUR, Águas de São Pedro, 8-11/5/1989b.

____________. "Exclusão social pelo desemprego/lacunas de trabalho". *In* VASCONCELOS e SILVA (orgs.) *Novos estudos de geografia urbana brasileira*. Mestrado em Geografia; UFBA, 1997a.

____________. *Tecnologias, lacunas de trabalho e políticas públicas urbanas*. VII Encontro Nacional da ANPUR, Recife, 1997b.

____________. "Gestão do território com exclusão socioespacial" *In* PAVIANI, Aldo (org.). *Brasília – gestão urbana: conflitos e cidadania*. Brasília: Editora Universidade de Brasília, 1999.

SANTOS, Antônio Silveira R. dos. Meio ambiente do trabalho. *Correio Braziliense*, Brasília, 8/maio/2000. Caderno Direito e Justiça.

SANTOS, Milton. *O espaço dividido. os dois circuitos da economia urbana dos países subdesenvolvidos.* Rio de Janeiro: Editora Francisco Alves, 1979.

____________. *A natureza do espaço – técnica e tempo; razão e emoção.* São Paulo: Hucitec, 1996.

____________. A normalidade da crise. *Folha de S. Paulo,* São Paulo, 26/9/1999. Caderno MAIS.

____________. "Globalização, cidadania e meio técnico-científico-informacional". In SOUZA, Álvaro José *et al.* (orgs.). *Milton Santos – cidadania e globalização.* São Paulo/Bauru: Saraiva/AGB, 2000a.

____________. *Por uma outra globalização. Do pensamento único à consciência universal.* Rio de Janeiro/São Paulo: Editora Record, 2000b.

SEADE/DIEESE. "Elementos para compreender a controvérsia sobre as taxas de desemprego no Brasil", maio/1996.

TAVARES, Maria da Conceição. O Brasil desempregado. *Folha de S. Paulo,* São Paulo, 19/12/1999.

# Fragmentação do ambiente urbano: crises e contradições

Nelba Azevedo Penna

O objetivo deste trabalho é apresentar uma análise da expansão e do crescimento urbano de Brasília sobre as Áreas de Proteção Ambiental (APAs), expondo os conflitos e as contradições presentes na realização desse processo. As APAs, reservas ambientais, até então pouco transformadas pela ação social, ainda objetos da política de preservação, estão presentes no território como um dado significativo para o entendimento do processo de fragmentação, expansão urbana e uso da terra no Distrito Federal (DF).

A produção da espacialidade da sociedade urbana não pode ser entendida apenas no sentido econômico, mas também como conteúdo de uma produção social, política e cultural, nos termos da urbanização presente. É preciso compreender que a cidade é produzida em relação a um conjunto complexo de práticas sociais que envolvem a extensão das cidades. "É ordem e, ao mesmo tempo, violência econômica e política: exploração, expropriação e dominação" (Damiani, 1999:118). Essa interpretação, do sentido da produção social do espaço, permite ultrapassar uma análise simplesmente política do papel do Estado na reprodução e na crise da cidade para compreender a produção das relações sociais a partir da sua própria ação.

O ambiente, construído e natural, da cidade é um espaço que possui uma ocupação política intencional, tanto pelo Estado como pela sociedade. O que faz com que o espaço seja produtivo, valorizado, é o seu uso. Mesmo os espaços ditos "vazios" estão cheios de intencionalidades de usos, subordinados aos interesses de valor. Os valores de uso são criados de acordo com as possibilidades do mundo da mercadoria e são, ao mesmo tempo, também valores de troca, que estão na base do processo de fragmentação do espaço.

No Plano Piloto de Brasília, ambiente privilegiado pela beleza da arquitetura, da qualidade de vida, da tecnologia e do desenho urbanos, onde o paisagismo estético substituiu o cerrado, todos os lugares estão valorizados pelo próprio processo que produz a apropriação do seu espaço. Mesmo os lugares periféricos a ele, menos qualificados técnica e socialmente (e os que ainda não possuem os chamados bens de consumo urbano: rede de água, luz, esgoto, telefone etc.), e os que ainda não foram ocupados, as reservas ambientais e rurais, estão repletos de valores que fragmentam e hierarquizam funcionalmente todo seu território numa imensa mancha urbana. Esse processo de fragmentação é que permite a localização dos projetos de expansão urbana, tanto do Governo do Distrito Federal (GDF), propondo novas áreas de adensamento bastante próximas ao Plano Piloto, nas áreas de proteção ambiental e rurais, como os da iniciativa privada, apropriando-se desses lugares para fins de moradia urbana.

O que torna esses lugares um elemento de análise importante para o entendimento da produção do espaço urbano é o fato de seu uso, ou seja, o fato de terem se tornado um "território usado", uma vez que "a sociedade não atua sobre a natureza em si" e sim a partir de um determinado "valor que é dado àquele pedaço de natureza – valor atual e futuro" (Santos, 1999: 18).

Com a extensão do capitalismo à totalidade do espaço, o ambiente urbano, construído e natural, adquire uma importância cada vez maior, destacando a natureza como recurso e como valor de uso, reforçando os ambientes naturais como valor para a produção de um novo espaço, transformando-os em áreas urbanizáveis. A análise das crises urbana e ambiental, definidas pelo esgotamento e pela poluição dos chamados recursos naturais, evidencia cada vez mais a escassez desses "bens naturais", porque eles deixam de estar disponíveis a todos, como espaços livres, e passam a ser regidos pelas leis de propriedade. Os elementos antes naturais e abundantes (ar puro, luz do sol, vegetação farta) passam a ser definidos por novas condições econômicas e sociais em relação a uma centralidade urbana, que transforma a natureza em fator de valorização diferencial dos lugares na cidade, reforçando as desigualdades.

A extensão do capitalismo sobre o espaço representa a possibilidade de produção de uma centralidade na periferia: acessos (pontes, viadutos e alargamento das vias), energia, telefone, água. No processo de crise da cidade, elementos da natureza, como a água, são introduzidos no grupo das necessidades urbanas sob uma nova ótica de consumo e distribuição – da apropriação individual. A água, bem comum distribuído por organismos estatais, torna-se um bem que pode ser adquirido individualmente (ou por pequenos grupos), por meio da construção de poços artesianos. A produção da habitação também sai da construção pública e coletiva (financiada pelo BNH até ser extinto em 1986, e FGTS) para o domínio privado, particular e bancário – e instala-se o domínio da periferia autoconstruída, apropriando-se de áreas destinadas à preservação ambiental. Esse novo e escasso espaço necessita ser produzido, entrando para o circuito da reprodução das relações sociais, tornando a apropriação dos elementos da natureza importante para a diferenciação da qualidade dos empreendimentos imobiliários e para a realização da valorização diferencial do espaço urbano.

Assim, pelo uso e apropriação privada da beleza do verde da paisagem, do ar puro, da água, entre outros elementos que se espacializam, localizando e constituindo-se em lugares de maior valorização, eles são produzidos em relação a uma centralidade, tornam-se "raros" e adquirem um novo significado – espaços residenciais em potencial. O discurso da carência de espaços urbanizados e da falta de políticas habitacionais abrangentes possui um significado e um caráter social e econômico bem definido: capturados pelo mercado, o espaço urbano e a natureza incorporam as leis do valor e da mercadoria. Ocorre um processo de fragmentação do espaço urbano porque "a ação presente, os interesses sobre parte do território, a cobiça, e mesmo as representações atribuídas a essa parte do território têm uma relação com o valor que é dado ao que está ali presente" (Santos, 1999:18).

A fragmentação do espaço se define como um processo socioespacial, porque na cidade se encontra o "espaço mercadoria", submisso à troca e à especulação, produzindo um constante movimento de atração e de repulsão da população do centro para a periferia, que possui como resultado uma determinada morfologia da cidade, que é definida e valorizada de maneira diferencial. Esse processo, que se caracteriza pelas necessidades de expansão do capital, produz um espaço urbano, transformando os seus referenciais e os comportamentos em relação à cidade (Carlos, 1996:58).

O processo de apropriação e de valorização do espaço urbano produzido em Brasília, definido pela fragmentação, expressa-se pela existência das propriedades pública e particular da terra, proporcionando um duplo movimento: o GDF fragmenta uma ampla parcela do espaço, planejando a ocupação racionalmente concebida pelos planos de ordenamento territorial, tentando manter o mercado de terras sob seu domínio; por outro lado, ocorre uma fragmentação da cidade, produzindo uma apropriação que se realiza fora dos mecanismos estatais de acesso à terra, à propriedade e à moradia (Penna, 2000:41).

## A fragmentação pública e privada do espaço urbano

Para a organização dos usos no território do DF, as APAs e as zonas rurais passaram a formar uma espécie de cinturão verde, denominado de "anel sanitário",[1] circundando toda a região onde foi construído o Plano Piloto, cujas terras foram sendo desapropriadas em favor do Estado. Esse fato dificultou a expansão horizontal contínua da cidade e, ao mesmo tempo, proporcionou o processo de polinucleamento urbano e adensamento populacional das cidades-satélites localizadas na periferia, bem como a valorização diferencial das terras situadas "dentro" das áreas de preservação. Além disso, nessas áreas de preservação continuou a existir uma grande concentração de terras que permaneceram sem desapropriação (pertencendo a particulares), sobre as quais atualmente o governo não tem controle de seu parcelamento, apesar da existência de legislação que proíbe o loteamento em terras de particulares no DF (Lei Federal nº 2.874, de 19/9/1956).

O GDF, por meio de sua política urbana, iniciou, então, a partir desse "macrozoneamento", o adensamento populacional restrito aos setores estabelecidos como eixos de expansão no Plano Estrutural de Organização Territorial do DF (PEOT/DF, 1977).[2] Por outro lado, foram surgindo novas possibilidades de apropriação do espaço como alternativas criadas pela sociedade para sua instalação. Foram ocupadas pelo parcelamento privado, inicialmente as áreas rurais, privadas e públicas (como as áreas de chácaras concedidas pela Fundação Zoobotânica do DF, CAESB, entre outros), e também as APAs. Essas áreas foram sendo ocupadas e posteriormente loteadas e transformadas, efetivamente, para uso habitacional urbano. A partir daí se foi multiplicando o número de empreendimentos imobiliários privados, tanto sobre as áreas públicas como sobre as particulares, em todo o território do DF.

Os amplos espaços de baixa densidade demográfica, destinados ao uso rural e APAs, que estrategicamente circundam o Plano Piloto (cerca de 50% do território do DF está constituído por essas áreas), configuram-se em espaços vulneráveis, suscetíveis de ocupação e de fragmentação pelo mercado. Coincidentemente, ou não, esses lugares de ruptura e de fragmentação do espaço são justamente as áreas onde não se completou o processo de desapropria-

[1] Refere-se à área que circunda o Plano Piloto, instituída por dois instrumentos complementares de planejamento do território: 1º – Código Sanitário do DF (Lei nº 5.027, de 14/6/1966), que restringe a instalação de núcleos habitacionais de qualquer espécie em zonas a montante do Lago Paranoá e nas proximidades dos cursos de água de sua bacia, quando esses não ofereçam, a critério da autoridade sanitária, garantia de recolhimento de sistemas de dejetos e de detritos capazes de evitar a poluição e a contaminação do seu manancial hídrico; 2º – Plano Diretor de Água, Esgoto e Controle da Poluição – PLANIDRO (CAESB, 1970), que define a capacidade de abastecimento e esgotamento sanitário para o DF. Considerando o seu crescimento urbano, recomenda a não urbanização da área localizada dentro da Bacia do Paranoá, de forma a evitar a eutrofização do Lago Paranoá.

[2] Plano Estrutural de Organização Territorial do DF (PEOT). Secretaria de Planejamento (SEPLAN).GDF, 1977.

ção (iniciado para a criação do DF e a construção da cidade), que restaram como enclaves de propriedade privada (urbana e rural), desde o início da construção da cidade, e/ou transformadas em APAs, as quais, segundo as normas, não poderiam ser parceladas.

Esse processo de produção da cidade se desenvolve claramente sobre os lugares onde se encontram as possibilidades de ruptura do espaço, antes controlado e dominado pelo GDF, e provém de uma situação já predeterminada no contexto do projeto urbanístico para o DF (Plano Piloto), que assumiu a idéia de uma cidade sem periferia, ou seja, sem luta de classes. O processo de fragmentação do espaço concebido de forma homogênea, definido pela concepção política e urbanística do Plano Piloto, tornou-se concreto porque a utopia da cidade sem periferia foi levada às últimas conseqüências pela política que engendrou e mantém a unidade do espaço no DF.

Os lugares de ruptura do espaço homogêneo, que delimitam a fragmentação, foram estabelecidos no centro de um processo social, contraditório e dialético, da relação sociedade-espaço, representando, dessa maneira, a fragilidade atual da propriedade estatal sobre a terra no território do DF que, de acordo com a política concebida, deveria ser estatal, homogêneo e funcional. Para manter essa unidade política e estratégica definiu-se o poder público como o único mediador do acesso à terra, estabelecendo a propriedade pública dela. Esse processo torna-se cada vez mais ameaçado com o fortalecimento da fragmentação privada da cidade, que avança principalmente sobre as APAs.

Essa dupla fragmentação do espaço – pública e privada – estabelece um conflito entre o interesse político de manter o projeto do Plano Piloto e o controle do território, por meio do planejamento burocrático realizado pelo governo – que se define como processo de fragmentação pública da terra –, e as necessidades de expansão da área urbana, tanto para o capital imobiliário como para o uso da sociedade em geral – definidos como fragmentação privada.

Nesse contexto, as transformações sociopolíticas e espaciais para a produção do espaço urbano estão submetidas tanto às regras da política governamental como às leis de mercado de valorização e de fragmentação da terra, condicionadas por um processo de redefinição e reordenação capitalista do espaço. O mercado não mais obtém acesso à terra somente mediado pelas regras impostas pelo poder público, tornando-se também um importante mediador do acesso à terra, principalmente na periferia do Plano Piloto, tomando para si a iniciativa de parcelamento das APAs.

No bojo dessa contradição, surgem os argumentos para a grilagem, a invasão e o parcelamento das terras públicas e particulares (urbanas e rurais), como válvula de escape do mercado para liberar terras (sob o domínio do poder público) para o mercado (e para a moradia), por meio do parcelamento da terra, sem considerar os mecanismos legais estabelecidos pela burocracia estatal como normas para o parcelamento e para a expansão urbana.

Assim, ocorre a formação de um mercado imobiliário ilegal como novo mediador do acesso da população à terra na cidade, tornando-se um importante elemento para a análise da formação do processo de fragmentação e crescimento urbano, desenvolvendo-se por meio de um processo acelerado de expansão sobre as áreas ambientais na periferia, cuja principal característica é a produção heterogênea do espaço. Esse mercado não é dirigido apenas para as classes populares de baixa renda, que caracteriza a periferia de domínio estatal, mas também para as classes média e alta. Portanto, comercializa terrenos para fins urbanos, de dimensões maiores, variando entre 500m$^2$ e 3.000m$^2$, formando condomínios privados e fechados, que ilustram significativas modificações no padrão da construção dos loteamentos e das moradias na periferia.[3] Essa nova periferia se opõe qualitativamente ao padrão construtivo da periferia concebida pelo poder público, cuja prioridade tem sido o assentamento para a população de baixa renda, realizado com pouca (ou nenhuma) qualidade urbanística, sem equipamentos e serviços urbanos básicos.

Esse tipo de parcelamento em condomínios privados e de dimensões maiores de lotes, qualifica uma mudança significativa no modo de produção da periferia que está em formação: invadida, parcelada e ocupada por classes de maior poder aquisitivo, com melhoria da qualidade da construção, transformando o desenho concebido para a cidade e provocando o surgimento de novas e dinâmicas direções de expansão e adensamento urbanos sobre as áreas de reserva ambiental. A apropriação diferenciada das APAs, que circundam o Plano Piloto, reforça as desigualdades sociais, por meio da produção de um ambiente urbano estrategicamente produzido para ampliar o espaço da propriedade privada, que potencializa a crise de apropriação da cidade, porque caracteriza formas de inserção precária e perversa da população no urbano.

A partir da década de 1980, com a ocupação bastante intensiva do cinturão verde, a malha urbana começa a expandir-se nessa direção e a ocupar áreas até então consideradas de ocupação restrita, proibida e ilegal, sobre as quais o GDF detinha o domínio total. Esse processo produz o espaço de domínio da apropriação privada da terra, que entra em conflito e em enfrentamento com a propriedade estatal, que tem base nas leis de organização do território do DF.

Entretanto, é somente a partir da década de 1990, com a intensificação da ocupação e da densidade populacional, que se define com maior nitidez uma

[3] Condomínios como o Ville de Montaigne, Quintas da Alvorada e Mansões Itaipu, entre muitos outros, são exemplos do alto padrão da construção dos condomínios construídos em áreas próximas ao Lago Sul, em lotes de 3.000 m$^2$ em média, e a poucos minutos do "centro" – Plano Piloto (Penna, 2000).

zona de ocupação e crescimento para fins urbanos em áreas de proteção ambiental (os condomínios privados). Esses lugares despertam a atenção pela necessidade de investimentos públicos que passam a exigir e, principalmente, por ser tomados como parte de uma estratégia de valorização diferencial da periferia privada. Esse processo de fragmentação privada da periferia representa a ruptura do cinturão verde e da própria preservação ambiental, por meio de um dinâmico mercado imobiliário, que representa muito mais do que uma simples solução emergente para o problema da falta de moradia. Esse tipo de ocupação e expansão (do mercado e da cidade) vem desencadeando fortes conflitos para a gestão pública da cidade, em virtude da degradação que causa ao ambiente, por caracterizar uma apropriação, ainda, dispersa e polinucleada do território, de acordo com o estabelecimento (de fato e de direito) do parcelamento em propriedades privadas.

A mudança no modelo de expansão da periferia vincula-se à crise da cidade, às transformações nas relações econômicas e políticas que modificaram as condições de vida da população urbana, principalmente com a desintegração do Sistema Financeiro Habitacional (SFH), a partir da década de 1980. Portanto, a análise da atual crise do sistema urbano está inserta na relação Estado-urbano, com a perda da capacidade de financiamento pelo Estado, provocando mudanças nas relações de acesso à cidade, principalmente em razão da possibilidade da autoconstrução, nos condomínios, da moradia e da infra-estrutura urbana, fortalecendo os processos de produção privada da cidade e estabelecendo várias ordens de conflitos sociais, ambientais, econômicos e políticos. Na ausência de políticas urbanas compatíveis com a problemática dessa nova ordem, surge a presença de outros bens financiáveis de modo mais factível, como o automóvel, que se incorpora aos objetos de primeira necessidade, por permitir *tornar mais curto* o percurso e o tempo para a casa própria (no sentido da maior facilidade de financiamento), mesmo que seja na periferia, tomada em sua ampla heterogeneidade. Daí a necessidade de se refazerem os percursos na cidade: pontes, viadutos, alargamento das vias, abertura de novas ruas etc.

A diferenciação social, espacial e econômica, que caracteriza a heterogeneidade da ocupação sobre a nova periferia, começa a ser definida segundo cada padrão de uso social, de degradação ambiental e sobre as leis de mercado, de acordo com as estratégias imobiliárias. As formas urbanas centrais tendem a expandir-se por meio de padrões a ser reproduzidos nas APAs. Esses lugares surgem como alternativas para a satisfação da "nova demanda", criada em relação aos espaços que respondam aos anseios de melhoria da vida urbana, não apenas em relação à atenção da qualidade ambiental, mas também econômica, em relação à importância da propriedade particular. A crise urbana imprime no espaço os lugares onde os elementos ambientais se mostram com maior ou menor grau de degradação, também como forma de diferenciação espacial. Porém, o racionamento de água, a falta de tratamento de esgotos, a contaminação do lençol freático etc. não são problemas restritos aos condomínios privados, eles fazem parte da problemática geral das cidades brasileiras.

A periferia produzida em relação a uma centralidade – o Plano Piloto – torna-se uma realidade vivida no cotidiano dos habitantes da cidade ao estabelecer a apropriação de um espaço de reserva ambiental para o uso residencial, restituindo-lhe um outro valor de uso que não a "preservação". O fato concreto do uso torna-se uma garantia para a indução ao consumo, efetivada pelo desejo de habitar em contato com a "natureza", longe da agitação e do caos urbano. A própria diferenciação do ambiente construído estimula novas construções. Portanto, a efetivação do uso constitui estratégia para a transformação do conteúdo social que se expressa por novas formas espaciais. A intensa relação entre forma e conteúdo, marcada por novas e dinâmicas práticas sociais, redefine uma nova morfologia caracterizada por um padrão de desconcentração territorial, redesenhando uma malha urbana integrada, mas descontínua, que se expande intensamente.

## Poder e domínio – a fragmentação da periferia

O estabelecimento e o fortalecimento da produção de uma periferia particular, em oposição e enfrentamento àquela concebida pelas políticas públicas, representam, principalmente, a ruptura do domínio estatal sobre a propriedade e parcelamento das terras do DF (Penna, 2000). O parcelamento privado está reconhecido e legitimado por leis e pelos planos de organização territorial, principalmente o Plano Diretor de Organização Territorial (PDOT),[4] que abrem a possibilidade de regularização dos parcelamentos nessas áreas. Essas leis e o PDOT (que estabelecem uma Zona Urbana de Uso Controlado para a região de maior incidência de condomínios privados) regulamentam o parcelamento da terra em condomínios privados realizado por particulares, criando normas para as regularizações e transferindo os direitos da propriedade da terra de domínio do GDF para as mãos dos setores privados da sociedade. Entretanto, o PDOT os reconhece, apenas, como um vetor secundário de crescimento urbano, passíveis de controle pelo poder público os quais, na realidade, já alcançaram alto grau de consolidação dos loteamentos e de desenvolvimento do mer-

[4] Plano Diretor de Ordenamento Territorial do DF (PDOT). Instituto de Planejamento do DF (IPDF), 1996 (p. 155 e 250) . Referência principalmente para as leis: Lei nº 54, de 1989; Lei nº 353, de 1992, e Lei nº 694, de 1994.

cado imobiliário, independentemente das gestões públicas nessa zona, cuja tendência é a expansão acelerada da ocupação para fins habitacionais.

É dessa maneira que toda a região da APA da bacia do rio São Bartolomeu representa um novo espaço capturado para o mercado e para a reprodução do capital. Assim, as áreas ambientais, de natureza preservada, encontram-se loteadas e fragmentadas e passam a ser vendidas sob a forma de lotes em condomínios privados, constituindo um dinâmico e amplo mercado, e reorganizadas segundo as exigências da acumulação capitalista.

Tanto a natureza como a totalidade do ambiente urbano se transformam em espaços políticos, inseridos nas estratégias de ocupação e de expansão da cidade. Tornam-se fragmentados porque são produtos da ação social que articula o ambiente circundante à cidade para a produção e reprodução das relações sociais, de modo funcional e hierarquizado. Assim, há uma concentração dos parcelamentos nas APAs, localizando-se os condomínios privados nessas áreas: é principalmente na APA do rio São Bartolomeu que se localizam os parcelamentos privados mais consolidados (principalmente próximos ao Lago Sul), constituindo verdadeiros bairros construídos à revelia da legislação existente: 74% da área total ocupada pelos condomínios urbanos encontram-se dentro de APAs, dos quais, 60% encontram-se na APA do rio São Bartolomeu, que ocupa 20% da área do DF.[5]

Essa nova área de expansão urbana "controlada" (segundo o PDOT/DF), que na realidade constitui um novo e dinâmico mercado imobiliário (ainda que ilegal!), é de especial beleza natural, relativamente plana, de fácil ocupação urbana, alta acessibilidade com a proximidade ao Plano Piloto. É uma região que possui valor hídrico especial por abrigar inúmeras nascentes de rios, por isso mesmo constitui um meio ecológico frágil, por ser de fácil erosão e contaminação pelo esgoto, resíduos sólidos e lixo, devendo observar rígidas normas e leis para ocupação e uso da terra, tanto para fins de habitação como para outros tipos de manejo.

Também na APA do rio Descoberto (vazia de infra-estrutura) se verifica um processo concreto para sua ocupação, pelo uso do lugar, e também intencional para usos futuros, com a formação de uma associação de pessoas com a intenção de ocupar essa área para moradia e produção agrícola, e, posteriormente, reivindicar (ou atualmente reivindica) sua propriedade ao governo.

Os condomínios espalham-se no tecido urbano, criando um ambiente dissociado, pois representam a ruptura e a cisão entre o habitar e o habitante, que possuíam uma unidade e uma simultaneidade substituídas por uma rede de malhas desiguais. O momento para a expansão da cidade, por meio dos

[5] Fonte: Governo do Distrito Federal. Grupo Executivo de Trabalho. Relatório final, 1995.

condomínios privados, tornou-se viável porque houve o desaparecimento da realidade urbana perceptível: desapareceram os espaços para o encontro, porque, também, o tempo para o encontro, das ruas, das praças, dos bares, desapareceu com a escalada da violência. Aumentou o tempo gasto com o trabalho, que assumiu o ritmo do computador, transformando também a residência em dormitório.

A desordem na produção do espaço oculta a ordem da oposição entre a produção pública e a produção privada da cidade: uma se define em relação a outra e contra a outra. A análise imediata dos processos desordenados é apresentada como caos. Na realidade, apenas não reconhece na paisagem urbana as próprias condições de sua existência. Essa lógica evidencia o desaparecimento da realidade urbana, mutilada pela lógica da mercadoria e da especulação imobiliária.

Essa ordem política estratégica fica ocultada pelas análises da cidade desordenada, da periferia desorganizada e segregadora. É apenas diante da análise simplificada da realidade que a contradição é desordem, para tornar necessária a restauração da ordem, da coerência e da harmonia na realidade caótica, por meio da ação burocrática governamental. Nesse sentido, a análise exclusiva da paisagem aparente da cidade reduz, arbitrariamente, uma totalidade complexa e em movimento a um de seus momentos.

O governo perde o domínio sobre a periferia porque não foi capaz de transformar as orientações e as concepções adotadas pela economia de mercado ao tomar para si a propriedade pública no DF, atribuindo-lhe outros papéis, funções e condições que a tornassem realmente livre das especulações do mercado. Dessa forma, abriu-se o caminho para a elaboração de uma estratégia de ocupação do espaço que privilegia uma classe, tendo como resultado uma cidade segregada, desenvolvendo uma "urbanização desurbanizante e desurbanizada" (Lefebvre, 1969), reforçando as contradições que se expressam no ambiente urbano, além da propriedade pública e da privada (do legal/ilegal, planejado\não planejado, centro/periferia).

É assim que, em Brasília, a periferia passa pelo processo de "atração" de população, ao se produzir um espaço diferencial – os condomínios privados (para a média e alta renda, não esquecendo o sentido da heterogeneidade da periferia) – que requalifica os lugares periféricos, refuncionalizando-os: a periferia deixa de ser área rural ou de proteção ambiental para ser transformada pelo mercado imobiliário em áreas para moradia, diferenciando-se da periferia dos assentamentos realizados pelo poder público (Penna, 2000: 75). O processo de ocupação para fins urbanos em áreas destinadas ao uso rural e à proteção ambiental, refuncionalizando os espaços periféricos com a implantação dos condomínios privados, para a moradia de classes de maior poder aquisitivo, revela uma tendência da urbanização por meio da expansão periférica da cidade sobre as áreas ambientais (pela construção dos condomínios localizados principalmente na APA da bacia do rio São Bartolomeu, próximos ao Lago Paranoá e ao Setor Habitacional Individual Sul – Lago Sul), em contraposição ao caráter localizado do urbanismo governamental sobre o centro.[6]

A valorização do espaço das cidades, ao ser fragmentado por empreendedores imobiliários, adquire a forma de lote urbano, cujo acesso e uso se submetem ao mercado, definidos pelo estabelecimento da propriedade privada da terra. Desse modo, o processo de fragmentação vai ocorrer no espaço urbano como resultado dos conflitos entre a propriedade privada e a produção socializada da cidade, resultado do trabalho social (Carlos, 1996: 60). Essa fragmentação que se aprofunda pelo parcelamento do espaço em lotes, comprados e vendidos no mercado, resulta de atividades cada vez mais estratégicas, que contribuem para ocultar a percepção de que o processo de fragmentação está relacionado com as estratégias da política e do mercado, da terra urbana como valor de troca, valorizando de forma diferencial o ambiente urbano.

O processo de produção do espaço cria um conflito entre as suas próprias condições emergentes (propriedade estatal), fundamentado no projeto para a reprodução do centro (político e administrativo do país) e planejado para garantir a propriedade estatal. Condiciona o surgimento de lugares nos quais é possível ocorrer a fragmentação privada, não planejada pela burocracia pública, na periferia da cidade. Assim, a propriedade estatal da terra entra em contradição com a apropriação privada da terra.

Esse raciocínio analítico permite entender essa contradição como a ruptura do espaço estatal, homogêneo, em razão da sua vulnerabilidade em relação às ações dos agentes privados, formando uma nova zona de crescimento urbano acelerado, que se estende, principalmente, desde São Sebastião, expandindo-se além da direção de Sobradinho e de Planaltina, desvinculada do eixo de crescimento proposto pelo governo no PEOT/1977 e atualmente legitimada pelo PDOT/1996 (eixo sudoeste). Observa-se que os parcelamentos, além de estarem bastante concentrados na região oposta à orientação do planejamento governamental, também se encontram dispersos em outras áreas do DF.

As rupturas do espaço homogêneo foram surgindo nos lugares onde se instalaram as condições para a fragmentação privada do espaço urbano, dando lugar ao surgimento e desenvolvimento de um mercado de terras mediante grilagem, ocupação e parcelamento ilegais da terra, tanto pública como particular, que foi sendo destinada ao uso residencial. Atualmente, esse processo

[6] Segundo informação divulgada pelo *Correio Braziliense* (4/3/2001), a Secretaria de Assuntos Fundiários do GDF reconhece que a maior parte dos 368 condomínios cadastrados pelo governo são de classe média.

constitui a produção de um novo espaço urbano, possibilitando principalmente uma nova forma de expansão privada da periferia, cuja mediação para o acesso à terra não mais se realiza pela intervenção do planejamento estatal, e sim pelo mercado.

A mediação que se estabelece por meio do mercado imobiliário que realiza pela exaltação do discurso ecológico, que permite vender o "verde" como objeto de desejo, *status* e felicidade. O próprio governo local é capturado por esse discurso, quando chama a atenção da comunidade que habita essas áreas para a importância da preservação da qualidade ambiental do lugar: "Parabéns, você está morando numa área de proteção ambiental".[7] Os dizeres na entrada do Lago Norte chamam a atenção dos moradores para o fato especial, e de comprometimento com o ambiente, de habitar em uma APA. Essa qualidade passa para a mídia como um evento diferenciado em relação ao caos urbano, como garantia de tranqüilidade e de *status*.

Esse conjunto de novos elementos de transformação e alteração das regras da produção do espaço mostra as novas articulações em torno dos interesses fundiários que, certamente, não serão secundários (e muito menos o foram no passado) para o jogo das articulações políticas e sociais sobre o território. Essas articulações revelam a contradição em relação ao uso e à apropriação da terra entendida, simultaneamente, como valor de troca (mercadoria) e valor de uso (meio de sobrevivência).

A partir desse momento, os conflitos desencadeados estão vinculados a um conjunto de relações que os diversos grupos de interesses passam a estabelecer em relação à expansão dos limites da terra urbana: o GDF detém a propriedade e o poder político para elaborar as normas para a ocupação, os grileiros e os proprietários detêm a organização do mercado, e os moradores detêm o uso efetivo desses lugares, construindo suas moradias ou cercando seus lotes.

Assim, o poder público tenta estabelecer uma lógica essencialmente espacial para os processos de produção do espaço urbano, "mapeando" os lugares onde eles podem, ou não, realizarem-se plenamente (zona de expansão, zona controlada). Dessa maneira, tenta estabelecer zonas, normas e leis para conter o crescimento e a apropriação "desordenada" da cidade por meio de políticas que propõem a regularização dos condomínios já existentes (propondo sua transformação em bairros) e normas para realizar outros empreendimentos e reestabelecer os novos lugares vedados ao consumo urbano.

O poder público quer homogeneizar os lugares, para controlar a fragmentação, como meio de retomar a unidade espacial. O sentido das regularizações

[7] Painel colocado na entrada do Lago Norte pela prefeitura, no início do segundo semestre de 2000, por alguns meses.

é introduzir uma modificação política para manter a unidade do domínio sobre o território, mesmo que em equilíbrio instável, introduzindo uma nova organização: a regularização, que produz uma modificação significativa no conteúdo do processo de produção da cidade.

Assim, a regularização dos condomínios e parcelamentos privados no DF surge como uma iniciativa governamental, que pode ser explicada a partir da lógica política das práticas sociais, políticas e econômicas, estabelecidas pelas diversas estratégias das classes e dos atores sociais. Para manter o domínio sobre o território homogêneo, o governo necessita regularizá-los, isto é, a terra necessita ser trazida para dentro do domínio estatal, ou seja, do poder das normas, das regras e do planejamento estatal.

Portanto, é necessária a intervenção do GDF enquanto poder político, e como lugar e meio de reprodução das relações sociais, para estender a produção do espaço urbano, por meio de políticas urbanas de regularização da propriedade privada, regulando as tendências de acesso, apropriação e uso do espaço da cidade. O poder do Estado, enquanto lugar e meio de reprodução das relações sociais, reproduz o espaço urbano de acordo com as relações sociais que o suportam. Com as regularizações, o poder político intervém para modificar e transformar o espaço, com o objetivo de controlar o todo, porque modifica as relações de domínio e de poder sobre o território para atender aos seus propósitos.

O acesso à cidade e a seu uso e o acesso à terra como valor de troca sujeitam-se às estruturas de poder e de divisão de classes. O uso do espaço fica condicionado às estruturas e às esferas do poder político, de acordo com sua funcionalização e hierarquização sociais. Para manter e reproduzir essas relações de poder no espaço (definidas pela relação entre espaço e poder) tornou-se necessário criar uma forma adequada de distribuição espacial para a manutenção do centro, concebido como um espaço político, hierarquizado e fragmentado (Penna, 2000).

## Considerações finais

A argumentação apresentada sustenta a idéia de que a compreensão da gênese do processo de produção do espaço de Brasília está na forma peculiar com que se realiza o processo de fragmentação do espaço urbano, sob a tutela do Estado, por meio das políticas por ele elaboradas, a partir da propriedade pública da terra. A relação política entre o governo, o mercado de terras e a sociedade desencadeia conflitos e contradições, que estão na origem do processo histórico, social e espacial de produção e desenvolvimento da cidade.

De acordo com essa análise, o espaço urbano é entendido num amplo processo histórico e social, concreto e dinâmico, que surge como produto de contradições intrínsecas ao conflito entre as necessidades do capital e as necessidades da sociedade como um todo, quando o Estado assume a produção política das relações sociais, como articulador das condições gerais de produção e reprodução do capital, e como regulador das relações de reprodução da vida da sociedade.

A análise do processo de parcelamento das APAs e das áreas rurais, em condomínios para moradia urbana, principalmente para classes de renda média e alta, além das já tradicionais ocupações/assentamentos para as classes de baixa renda nas áreas periféricas, revela as contradições da política que concebem a ordem da nova territorialidade do processo de produção do espaço.

A análise desse processo permite detectar as formas de exercício do poder, inscritas entre o espaço, a política e o mercado, porque revela a especificidade da fragmentação do espaço em Brasília, uma vez que a prática do parcelamento de terras públicas e privadas na periferia, para a construção de condomínios privados, soma-se aos interesses políticos ligados a empresas e a corretores imobiliários, que se servem da ordem burocrática governamental para legitimar seus interesses. Segundo o Relatório Final da CPI da Grilagem (1995), o grileiro ou o empreendedor é

> quase sempre, pessoa de elevado poder aquisitivo, com poderes diretos ou indiretos sobre os cartórios da periferia de Brasília ou até mesmo sobre estes, através de interposta pessoa, consuma a fraude documental, produzindo o documento de propriedade relativo a um imóvel preestabelecido (CPI da Grilagem, 1995).

Quanto à especificidade do processo de fragmentação, constitui a mudança do significado conceitual, político e social da periferia produzida, que é fundamental para entender sua profundidade e influência da política governamental e urbana sobre a forma espacial, e sobre a sociedade urbana, bem como assinalar os limites para a sua expansão.

Assim, justifica-se a importância da reflexão a respeito desses novos processos intervenientes, na produção do espaço urbano, que consolidam novas táticas do mercado para a fragmentação privada da periferia que se legitima com a regularização dos condomínios e, principalmente, proporcionam a expansão das áreas para uso residencial, como o aumento da oferta de imóveis, o que permite o crescimento do mercado imobiliário.

Dessa forma, a análise do processo de fragmentação do espaço urbano não é um fim em si mesma, e nem o ponto de chegada dessa reflexão. Constitui um ponto de partida para abrir um debate sobre a cidade e analisar as suas possibilidades de transformação social e espacial, e para redimensionar os conteúdos sociais da urbanidade. O esforço teórico e empírico para compreender as práticas sociais da produção do espaço urbano está fundamentado na necessidade de avaliar os processos de distribuição desigual dos equipamentos e infra-estruturas urbanas e sociais, para permitir o acesso mais eqüitativo a melhores condições de vida nas cidades, proporcionadas por um meio ambiente urbano de "qualidade".

De acordo com diversas leituras a respeito da qualidade de vida nas cidades, a solução para a crise da cidade poderia ser pensada a partir do desenvolvimento sustentável, segundo o qual essa qualidade ocorreria a partir do planejamento e da administração sustentável do uso do solo, de acordo com o estabelecimento de um tipo de uso mais adequado para ele.

Porém, as cidades parecem não representar o uso mais adequado que se pode fazer do solo: destruição da vegetação; canalização, assoreamento e poluição dos rios e córregos; compactação e asfalto das vias; enchentes; poluição e contaminação do ar, da água, do solo; pobreza, violência e marginalidade. Enfim, é a generalização tanto da devastação ambiental como da social.

Como as cidades não param de crescer, principalmente as grandes, pode-se dizer que as perspectivas de soluções para o enfrentamento da crise urbana e ambiental já se encontram diagnosticadas. Como exemplo, a Agenda 21 (Franco, 2000: 22) recomenda que o planejamento ambiental realizado pelos governos deveria:

> fornecer sistemas de infra-estrutura, ambientalmente saudáveis, atrelados à disponibilidade de água e qualidade do ar; fornecer sistemas de drenagem, de serviços sanitários e para recolher rejeitos de lixo sólido e perigoso; promover a obtenção de energia mais eficiente e barata (como solar e eólica); incentivar o transporte público; incentivar o sistema educacional público e os padrões de desenvolvimento industrial sustentáveis nos diversos níveis de atividade, etc. ...

Enfim, a lista de sugestões é grande e bastante conhecida dos governantes. Muitas perspectivas de superação da problemática urbana e ambiental são colocadas. A questão que se apresenta é de uma decisão política e social de estabelecer localmente as prioridades, formular e desenvolver projetos, no atual contexto político, econômico e cultural, conforme discutidos anteriormente, de dificuldades decorrentes da nova territorialidade extensiva da cidade: perda do domínio político e da capacidade financeira do governo sobre a produção da espacialidade urbana; necessidade do uso social efetivo dos lugares na cidade, transformando o conteúdo da periferia em formação; e apropriação das APAs para o consumo urbano, inseridas nas estratégias do mundo da mercadoria.

O paradoxo se instala na medida em que os projetos de desenvolvimento urbano devem possibilitar o enfrentamento dos problemas da crise urbana e ambiental para recuperar a qualidade de vida e de cidadania, uma vez que nem toda a crise é da cidade, mas ocorre na cidade.

## Referências bibliográficas

CARLOS, A. F. "A natureza do espaço fragmentado". *In* CARLOS, A. *O lugar no/do mundo*. São Paulo: Hucitec, 1996.

____________. "Novas" contradições do espaço. *In* CARLOS, A., DAMIANI, A. e SEABRA, O. (orgs.). *O espaço no fim de século. A nova raridade*. São Paulo: Ed. Contexto, 1999.

DAMIANI, A. L. "As contradições do espaço: da lógica (formal) à (lógica) dialética, a propósito do espaço". *In* CARLOS, A., DAMIANI, A. e SEABRA, O. (orgs.). *O espaço no fim de século. A nova raridade.* São Paulo: Ed. Contexto, 1999.

FRANCO, M. de A. *Planejamento ambiental para a cidade sustentável*. São Paulo: Ed. da Furb/Annablume/Fapesp, 2000.

GOVERNO DO DISTRITO FEDERAL. Grupo Executivo de Trabalho. Relatório Final, Brasília, 1995.
____________. Relatório Final da CPI da Grilagem. Brasília, 1995.

LEFEBVRE, H. *O direito à cidade*. São Paulo: Ed. Documentos, 1969.

PENNA, N. Brasília: do espaço concebido ao espaço produzido. A dinâmica de uma metrópole planejada. Tese de Doutorado. São Paulo: FFLCH. USP, 2000.

PLANO DIRETOR DE ORDENAMENTO TERRITORIAL DO DF (PDOT). Instituto de Planejamento do DF (IPDF), 1996.

PLANO ESTRUTURAL DE ORGANIZAÇÃO TERRITORIAL DO DF (PEOT). Secretaria de Planejamento (SEPLAN). GDF, 1977.

SANTANA, P. V. "A mercadoria verde: a natureza". *In* CARLOS, A., DAMIANI, A. e SEABRA, O. (orgs.). *O espaço no fim de século. A nova raridade*. São Paulo: Contexto, 1999.

SANTOS, M. "O território e o saber local: algumas categorias de análise". *Cadernos do IPPUR*, Rio de Janeiro, ano XIII, nº 2, 1999, p. 15-26.

SPOSITO, M. E. "A urbanização da sociedade: reflexões para um debate sobre as novas formas espaciais". *In* CARLOS, A., DAMIANI, A. e SEABRA, O. (orgs.). *O espaço no fim de século. A nova raridade*. São Paulo: Contexto, 1999.

# A lógica social do espaço

Brasilmar Ferreira Nunes[1]

Tradicionalmente, as cidades formam-se de maneira voluntária, a partir de um somatório de decisões individuais que, sem um nexo comum aparente, terminam por adquirir uma coerência lógica. As chamadas "cidades novas" ou planejadas decorrem de decisões que substituem esses processos voluntários, pressupondo sempre uma escolha política e um desenho de seu sítio que sustenta tecnicamente essa escolha. Nelas, de forma geral, o pensar a cidade, seu desenho urbanístico, é estar pressupondo o espaço físico como um elemento ativo que intervém na construção e na reprodução de relações sociais. Na essência elas trazem sempre um desafio implícito: a tentativa eternamente experimentada de sintetizar a matéria urbana e de introduzir uma nova racionalidade na dialética secular que liga o homem ao seu ambiente de vida.[2] As cidades novas, planejadas, colocam-se assim como um caso especial no conjunto de fenômenos que vão caracterizar o fato urbano.

O caráter político subjacente à sua criação traduz também o fato de que, conscientemente ou não, os que as concebem as vêem como atendendo a objetivos de Estado, ou de projetos de sociedade, que estão inerentes ao debate de idéias no interior do qual elas aparecem como alternativa. Talvez estivesse aí a explicação da perfeita aderência das então sociedades socialistas na construção de cidades planejadas, vistas como instrumentos de geração de um novo homem numa íntima relação entre " sociedade nova, homem novo e cidade

---

[1] Professor-titular do Departamento de Sociologia da UnB e bolsista do CNPq. Expresso meus sinceros agradecimentos às alunas Nara Kohlsdorf e Natalia Mori Cruz, enquanto bolsistas de IC do CNPq. Agradeço às colegas Marilia Steinberg e Neli Aparecida de Mello pelas críticas e sugestões.

[2] A maior parte das civilizações organizadas e sedentárias criou em um momento ou outro de sua história cidades de origem voluntária em oposição às que surgem por processos espontâneos, conforme podemos observar em vasta bibliografia sobre a questão. Ver por exemplo Merlin, P. Les villes nouvelles en France, PUF " Que Sais-je ?" (2609), 1991 e Osborn, F. e Whittick, A. New towns, their orgin, achievements and progress, Londres, L.Hill, 1977.

totalmente planificada ". Em sociedades mercantis, a essência da vida urbana, onde se manifesta a "anarquia" do cotidiano, deve encontrar espaços individuais e coletivos de existência, tendo sempre presente que nestas o social guarda uma autonomia relativa em face de outras esferas da vida. Essa autonomia é que irá permitir e diferenciar modos de vida urbanos que emergem segundo sociabilidades culturalmente determinadas, das quais o espaço construído é apenas uma das dimensões. Em decorrência, e também pela enorme diversidade de sociedades que investiram na construção de cidades planejadas, torna-se difícil um debate sobre elas, vistas enquanto fenômeno geral, seja pela ausência de bases teóricas, seja pela diversidade de realidades em que elas se situam. No final das contas, as análises que se fazem sobre o fenômeno terminam por se restringir a estudos de caso, na medida em que nelas a dinâmica urbana vai assumir peculiaridades ditadas pelo contexto sociocultural no qual tais cidades se instalam.

Brasília se encaixa nessa lógica: é um aglomerado humano singular quando visto dentro da sociedade brasileira. Trata-se de um espaço pensado, com funções principais pré-definidas, implantado numa área física relativamente desocupada, sem nenhuma barreira social ou política de peso que se contrapusesse ao projeto original. Talvez justamente em razão da ausência dessas barreiras é que se pode arriscar propostas que gozavam de uma perspectiva utópica, como foi o caso de vários dos projetos apresentados ao concurso público para escolha do projeto para a nova capital, até mesmo daquele vencedor de Lúcio Costa e Oscar Niemeyer.

Sem entrar no mérito da natureza, no interior da qual se deram os processos socioculturais e econômicos e por meio dos quais se deu a absorção dos migrantes (Bicalho, 1994; Paviani, 1998), o fato é que, uma vez terminada a construção da cidade, não houve aquela transferência maciça dos operários migrantes para outros *grandes projetos* como é o caso tradicional das construções das hidroelétricas ou de grandes obras de infra-estrutura: pelo contrário, pela sua própria característica, a cidade se transformou rapidamente em pólo nacional de atração de correntes migratórias, favorecendo a fixação da população desde a sua fase de construção.

Os indivíduos que para cá se dirigiram vieram com uma especial intenção de se engajar num projeto nacional decantado pelos meios de comunicação da época. Mas, individualmente, vieram, sobretudo, à procura de melhores condições de vida, de emprego e renda, que lhes permitissem a inserção numa lógica mercantil que cada vez mais se mostrava inexorável. Na ótica individual do migrante, Brasília é um "ponto" no território nacional onde se vislumbram possibilidades objetivas de ultrapassar o estágio socioeconômico em que está inserto.[3] Um ponto especial, sem dúvida, porém uma alternativa dentre outras, sobretudo se levarmos em conta que a indústria nacional atravessava um de seus períodos mais dinâmicos, redefinindo os rumos da acumulação do capital no país e a sua conformação territorial. Além do mais, e em decorrência, a partir dos anos 1960 se inicia no Brasil a implantação de grandes projetos nacionais (estradas, hidroelétricas, portos, grandes projetos agrícolas na Amazônia, programas de desenvolvimento do Nordeste etc.), todos demandando mão-de-obra em quantidade suficiente para mudar o mapa populacional do país em poucas décadas. A capacidade de sedução do projeto de Brasília sobre os indivíduos que se encontram em disponibilidade para migrar é aí um elemento favorável à representação simbólica, que significava participar da construção da capital do país.

Com base nesses elementos e com o recuo do tempo, a concepção do projeto para Brasília, especialmente no que se refere à lógica social de ocupação do espaço da cidade, pode ser vista como produto de uma particular imagem de sociedade. O período entre a decisão de construir a cidade, a sua construção e os seus primeiros anos de existência já como capital é quando se acirram, na sociedade brasileira, profundas mudanças não só econômicas, mas também sociais e políticas. Não se pode esquecer, portanto, que estamos passando de uma sociedade rural para uma sociedade urbana, no interior de um intenso processo de industrialização e isso traz no seu bojo a consolidação de duas classes sociais – proletariado industrial e classe média urbana – que irão ocupar, de forma absolutamente original na nossa história, o cenário político e cultural do país. De fato, o projeto de cidade se voltava para um grupo social específico, a burocracia do Estado, em torno da qual a vida urbana deveria acontecer.

O Distrito Federal apresentava um ecossistema, de certa forma, ainda virgem, mas em 1997 levantamentos feitos pela Codeplan já indicavam uma população total da ordem de 1.768.190 habitantes. Significa, de fato, um expressivo quantitativo de pessoas se levarmos em conta a previsão original, quando da concepção da cidade, em que estavam previstos, 40 anos após a sua fundação, aproximadamente 500 mil habitantes.

Tendo os aspectos mencionados anteriormente como pano de fundo, pontuarei ao longo do texto aspectos sociológicos, no meu entender, significativos dos resultados do projeto, privilegiando as Regiões Administrativas (RAs) de Brasília (Plano Piloto), Lago Norte e Lago Sul, áreas onde habitam e trabalham aqueles para quem

[3] Seria interessante destacar o relativamente pequeno fluxo migratório que nos anos 1990 se dirige, por exemplo, para Palmas, localizada também no centro do país, mas não representa a mesma dinâmica de Brasília na sua fase de construção. Trata-se aqui de um projeto com porte mais regional que nacional, como foi o caso de Brasília.

a cidade foi pensada com prioridade, particularmente a alta hierarquia burocrática, procurando extrair elementos úteis para uma compreensão da lógica da sociedade urbana implantada. Para tanto, farei um rápido diagnóstico socioeconômico do DF no seu conjunto e concentrarei a análise na burocracia do Estado que aí trabalha e reside.

## A racionalidade proposta e o seu resultado

A transferência da capital descola o pólo político do pólo econômico, que se confundiam quando o Rio de Janeiro era simultaneamente a capital federal e um dos principais centros econômicos do país. Estaria aí o grande fator dinâmico do novo Distrito Federal que se espalha pelas macrorregiões do país. Assim, mesmo sem um desenvolvimento econômico com o porte da sua importância política, pouco a pouco o DF vai se consolidando como o principal centro urbano do Centro-Oeste, constituindo um novo macroeixo urbano nacional com Goiânia (IPEA, 2000).

É natural que sua implantação irá modificar os ecossistemas locais e se tornar um elemento estratégico tanto de recomposição da paisagem como também de uma reapropriação do espaço social e econômico.[4] Embora a vasta literatura disponível que discorre sobre mecanismos de ruptura do equilíbrio ecológico não seja consensual – havendo até mesmo teses que defendem que a idéia de ruptura não é adequada, o correto seria falar em transformação –, é praticamente impossível evitar brutais transformações nos ecossistemas preexistentes, quando se urbaniza uma vasta área. Nesses casos a repentina e maciça presença humana é o elemento perturbador de maior expressão, sobretudo quando se analisa fenômenos tais como a construção de Brasília. Nesse caso, vem sempre à tona aquele mágico limite de 500 mil habitantes previstos no plano original para o ano 2000. Uma previsão dessa monta, feita a partir de um pressuposto também implícito de que haveria um provável tamanho ótimo de cidade a partir do qual o projeto original estaria comprometido, reflete uma percepção de natureza eminentemente técnica que privilegia, sobretudo, a rede de infra-estrutura e as normas urbanísticas, terminando por se mostrar absolutamente inadequada para uma cidade prevista para ser a capital política de uma nação com a dimensão da brasileira.

---

[4] A importância que o debate sobre desenvolvimento sustentável adquiriu no mundo nestas ultimas décadas vai, de certa forma, de encontro à criação de cidades novas, dado o brutal impacto ambiental que significa a implantação de projetos dessa natureza. Nos últimos anos, fala-se muito mais em renovação urbana do que propriamente em novas cidades, sobretudo quando implantadas em regiões com ecossistemas frágeis.

Por um lado, se ligarmos esses aspectos com a própria concepção do projeto original para o DF, algumas evidências aparecem. Inicialmente, as satélites estavam previstas para ser ocupadas paulatinamente. Entretanto, uma vez consolidados os grupos interessados na especulação imobiliária, instaura-se o fenômeno da falsa escassez de terras, justamente o fator mais abundante na área. O resultado é que aumentam desproporcionalmente os preços da terra urbana, alimentados por um urbanismo seletivo, fazendo aparecer sintomas das cidades subdesenvolvidas: invasões, carências de infra-estrutura, violência etc. (Paviani, 1997).[5]

Por outro lado, ao seu espaço urbano, politizado pelos diferentes interesses que para cá vêm ou que aqui se constroem, incorporam-se outras propostas distintas daquela original quando da concepção urbanística da cidade. Visto com o recuo do tempo, a passagem da construção ao funcionamento vai se dando a partir de condições cada vez mais complexas, sobretudo em virtude da multiplicação dos níveis de decisão político-administrativa e da emergência de habitantes-atores, quando então se evidenciam os limites do planejamento urbano numa sociedade tão desigual como a brasileira. As regras rígidas do urbanismo são ultrapassadas e a racionalidade do projeto original passa a conviver com processos espontâneas de produção do espaço urbano. Nesses casos, a racionalidade que pressupõe o planejamento está permanentemente sujeita a revisões e novos acertos irão ocorrer em razão, principalmente, da dinâmica da política local que passara a intervir constantemente nas decisões técnicas do planejamento.

Hoje, existem 19 RAs no DF, muitas delas surgidas no fim dos anos 1980 e início dos 1990. As mais populosas RAs são as tradicionais Ceilândia (352,56 mil habitantes em 1997), Taguatinga (227,57 mil) e Brasília/Plano Piloto (204,59 mil habitantes).

[5] De fato, inúmeros trabalhos apresentados na Coleção Brasília, coordenados pelo professor Aldo Paviani e editados em vários livros pela Editora Universidade de Brasília, nestes íltimos anos, mostram os efeitos sociais perversos advindos da implantação da nova capital. Constitui uma excelente fonte para detalhamento de alguns dos pontos que serão apresentados em linhas gerais nesse texto.

QUADRO 1
**Regiões Administrativas do DF:**
**população e densidade demográfica (1997)**

| Regiões Administrativas | População (1.000 hab.) | Densidade demográfica (hab/km$^2$) |
|---|---|---|
| I- Brasília | 204,59 | 432,47 |
| II- Gama | 124,99 | 452,67 |
| III- Taguatinga | 227,57 | 1.875,32 |
| IV- Brazlândia | 49,14 | 103,67 |
| V- Sobradinho | 103,88 | 182,44 |
| VI- Planaltina | 119,01 | 77,42 |
| VII- Paranoá | 48,58 | 57,02 |
| VIII- Núcleo Bandeirante | 32,14 | 389,95 |
| IX- Ceilândia | 352,56 | 1.519,66 |
| X- Guará | 105,75 | 2.314,00 |
| XI- Cruzeiro | 57,36 | 6.373,33 |
| XII- Samambaia | 161,80 | 1.516,42 |
| XIII- Santa Maria | 90,24 | 427,17 |
| XIV- São Sebastião | 45,40 | 118,48 |
| XV- Recanto das Emas | 53,44 | 526,61 |
| XVI- Lago Sul | 29,15 | 153,23 |
| XVII- Riacho Fundo | 22,05 | 404,36 |
| XVIII- Lago Norte | 26,34 | 458,71 |
| XIX- Candangolândia | 14,20 | 2.135,34 |

FONTE: TEMAS Codeplan – 1 – "Perfil socioeconômico das famílias do Distrito Federal" – Codeplan – GDF, 1997.

Dados da Codeplan indicam que em 1997, ou seja, 37 anos após a fundação de Brasília, já se constata que as gerações aqui nascidas constituem parcela substancial da população, correspondendo a 44% do total. Esse dado nos permite deduzir que o DF se consolida, nesse seu curto período de existência, tanto como um pólo de atração quanto como de fixação de migrantes. Esse potencial de atração se exerce, sobretudo, sobre aqueles estados limítrofes – Minas Gerais (10,86%), Goiás (7,68%), Piauí (6,14%) e Bahia (5,58%) foram os que mais cederam população para o DF. É de se pressupor que seria principalmente no nível imaginário que Brasília se transformaria nesse novo "eldorado"; a proximidade do poder jogaria simbolicamente para populações desfavorecidas uma possibilidade concreta de acesso a melhores condições de vida. Não se pode desprezar o fato de, nos anos 1950/60, e até mesmo ainda hoje, relações patriarcais e clientelísticas se desenvolver naquelas áreas conhecidas como "grotões" do Brasil: regiões interioranas, cujas populações enxergam nos políticos figuras com poder de alterar o ritmo de suas precárias vidas. A localização do DF no centro do Brasil, região isolada e fora das áreas mais cosmopolitas, com certeza, trouxe para as populações dos estados vizinhos a possibilidade de se aproximar fisicamente do poder, exercendo, sem dúvida, um forte fascínio.

Os dados mostram que, com exceção dos que aqui nasceram, poderíamos identificar em algumas das RAs verdadeiras "colônias", que guardam em suas localizações, dentro do DF, uma lógica aparente como, por exemplo:

- 15% dos habitantes do Lago Sul, 13% de Brasília, 14% de Taguatinga, 15% de São Sebastião e 12% do Lago Norte são originários de Minas Gerais;
- 12% do Paranoá, 9% de Santa Maria, 8% de São Sebastião, 7% do Gama, Sobradinho e Ceilândia, e 6% do Riacho Fundo, Candangolândia e do Recanto das Emas são piauienses;
- 13% de São Sebastião, 9% do Paranoá, 8% de Santa Maria e 7% da Ceilândia e Samambaia são baianos;
- os goianos estão concentrados em Brazlândia (16%), Planaltina (12%), Taguatinga (9%), Núcleo Bandeirante e Candangolândia (8%);
- mais de 60% dos moradores de Brasília, Paranoá, São Sebastião e Lago Sul são originários do DF; todas as demais RAs são habitadas em mais de 40% por migrantes que optaram por Brasília;
- os estrangeiros constituem parcela irrisória dos moradores (0,28%) e aqui se instalam por motivos de trabalho nas representações diplomáticas ou organismos internacionais; habitam sobretudo o Lago Sul e o Lago Norte.

A região de Brasília (Plano Piloto) é a mais heterogênea e, nessa perspectiva, a que guarda menos resquícios de culturas regionais do país. O próprio desenho das superquadras interfere no comportamento de seus moradores, influindo com grande força nas mentalidades que aí se geram. Ao mesmo tempo, poderia também ser considerada a mais cosmopolita no sentido de apresentar entre seus habitantes os altos escalões da administração pública e, conforme iremos perceber mais à frente, os maiores níveis de renda. Sem dúvida, circulam aí informações em níveis acima da média, dando essa sensação de "estar no mundo" por parte dos seus moradores.

Essa concentração por origem dos habitantes do DF demonstra que há uma lógica implícita na opção pelo local de moradia. Muitas vezes, essa opção é dada pelas referências ditadas por familiares ou conhecidos que "abrigam" os migrantes quando da chegada; posteriormente, seus espaços residenciais se definem por outros critérios, tais como: possibilidade de acesso à terra e à moradia ou a equipamentos urbanos, emprego etc. O processo de consolidação do espaço vai, pouco a pouco, interferindo naquele de construção da cidade, muitas vezes por práticas absolutamente autônomas, contrárias à lógica do planejamento urbano rigidamente implantada no DF.

## A transformação de terras públicas em residências privadas

O rápido e elevado crescimento populacional trouxe a reboque uma gama enorme de problemas consubstanciados nas carências em serviços coletivos, cuja oferta não conseguiu acompanhar a força exponencial de crescimento da demanda, de resto uma característica da urbanização brasileira, que não se altera mesmo com um urbanismo minucioso, como é o caso de Brasília. Invasões de áreas públicas, até mesmo de mananciais preservados, aliadas à expansão dos índices de violência e criminalidade passaram a compor um cotidiano próximo ao das grandes cidades do Brasil. As campanhas eleitorais, nas quais se explicitam plataformas de governo dos candidatos de diferentes correntes políticas, refletem com precisão esse fenômeno: entre as promessas de emprego, habitação, educação, controle de violência. É uma cidade típica de sociedade subdesenvolvida que se apresenta, refletindo uma ambivalência entre a percepção da cidade pelos seus habitantes e aquela que o resto do país constrói como "ilha da fantasia" pela qual o nome da cidade, por si só, conjuga uma série de imagens e sentimentos que juntos produzem o seu próprio valor simbólico.

A prática do planejamento urbanístico tem aqui uma legitimidade social e política que extravasa as suas possibilidades. As ingerências do governo local nos usos e ocupações das terras atingem aqui níveis inimagináveis em outros centros, e toda a expansão da área construída é resultado de um permanente embate entre a burocracia do planejamento governamental em face da lógica do capital imobiliário e dos processos "selvagens" das invasões de terras. Aliás, a prática de invasão de áreas públicas nunca foi, no DF, uma estratégia exclusiva dos pobres; todas as camadas sociais invadem terras e isso já se incorporou numa certa "cultura local". Esse conjunto de fatores acabou caracterizando o espaço habitacional dominado por residências unifamiliares, nas quais é relativamente elevado o índice de ocupação de áreas não delimitadas oficialmente pelo planejamento urbano da cidade, à exceção do Plano Piloto.

Dados de 1997 indicam que 46,03% das residências no DF são próprias. E se agregarmos as "próprias em aquisição", iremos constatar que ambas totalizam 51,88%; as duas principais áreas "nobres" da cidade (Lago Sul e

Lago Norte) são ocupadas por residências unifamiliares e próprias: 78,72% das famílias do Lago Sul e 82,15% do Lago Norte são proprietárias de suas residências. Com um paisagismo de alto padrão, aparecem como verdadeiros jardins urbanos, oferecendo aos seus moradores uma elevada qualidade ambiental de vida urbana.

Da mesma forma, o Plano Piloto guarda ainda a vocação original na sua ocupação. Está aí localizada a grande maioria dos apartamentos funcionais atuais e do passado. Mesmo com a política de venda desses apartamentos aos seus ocupantes no início da década de 1990, ainda hoje cerca de 19,05% dos apartamentos do Plano Piloto são de propriedade dos órgãos públicos, o que somados aos 12,76% dos do Cruzeiro e aos 2,23% do Guará totalizam 34,04% dos imóveis residenciais do DF, número ainda bastante significativo.

Os fluxos migratórios para o DF se fizeram de acordo com demandas específicas ligadas ao processo de consolidação da vida urbana. Assim, num primeiro momento, foram, sobretudo, os trabalhadores da construção civil, junto com comerciantes e prestadores de serviços, e, uma vez inaugurada a cidade e instalada a capital do país, a burocracia do Estado em todos os seus escalões que, pouco a pouco, para cá se dirigiram.

Mais recentemente, com a organização dos grupos sociopolíticos no DF, a disponibilidade de terras públicas passa a ser uma importante variável na cena política, na qual os diferentes interesses se enfrentam. A moeda "terra" passa a ocupar um lugar de peso nesse cenário, atraindo uma enorme leva de indivíduos e famílias à procura de um lugar seguro para se fixar. Assim, tem-se três ciclos de povoamento e o terceiro deles se diferencia dos dois anteriores – período da construção e período da consolidação – no sentido que agora, mais do que a oferta de emprego, é a oferta de terra que se firma como principal indutor na expansão da cidade. Em Brasília, cada invasão é um novo aglomerado que se cria com tendência a se transformar em cidade-satélite. Em geral, são espaços completamente desprovidos de qualquer infra-estrutura, onde a chegada de pessoas significa começar praticamente tudo. É o eterno mito da origem que se revive permanentemente, em que a ausência de história do lugar e, portanto, a ausência de identidade oferecem a sensação de que todos serão incorporados na vida da cidade em iguais condições. Posteriormente, institucionaliza-se e consolida-se um espaço urbano com características usuais daqueles demais espaços urbanos do país, onde as famílias pobres se instalam em áreas com precários índices de qualidade ambiental urbana e aquelas com melhor situação econômica gozam de um espaço absolutamente idêntico ao das sociedades ricas, conforme podemos perceber nas reflexões a seguir.

## O reino da burocracia estatal

A classificação das três principais categorias socioprofissionais do DF, pelo número de pessoas que nelas se inserem, mostra que o funcionalismo público federal é o mais presente em nove das dezenove RAs; agregando os funcionários da administração do GDF, o funcionalismo aparece entre as três principais categorias em treze das dezenove RAs. Estamos, pois, tratando de uma economia centrada, sobretudo, no setor terciário, do qual se origina o substancial da renda que circula na cidade. Além desses, os bancários são também significativos, ao lado dos profissionais liberais. Estes últimos particularmente importantes no Lago Sul; os autônomos no Gama, Samambaia e Riacho Fundo e o emprego doméstico em Sobradinho, Paranoá e São Sebastião. O quadro a seguir apresenta em detalhes essas informações, destacando as atividades com maiores e menores incidências no DF pelo número de empregos.

QUADRO 2

**Categorias socioprofissionais com maiores e menores incidências no DF por RAs (1997)**

(Em %)

| RAs | Maiores porcentagens | Menores porcentagens |
|---|---|---|
| I- Brasília | Adm. federal (41,27); comércio (8,01); estabelecim. bancários (6,18) | Transporte (0,55); construção civil (1,15); indústria de transformação (1,21) |
| II- Gama | Adm. do GDF (29,49); comércio (20,93); outros (15,9); serviços autônomos (6,45) | Agropecuária (0,0); profissão liberal (0,35); estab. saúde particular ( 1,26) |
| III- Taguatinga | Comércio (23,51); adm. do GDF (21,78); adm. federal (11,56) | Agropecuário (0,85); estab. bancário (1,58); estab. saúde particular ( 1,75) |
| IV- Brazlândia | Adm. do GDF (24.72); outros (17,84); comércio (14,88); transporte ( 6,79) | Profissão liberal (0,74); estab. bancário (1,15); agropecuária (1,27) |
| V- Sobradinho | Adm. do GDF (24,36); comércio ( 21,98); serviços domésticos (11,10) | Profissão liberal (0,51); estab. bancário (0,57); agropecuária (0,63) |

| | | |
|---|---|---|
| VI- Planaltina | Adm. do GDF (25,78); adm. federal (16,85); outros (14,64); autônomo/comércio (12,40) | Agropecuária (0,15); profis. liberal (0,47); ind. de transformação (1,24) |
| VII- Paranoá | Comércio (26,49); outros (19,76) ; serviços domésticos (19,46); construção civil (16,42) | Agropecuária, profissão liberal (0,0); estab. bancário (0,35) |
| VIII- Núcleo Bandeirante | Comércio (25,27); outros (15,22); adm. do GDF ( 14,77); adm. federal (14,06) | Agropecuária (0,46); estab. ensino particular (1,98); estab. saúde part. (2,05) |
| IX- Ceilândia | Comércio (20,25); adm. do GDF (16,39); outros (15,65) serviços autônomos (14,43) | Agropecuária (0,27); profissão liberal (0,32); estab. bancário (1,06) |
| X- Guará | Adm. federal (25,81); adm. do GDF (20,50); comércio (14,26) | Agropecuária (0,58); profissão liberal (1,05); serviços domésticos (1,22) |
| XI- Cruzeiro | Adm. federal (34,18); adm. do GDF (19, 27); comércio (11,26) | Agropecuária (0,36); indústria transformação (0,58); constr. civil (1,14) |
| XII- Samambaia | Outros (20,76) adm. do GDF (19,18); comércio (15,41); serv. autônomos (12,16) | Agropecuária (0,19); estab. bancário (0,24); estab. saúde particular ( 0,63) |
| XIII- Santa Maria | Outros (29,8); comércio (18,52); adm. do GDF (12, 99) | Profissão liberal (0,0); agropecuária (0,18); estab. bancário (0,2) |
| XIV- São Sebastião | Comércio (28,07); outros (16,99); serviços domésticos (12,44) | Agropecuária (0,49); estab. bancário (0,55); ind. transformação ( 1,00) |
| XV- Recanto das Emas | Comércio (22,30); adm. do GDF (19, 36); outros (14, 87) | Estab. bancário (0,13); agropecuária ( 0, 29); estab. saúde particular (0,68) |
| XVI- Lago Sul | Adm. federal ( 25, 52); comércio (13,63); prof. liberal (13,48) | Transporte (0,21); agropecuária (1,36); serviços domésticos ( 1,58) |
| XVII- Riacho Fundo | Comércio (27,97); adm. do GDF (23,41); serviços autônomos (12,67) | Agropecuária (0,0); estab. saúde part. (0,96); estab. bancário (1,12) |
| XVIII- Lago Norte | Adm. federal (46,12); comércio (10,60); outros (10,28) | Agropecuária (0,14); estab. saúde particular (1,10); transporte (1,12) |
| XIX- Candangolândia | Adm. do GDF ( 21,9); serviços autônomos (18,93); comércio (18,23) | Agropecuária (0,0); estab. ensino partic.(0,44); indúst. transform. (1,11) |

FONTE: Codeplan: Perfil socioeconômico das famílias do DF, 1997

O Plano Piloto é o lugar da administração federal: 41,27% dos que aí habitam e estão na faixa etária economicamente ativa são seus funcionários, fenômeno que se espalha também por seu entorno imediato (Taguatinga, Planaltina, Núcleo Bandeirante, Guará e Cruzeiro). A distribuição do funcionalismo público obedece a uma lógica geral segundo as hierarquias do setor: alta administração no Plano Piloto, e os escalões médios e inferiores se espalhando pelas satélites, estas também hierarquizadas. Os elevados preços dos imóveis e o alto custo dos aluguéis no Plano Piloto tornam-no inviável para os salários médios do funcionalismo público; mesmo as quadras "400" estão pouco a pouco redefinindo seus moradores por faixas de renda em razão dessa lógica imobiliária excludente.[6]

Dentro dessa ótica, permanece, portanto, de forma contraditória a sensação de uma economia pouco complexa a qual se dinamiza quase que exclusivamente a partir de estímulos ditados pelo Estado, frente ao qual apresenta uma autonomia relativa bastante frágil.[7] Isso, sobretudo, se se leva em conta que, inexistindo um setor industrial de porte e dinâmico, a capacidade endógena de desenvolvimento fica bastante restrita. Nesse contexto, o governo local se torna pequeno para resolver grandes problemas, ou grande demais para resolver pequenos problemas.

Uma outra perspectiva na análise dos dados sobre a renda familiar complementa as observações apresentadas até o momento:

- Samambaia (15,5%) e Ceilândia (17,0%) são as cidades que concentram a maioria dos pobres de Brasília; na seqüência, Planaltina, Gama, Taguatinga, Sobradinho e Santa Maria aparecem também com expressiva porcentagem dos pobres na sua população total: esse conjunto de cidades totaliza 39% daquelas famílias consideradas pobres (menos de dois salários mínimos). Assim, se somarmos a população com renda até dois salários mínimos iremos nos dar conta de que 61% dos pobres no DF estão aí concentrados, caracterizando verdadeiros bolsões que irão refletir a dimensão subdesenvolvida da área, constituída por famílias cujo acesso à moeda e, portanto, ao mercado de consumo é precário. Observações *in loco* mostram precariedade absoluta de serviços coletivos urbanos (lixo nas ruas, águas poluídas,

[6] As quadras "400" foram planejadas exatamente para os escalões inferiores da administração: são imóveis de aparência menos sofisticada, com gabarito limitado a três andares; sem garagem e sem elevadores, longe, portanto, do padrão de classe média típico das quadras "100", "200" e "300".

[7] O que se comprovou com as recentes restrições de contratação e a contenção dos salários do setor público, o que coincide com o crescimento acentuado do desemprego local em todos os setores dependentes da renda originária do setor público.

QUADRO 3

**Distribuição das famílias nas RAs por classe de renda (DF: 1997)**

(Em %)

| RAs | Até 2 SM | 2 a 10 SM | 10 a 25 SM | 25 a 40 SM | Acima de 40 SM | Total |
|---|---|---|---|---|---|---|
| I–Brasília | 5,36 | 16,24 | 30,42 | 19,61 | 28,37 | 100,0 |
| II–Gama | 16,69 | 53,52 | 22,99 | 5,70 | 1,10 | 100,0 |
| III–Taguatinga | 8,12 | 37,60 | 35,03 | 13,32 | 5,93 | 100,0 |
| IV–Brazlândia | 24,63 | 59,4 | 12,23 | 2,78 | 0,96 | 100,0 |
| V– Sobradinho | 17,89 | 44,17 | 26,82 | 8,00 | 3,12 | 100,0 |
| VI– Planaltina | 25,39 | 56,38 | 15,87 | 1,56 | 0,80 | 100,0 |
| VII– Paranoá | 32,61 | 58,75 | 6,98 | 1,40 | 0,26 | 100,0 |
| VIII–N. Bandeirante | 7,43 | 36,77 | 33,36 | 13,23 | 9,21 | 100,0 |
| IX– Ceilândia | 15,90 | 60,89 | 20,22 | 2,10 | 0,89 | 100,0 |
| X– Guará | 5,10 | 27,94 | 38,97 | 16,69 | 11,30 | 100,0 |
| XI– Cruzeiro | 4,15 | 25,94 | 37,78 | 14,51 | 17,62 | 100,0 |
| XII– Samambaia | 26,97 | 62,02 | 9,59 | 1,14 | 0,28 | 100,0 |
| XIII– Santa Maria | 23,46 | 67,34 | 8,47 | 0,46 | 0,27 | 100,0 |
| XIV– São Sebastião | 18,87 | 72,43 | 7,50 | 0,56 | 0,64 | 100,0 |
| XV– Recanto das Emas | 25,96 | 65,09 | 8,65 | 0,30 | 0,00 | 100,0 |
| XVI– Lago Sul | 5,54 | 5,14 | 9,24 | 14,27 | 65,81 | 100,0 |
| XVII– Riacho Fundo | 12,17 | 54,06 | 27,36 | 4,80 | 1,61 | 100,0 |
| XVIII– Lago Norte | 9,45 | 11,59 | 7,00 | 7,95 | 64,01 | 100,0 |
| XIX – Candangolândia | 11,56 | 50,33 | 28,30 | 6,37 | 3,44 | 100,0 |
| Distrito Federal | 13,91 | 43,00 | 3,89 | 6,37 | 3,44 | 100,0 |

FONTE: TEMAS Codeplan – 1 – Perfil socioeconômico das famílias do Distrito Federal – Codeplan – GDF, 1997.

transporte precário, ausência de verde etc.) produzindo um meio ambiente urbano exatamente oposto ao encontrado nas *áreas nobres* da cidade.

- Ceilândia (21,02%), Samambaia (11,53%) e Taguatinga (10,97%) concentram quase 50% das famílias que têm entre 2 e 10 salários mínimos de renda, caracterizando essas regiões como espaços onde habita o essencial da classe média inferior do DF; conseqüentemente, uma dedução desse dado é o fraco mercado consumidor de parcela significativa da população aí residente devido, sobretudo, à inserção no mercado de trabalho (público e privado) em condições inferiores de remuneração. Como conseqüência, um setor terciário e de prestação de serviços com fraco potencial de crescimento.
- As famílias da faixa intermediária da classe média (rendimentos entre 10 e 25 salários mínimos) estão localizadas principalmente na RA de Brasília (Plano Piloto), Taguatinga, Ceilândia e Guará, totalizando 65,16% das famílias dessa faixa de renda. Os dados até aqui apresentados nos dizem, portanto, que Ceilândia e Taguatinga são RAs que se situam entre aquelas na faixa média-média e média-inferior da renda; Samambaia está entre as RAs nas faixas média-inferior e pobre de renda.

Brasília (Plano Piloto) aparece nessa seqüência como a RA que concentra a maioria das famílias de alta renda do DF: se considerarmos aquelas que têm rendimentos acima de 25 salários mínimos, 84,28% destas últimas são moradoras do Plano. Na seqüência, aparece Taguatinga que também conta com um expressivo número de famílias de alta renda (25,93%). Guará, Cruzeiro, Lago Sul e Lago Norte seriam as RAs nas quais o número de famílias de alta renda é expressivo, especialmente o Lago Sul e Lago Norte, em que há uma maior homogeneidade nos moradores quando vistos pela faixa de renda. Nestes últimos, a sua relativamente pequena participação no total das famílias ricas do DF se deve simplesmente ao fato de se tratar de áreas com baixa densidade populacional. Aqui, com maior ou menor intensidade, é a cidade jardim que se apresenta, oferecendo uma qualidade de vida absolutamente superior aos padrões médios das cidades brasileiras. Dados como esses é que nos permitem tratar a cidade como uma materialização completa das posições sociais. Podemos considerar que não há sucesso social digno desse nome que não esteja acompanhado de uma residência que o exprime e o manifeste. O espaço urbano é uma verdadeira expressão simbólica, uma linguagem que explica o espaço social (Ostrowetsky, 1983). O Plano Piloto e os Lagos são mais homogêneos do ponto de vista da renda média dos seus habitantes, e também na oferta de um meio ambiente urbano adequado e de alto padrão, indicando uma elevada correlação entre qualidade ambiental urbana e renda. Cidades como Taguatinga, Guará, Cruzeiro são mais heterogêneas em termos de renda média, o que se reflete também numa qualidade ambiental de vida urbana diversificada, variando entre áreas com padrões satisfatórios de qualidade ambiental e áreas completamente carentes.

Para o DF, no seu conjunto, o principal das famílias (43,0%) tem rendimentos entre 2 e 10 salários mínimos, ou seja, estão concentrados nessa faixa quase 50% da população da área. Ampliando essa faixa até 25 salários mínimos constatamos que 67% das famílias irão aí se situar. As famílias nas faixas mais ricas (acima de 40 salários mínimos) correspondem a 10% do total, porcentagem esta próxima daquelas que recebem até 2 salários mínimos (14%). Ou seja, se levarmos em conta o padrão médio nacional, temos um número próximo de famílias muito ricas e muito pobres, e a grande maioria da população residente se situa nos estratos médio-inferior, médio-médio e médio-superior, estratos em que flutuam as diferenças de qualidade ambiental. Em termos mais precisos, Taguatinga é o aglomerado com maior característica de cidade no sentido em que aparece aí uma heterogeneidade absoluta de renda entre seus moradores, demonstrando uma diversidade de padrões de vida digna de um centro urbano; o Plano Piloto e os Lagos aparecem mais como grandes bairros de classe média. De fato, as teorias sobre as evidências espaciais das desigualdades sociais e econômicas dentro do espaço urbano e seus efeitos sobre a ecologia urbana encontram em Brasília uma concretude lapidar. Os belos bairros jardins (Lagos e Plano Piloto) permitem àqueles de maior renda se apoiar em redes de elevada densidade e cultivá-las. Grupos sociais que têm uma clara consciência de sua posição na sociedade e de suas solidariedades fundamentais vivem "juntos" naturalmente; para eles não há outra forma concebível de vida social. As duas extremidades da repartição da riqueza material e simbólica – os ricos e aqueles que se convencionou chamar antigamente de lúmpen proletariado – submetidas às leis do mercado imobiliário garantiram a criação de verdadeiros bairros comunitários, fazendo com que ricos e pobres se encontrem na afirmação de suas comunidades e suas identidades, cada um em seus territórios específicos (Pinçon e Pinçon-Charlot, 2000). A prática de associações de moradores em diferentes modalidades vai, portanto, ocorrer tanto nas áreas ricas como nas pobres.

QUADRO 4
**Distribuição das famílias na classe de renda por RAs (DF, 1997)**

(Em %)

| RAs | Classe de renda | | | | |
|---|---|---|---|---|---|
| | Até 2 SM | 2 a 10 SM | 10 a 25 SM | 25 a 40 SM | + de 40 SM |
| I- Brasília | 6,55 | 6,42 | 21,64 | 37,23 | 47,05 |
| II- Gama | 7,48 | 7,76 | 5,99 | 3,97 | 0,67 |
| III- Taguatinga | 7,33 | 10,97 | 18,40 | 18,67 | 7,26 |
| IV- Brazlândia | 3,08 | 2,40 | 0,89 | 0,54 | 0,16 |
| V- Sobradinho | 6,95 | 5,54 | 6,06 | 4,82 | 1,64 |
| VI- Planaltina | 9,68 | 6,95 | 3,52 | 0,92 | 0,41 |
| VII- Paranoá | 4,13 | 2,41 | 0,52 | 0,28 | 0,05 |
| VIII- N. Bandeirante | 1,14 | 1,83 | 2,98 | 3,15 | 1,92 |
| IX- Ceilândia | 16,97 | 21,02 | 12,57 | 3,48 | 1,29 |
| X- Guará | 2,36 | 4,18 | 10,49 | 11,98 | 7,09 |
| XI- Cruzeiro | 1,40 | 2,83 | 7,41 | 7,60 | 8,06 |
| XII- Samambaia | 15,50 | 11,53 | 3,21 | 1,0 | 0,22 |
| XIII- Santa Maria | 7,25 | 6,73 | 1,52 | 0,22 | 0,11 |
| XIV- S. Sebastião | 2,52 | 3,12 | 0,58 | 0,12 | 0,12 |
| XV- Recanto das Emas | 4,19 | 3,40 | 0,81 | 0,08 | 0,00 |
| XVI- Lago Sul | 0,85 | 0,26 | 0,83 | 3,42 | 13,76 |
| XVII- Riacho Fundo | 0,94 | 1,35 | 1,23 | 0,58 | 0,17 |
| XVIII- Lago Norte | 1,06 | 0,42 | 0,46 | 1,39 | 9,77 |
| XIX- Candangolândia | 0,62 | 0,88 | 0,89 | 0,53 | 0,25 |
| Distrito Federal | 100,0 | 100,0 | 100,0 | 100,0 | 100,0 |

FONTE: TEMAS Codeplan – 1 – Perfil socioeconômico das famílias do Distrito Federal – Codeplan – GDF, 1997.

## Classes sociais no reino do Estado

A perspectiva da análise apresentada anteriormente, com base em dados da Codeplan, serve como pano de fundo para levantar algumas questões que me parecem pertinentes para compreensão de aspectos sociológicos da realidade local. Os dados apontam que em Brasília as vinculações dos indivíduos com o mundo da economia não são determinadas pelos lugares ocupados na chamada produção material; o que aí estaria diretamente ligado a essa dimensão seria um débil setor industrial – basicamente gráfica, móveis, bebidas e construção civil – nenhum deles com peso suficiente para determinar a trajetória de construção de identidade de classe de seus integrantes. Em vista do pequeno número relativo de trabalhadores envolvidos nessa economia industrial pouco complexa, não haveria margens de manobra para movimentos classistas, o que vai determinar a pouca visibilidade dos trabalhadores do setor industrial no DF. Assim sendo, o peso da capacidade organizacional dos assalariados do DF se concentra no setor terciário e de prestação de serviços. De um lado, o funcionalismo público, categoria extremamente heterogênea, e, de outro, os trabalhadores do comércio e prestação de serviços, tais como transportes, são os mais representativos.

Mas, se olharmos a realidade local mais de perto e considerarmos o perfil médio do habitante do DF, com base em alguns indicadores apresentados nas páginas anteriores, iremos constatar que o terciário, que aqui se instala, é também caracterizado por uma complexa heterogeneidade e uma lógica espacial precisa:

- por um lado, um segmento desse setor apresenta um perfil complexo de qualificação que atende principalmente a certos níveis do aparelho de Estado, as firmas de consultoria, pesquisa, bancos, turismo etc. Sua localização é quase exclusiva no Plano Piloto;
- em seguida, temos um terciário mais ligado ao comércio e à prestação de serviços voltados ao atendimento de famílias com padrão de consumo correspondente a uma renda monetária alta e média. Esse se espalha além do Plano Piloto pelas satélites mais dinâmicas como Taguatinga, Guará, Núcleo Bandeirante etc.
- na seqüência, o comércio e os serviços para as baixas rendas que se conectam com o chamado setor informal de baixa sofisticação, mas mesmo assim pressupõe um nível de renda monetária mínima se espalhando por todas as aglomerações urbanas do DF, até mesmo em pontos precisos do Plano Piloto e quase imperceptível nos Lagos Norte e Sul.

Nota-se aqui, portanto, um dos primeiros efeitos sobre a forma física da cidade. O Plano Piloto aparece como uma área de "pleno emprego"; os desempregados estão diluídos pelas cidades-satélites, onde o setor informal encontra possibilidades de se instalar. O desenho físico da cidade, especialmente o urbanismo racional implementado no Plano Piloto, segmenta os usos do seu espaço, priorizando a circulação de veículos motorizados, o que leva a uma irrisória presença de pedestres nas ruas. O comércio ambulante, por exemplo, restringe-se a espaços restritos da cidade e termina por se submeter a normas fixadas pela administração que rotineiramente procura enquadrá-lo nos parâmetros racionais da cidade.

Essas considerações colocam problemas de mensuração do setor terciário, especialmente da prestação de serviços que, como estamos percebendo, é a própria razão de ser da existência de Brasília. Sabemos que é freqüente atribuir ao trabalho terciário conotações negativas pois, expresso no nível da teoria, estende-se para a representação social dos indivíduos nele inseridos. Gerando produtos não materiais, que não podem ser armazenados ou transportados, é assim uma atividade com enormes problemas de racionalização técnica e organizacional se comparado com o trabalho que produz bens: a produtividade do trabalho em serviços *não* pode ser medida e, por isso, seus padrões de produtividade *não* podem ser controlados, decorrendo daí a costumeira denominação de trabalho *não produtivo* tanto no sentido da economia política clássica como no marxismo.

Offe (1989) argumenta que essas referências são importantes, pois se de um lado, colocam problemas concretos na economia do trabalho, por outro, irão ter implicações na própria Sociologia. Nesta última, os trabalhadores que prestam serviços são classificados como "nova" classe média, o que nas próprias palavras do autor vai apenas indicar que não pertencem à "velha" classe média. Brasília estaria assim caracterizada como uma cidade de classe média, especialmente o "paraíso do funcionalismo".

Bem evidente, trata-se de uma cidade-estado, mas a decodificação de sua lógica socioespacial vai exigir um tratamento que leve em conta a heterogeneidade social interna, apesar de uma aparente homogeneidade dada pelo fato de parcela substancial de seus assalariados estar sob o comando do Estado. Em outras palavras, seria apressado construir um modelo calcado apenas na natureza do empregador, sobretudo em se tratando do Estado: a hierarquia interna própria da natureza do trabalho burocrático certamente irá se refletir nas práticas políticas de seus componentes. Ao mesmo tempo, as profundas transformações que o setor público vivenciou, principalmente a partir da complexificação da economia e da sociedade brasileiras, terminaram por refletir na sua estrutura, na composição e no perfil de seus participantes, longe, portanto, de uma burocracia nos moldes tradicionais de um Brasil agrário.

Assim, na procura de uma melhor definição desse segmento, é possível avançar alguns elementos que poderiam auxiliar nas reflexões. Em primeiro lugar, considerar que o funcionalismo que vem para Brasília desde sua fundação se insere num contexto *sui generis*: cidade nova, sem tradições conservadoras e oligárquicas típicas do Brasil mais tradicional, com uma sociedade passando por acelerado processo de modernização e, particularmente, em uma urbanização que nas décadas seguintes se mostrou irreversível. É de se supor, portanto, que essas transformações na estrutura da sociedade irão exigir mudanças na natureza do Estado, especialmente no seu corpo funcional, agente e objeto dessas mudanças. Especialmente, pode-se pressupor que essa modernização se impõe concretamente apoiada ainda pelas inovações técnicas e infra-estrutura operacionais que se aceleram nos anos seqüenciais à inauguração da nova capital.

Estou, portanto, pressupondo que o novo DF é o ambiente adequado para gestar novos parâmetros operacionais e também ideológicos no seio da burocracia estatal que encontra aqui um espaço privilegiado para se desenvolver, cujo estilo de vida passa a ditar normas de sociabilidade, sobretudo dentro do Plano Piloto. Competência e eficiência são palavras que transitam pelos corredores da administração pública em Brasília, determinando comportamentos no trabalho que extravasa os escritórios e se estende para o "mundo do não-trabalho", ditando normas de sociabilidade, sobretudo dentro do Plano Piloto. Como vários teóricos urbanos, ou da cultura, têm mostrado, o espaço das cidades produz não apenas materialidades e geografias, mas também produzem imaginação social, alterando os modos de representação cultural. Ao lado, e numa relação dialética com a cidade construída "real", existe o que pode ser chamado de "imaginário urbano": um coerente e historicamente construído conjunto de representações, retiradas da arquitetura e das ruas da cidade (Greenberg, 2000). A categoria dos funcionários públicos, pela própria importância que tem no conjunto da vida de Brasília, e procurando atender seus próprios interesses, termina por produzir uma visão singular desse imaginário urbano vista por todo o país, por meio dos discursos sobre Brasília, ouvidos e escritos pelos meios de comunicação. Esse fato é original dentro da sociedade brasileira. Mesmo na época em que o Rio de Janeiro era a capital, seria difícil ocorrer tal fenômeno com a força com que ele ocorre em Brasília, pois se tratava de uma cidade com um diversificado ambiente social, e o funcionalismo público dividia a hegemonia do mercado de trabalho com outras categorias sociais.

Brasília apresenta, portanto, desde suas origens, todas as condições para o domínio de uma cultura dos tradicionais *colarinhos-brancos* (Mills, 1969) característica das sociedades modernas. Mills argumenta que os grupos profissionais integrantes das pirâmides dos colarinhos-brancos, não obstante suas diferenças, apresentam certos traços comuns, característicos da nova classe média, como uma pirâmide geral que coincide em parte com a dos empresários e operários.

> É impossível defini-los com precisão a partir de um critério isolado de estratificação, seja a especialização, função, classe, *status* e poder. Qualquer que seja o critério de definição, é preciso considerar que os colarinhos-brancos não formam uma camada horizontal compacta, não preenchem uma função central e positiva que possa defini-los, operam com símbolos e pessoas, coordenando, registrando e distribuindo, mas executam essas funções como empregados dependentes, e as habilidades que utilizam, sob esses aspectos, são algumas vezes semelhantes, quanto à forma e à mentalidade exigidas, às de muitos operários" (Mills, 1969: 95).

Todas essas características estão, em maior ou menor escala, incidindo sobre as mentalidades do habitante de Brasília, dando um "tom" na cultura local e só a ela.

No DF os espaços escolhidos pelo funcionalismo para se movimentar são sobretudo o Plano Piloto e os Lagos Norte e Sul, em um processo que vai pouco a pouco estratificando o espaço físico da cidade a partir de critérios ditados por seus parâmetros socioculturais. Esse movimento termina por ditar também o cotidiano em todos os seus níveis, seja no mundo do trabalho, seja no do não-trabalho, dando a essa área a sua característica original dentro das cidades brasileiras. Há, portanto, uma estreita similitude entre a procura de eficiência, de competência no setor público e o ordenamento extremamente racional do espaço físico da cidade, funcional a um cotidiano em que o tempo é uma dimensão de extremo valor. Evidentemente estamos nos referindo, sobretudo, aos escalões altos e médios da burocracia do Estado, habitando o Plano Piloto e os Lagos, embora outros escalões, forçados pela lei de mercado a se retirarem para as satélites mais próximas, também constituam parcela significativa das famílias de maior renda nesses espaços, com práticas de vida que tem naquelas dos habitantes do Plano Piloto o modelo ideal.

## O lugar do individualismo

Gostaria de detalhar um pouco mais alguns aspectos que ficaram implícitos nos parágrafos anteriores, sem pretender, contudo, esgotá-los. Considero que quando estamos falando em classes sociais, estamos procurando permanentemente mapear uma ideologia que está respaldada em práticas sociais e na afirmação de identidades grupais. Isso coloca problemas de objetividade científica, pois, substancialmente, explicitar o lugar na classe por parte do indivíduo é quase que se desnudar de coisas que podem (e às vezes devem) ficar ocultas.

Os comunitaristas em geral entendem a política como auto-estima e necessidade de identidade por parte dos atores políticos (Taylor *apud* Souza, 1997). Se assim o é, os relacionamentos, no espaço social regulado por relações pessoais de indivíduo para indivíduo, muitas vezes são cruciais para o acesso a coisas e situações, empregos, benesses pessoais, acesso a serviços públicos etc. É evidente que essa é uma dimensão das relações sociais que guarda especificidade com a cultura vista na sua amplitude maior de nação. E também, ao mesmo tempo, algo que guarda algum dinamismo que não pode ser mesurado em todas as suas dimensões sem levarmos em conta que no espaço da cultura as mudanças são usualmente lentas, demoradas.

Em Brasília, certamente essa é uma questão que assume características próprias. São considerações dessa ordem que legitimam, por exemplo, a exigência de concurso público para acesso aos cargos efetivos da burocracia, bem como a definição da carreira no setor público; este último era um dos lugares privilegiados para a prática personalizada das relações que aí se constroem. Ao mesmo tempo, essa exigência vai tocar num ponto a meu ver essencial quando se procura decodificar as práticas de classe no espaço social da cidade. O acesso a cargos na administração por mérito, certamente, garante uma autonomia que o torna potencial sujeito da sua própria trajetória profissional. De outro modo, o indivíduo que aí acede teria maiores possibilidades de explicitar sua classe, no sentido mesmo ideológico da palavra; mesmo para explicitar solidariedade, o indivíduo se sentiria mais autônomo, e talvez até para explicitar discordâncias.[8] Podemos pressupor ainda que essa autonomia no mundo do trabalho assegura ao indivíduo uma identidade mais sólida, até mesmo em outros papéis que desempenha socialmente: família, bairro, grupos de lazer etc. (Baumann, 1998).

Estou considerando, portanto, a centralidade do mundo do trabalho na vida individual e, em decorrência, supondo que instabilidade no emprego geraria, por seu lado, personalidades instáveis, inseguras e de mais fácil manuseio, por meio de instrumentos de dominação disponíveis. Dentro dessa assertiva posso inferir que garantia de acesso à renda monetária é, talvez, o primeiro pressuposto que se coloca no processo de explicitação de ideologias e de práticas classistas. Mais ainda, isto é, sobretudo, verdade no espaço urbano onde o acesso ao dinheiro é condição primeira de sobrevivência.[9]

[8] Essa é a razão pela qual a perda recente da estabilidade do emprego, pelo funcionalismo público, é motivo de grandes contestações, mesmo que seja evidente a baixa eficiência em alguns de seus segmentos.

[9] Aí estaria a razão pela qual os embates entre empregados e empregadores, independentemente das categorias socioprofissionais, terminam por ser mais acirrados quando estão em jogo as questões salariais.

O ambiente nas repartições burocráticas goza ainda de uma outra característica que decorre desta que acabamos de enunciar. Trata-se do elevado grau de concorrência entre pessoas que alcançaram o posto por meios diferenciados – concurso público, conhecimentos pessoais etc. – visível, sobretudo, nos escalões superiores. Instaura-se aí um processo de desconfiança mútua que termina por intervir nas aproximações interpessoais, dificultando a necessária solidariedade classista.

O estudo feito por Souza (1977), para Brasília, mostra que, apesar da solidariedade ser vista como um dos valores mais importantes na sociedade em geral, quando se observa essa opinião a partir das classes de renda se constata ao mesmo tempo uma enorme desconfiança dos pobres em relação aos ricos. Dado o diferencial de salários entre os escalões da administração pública, em que se é obrigado a transitar cotidianamente entre diferentes faixas econômicas e níveis decisórios, pode-se pressupor que essa desconfiança detectada tem um espaço privilegiado de manifestação. Assim, mesmo com o risco de ser tomada como excessivamente economicista, defendo a posição de que a vida social se sustenta em bases objetivas tanto quanto subjetivas, mas, em contextos regulados pela relação monetária, há um peso maior da primeira na medida em que aí está o lugar da garantia das condições materiais de vida. Levantamento que fizemos junto com a Socius mostra que a maioria dos funcionários públicos, independentemente do sexo, acredita nas possibilidades de melhoria das condições de vida. Esses funcionários se concentram na faixa etária que vai de 37 a 44 anos e moram principalmente nas quadras 100, 200, 300 das Asas Sul e Norte; os que nasceram antes de 1960 não acreditam mais nessa expectativa positiva do futuro (Socius, 2000).

Se transpusermos essa posição para o espaço físico e social da cidade, fora dos locais de trabalho, pode-se mais uma vez comprovar a sua íntima relação com o urbanismo racional de Brasília, que segrega no território, por faixa de renda, os grupos socioprofissionais, fazendo do Plano Piloto e dos Lagos ambientes plausíveis, agradáveis e sem tensões. Há de fato uma transposição da racionalidade do mundo do trabalho para o espaço coletivo da cidade, onde os dois mundos se complementam. De fato, o entrelaçamento de indivíduos e grupos é uma das características da vida urbana e, tendo em vista essa segmentação extrema apresentada por Brasília, pode-se questionar se de fato estamos tratando sociologicamente de vida urbana quando estudamos o Plano Piloto e os Lagos. Vida urbana significa sobretudo interação vista, por exemplo, na trivialidade dos contatos cotidianos nas ruas tal qual se observa em grandes aglomerações. Nesse sentido, a análise da interação é a análise da distância das relações sociais em termos de relações recíprocas. Pois bem, para a maioria dos moradores do Plano Piloto e dos Lagos, as satélites e seus moradores constituem territórios absolutamente desconhecidos, e o uso rotineiro do automóvel diminui sensivelmente as possibilidades de interação. A questão, portanto, é saber qual a intensidade possível da densidade relacional em um espaço com as características de Brasília e se esta estaria condizente com o que se consideraria interações urbanas.

Retomando o estudo de Souza, ele nos mostra que a classe média em Brasília dá mais importância a valores individualistas, tais como competência, iniciativa, trabalho e um grau significativamente maior de tolerância à diferença individual e, conseqüentemente, menor preconceito. Mostra ainda que a relação com as pessoas é vista como um elemento que favorece o acesso a privilégios, o que reflete atitude típica de sociedade altamente hierarquizada, em que as diferenças sociais são marcantes e, sobretudo, numa cidade dominada pela burocracia estatal, terra do "você sabe com quem está falando?". Confirma assim uma visão distinta de mundo para cada estrato social. Além disso, a classe média alta e mais escolarizada aparece como um nicho de valores associados ao individualismo, como um mundo privado no qual não cabe ao Estado intervir e com uma valorização comparativamente mais favorável – em face das classes populares – da iniciativa e ganho econômico (Souza, *op.cit.;* 136).

Curiosamente, o levantamento que fizemos junto a uma amostra de funcionários no Plano Piloto (Socius, 2000) mostra um elevado grau de confiança na instituição que trabalham (69%), o que está a indicar um envolvimento até mesmo ao nível de valores, ou seja, o Estado tem uma função a cumprir e está, no mínimo, procurando executá-la da melhor forma possível. Quando indagado em sua própria casa, ou seja, fora do local de trabalho, o que se observa é uma profunda desconfiança em relação à honestidade desse mesmo Estado. Perguntou-se objetivamente se estavam de acordo com o tombamento do Plano Piloto pela Unesco, questão polêmica entre os moradores de Brasília. Praticamente todos os entrevistados estavam de acordo sob os mais diferentes argumentos, o mais usual dos quais era exatamente a preservação dos parques e jardins da cidade, responsáveis pela elevada qualidade de vida oferecida aos que aí habitam. Percebe-se uma clara consciência de que se deixada sem um efetivo controle de uso e de densidade de ocupação, ou seja, sob as leis do mercado, corre-se um sério risco de descaracterização do projeto original, extremamente valorizado, sobretudo pelos que nele habitam e trabalham.

Pois bem, indagados se estariam dispostos a destinar uma percentagem mínima de suas despesas com água, luz ou telefone, por exemplo, a grande maioria foi contra sob o argumento de que já pagavam muito imposto e, de qualquer forma, não tinham a mínima condição de controlar o uso desses recursos e não poderiam garantir que iriam ser efetivamente aplicados para esse fim.[10] Não

[10] De fato, aproveitamos as questões construídas pelo CECI/MDU da UFPE para seus estudos sobre patrimônios históricos em Recife (PE) e São Luís do Maranhão. As perguntas são bastante perspicazes e permitem captar dimensões de difícil apreensão a partir de critérios exclusivamente matemáticos.

iremos nos deter nesse ponto, aqui, nesta discussão, pois se trata de uma primeira reflexão dos dados analisados. Apenas ressaltar que há uma diferença entre a concepção do Estado na repartição e na habitação. Poderia ser avançada a hipótese de que o conforto ambiental de que gozam compõe uma espécie de "salário indireto", ou que é normal que com a contribuição fiscal que fazem, já estariam cumprindo seu papel de cidadãos, e o Estado teria que fazer o seu que é o de zelar para o bem-estar de todos. Em um caso ou noutro, há um descompromisso individual com o meio ambiente que, no mínimo, comprova o individualismo detectado por Souza em seu trabalho que estamos utilizando. Para testar com mais precisão valores de classe, precisaria ser feita uma pesquisa comparativa entre os diferentes estratos sociais; mas pode ser considerado que há de fato valores diferentes entre os estratos, ditados justamente pelo lugar ocupado pelo indivíduo na estrutura social. O Plano Piloto e os Lagos são, na sua grande maioria, habitados por indivíduos que se reconhecem como "classe média", de acordo com o levantamento da Socius o que, por si só, é altamente significativo. Souza detectou, por exemplo, que as classes de renda baixa atribuem sobretudo à sorte o dinheiro que conseguem, mais do que por merecimento, este sim o mais importante para a classe média. Valores referentes à família, respeito aos mais velhos, níveis mais comunitários da vida são exercidos pelas classes de renda baixa, ao contrário da classe média, altamente individualista (Souza, *op.cit.*: 130).

Joseph (1998) nos lembra que o estudo das interações se coloca na fronteira e na oposição daquilo que ele chama de sociedades do interconhecimento (com suas formas de controle social e sua luta pelo reconhecimento) e sociedades urbanas (com suas ligações frágeis de simples onipresença). A heterogeneidade de populações urbanas e de seu modo de vida e a experiência das migrações vistas do interior (Park, 1973) colocam ao pesquisador questões que têm a ver com as formas de ajustamento da vida pública no meio urbano, com as formas de compreender sociedades complexas que produzem proximidade espacial e densidade relacional sem, no entanto, reduzir as distâncias sociais. Brasília, nesse sentido, escapa a essa lógica: os indivíduos e os grupos estão radicalmente segmentados nos espaços da cidade que, em nome de um urbanismo racional ao extremo, retira do cotidiano toda possibilidade do inesperado, essência mesma da vida urbana.

## Conclusão

É de extrema importância ressaltar que a opção de construir uma cidade só excepcionalmente vai refletir uma necessidade, salvo duas circunstâncias: o desenvolvimento de uma região desocupada ou a reconstrução de uma aglomeração totalmente devastada por um cataclisma natural.[11] Em todos os outros casos, essa opção resulta de uma intenção e de um diagnóstico prospectivo e da resposta em geral otimista que dele se deduzirá. Assim sendo, quase que como regra geral, e por mais que se queira ser utópico na concepção, no projeto e na implantação, as cidades planejadas em sociedades de mercado não têm demonstrado sucesso na ultrapassagem de situações internas de segregação, sendo mais comuns situações inversas, ou seja, a exacerbação das diferenças sociais intra-urbanas.

Objetivamente, o que se verifica é que o processo de consolidação de Brasília, ou melhor, do DF, vem se dando por um aumento no número das cidades-satélites, que terminam por caracterizar uma rede urbana sub-regional com claros indícios de uma futura metrópole se as conurbações potenciais se concretizarem (Paviani, 1997). Pode-se avançar ainda a hipótese de que essa futura metrópole tenderia a apresentar características típicas das grandes cidades brasileiras: segregação espacial, periferização da população, poluição, elevados índices de violência etc. A disponibilidade de terras aqui existente termina por funcionar como um fator de atração por si só suficiente para justificar o traslado de parcela importante do número de famílias de migrantes das áreas deprimidas que a cerca.

Isso vai ter efeitos na "seleção" do perfil do migrante que se dirige para a capital do país. Assim, ao lado da burocracia estatal que vem a Brasília em situações peculiares de segurança, a população migrante que aqui chega não está só à procura de emprego; para uma boa parte dela, a expectativa na origem é o acesso à terra urbana com a inserção econômica, podendo ser feita de forma paulatina uma vez garantida a moradia, caracterizando uma estratégia de sobrevivência com peculiaridades precisas. Para se ter uma idéia das condições socioambientais que prevalecem nas diferentes cidades do DF, basta dizer que Samambaia, por exemplo, tem uma densidade de 1.516,42 hab/km$^2$, Candangolândia tem 2.135,34 hab/km$^2$, Cruzeiro com 6.367,33 hab/km$^2$ e assim por diante, enquanto o Plano tem uma densidade de 432,47 hab/km$^2$, bastante próximo do Lago Sul e do Lago Norte, conforme mostramos no Quadro 1, antes apresentado.

Observa-se então um padrão diferenciado de ocupação do espaço urbano no qual, ao lado de um meio ambiente urbano dos mais confortáveis do país

[11] Podemos considerar que a construção de Brasília, nos anos 1950, tem um significado que ultrapassa uma decisão pessoal de Kubitschek; o impacto que a construção da cidade feita a partir de vultosos investimentos estatais provoca sobre a dinâmica das regiões interioranas do Brasil é incontestável, o que em última instância vai viabilizar o projeto de mudança para uma região periférica.

(Plano Piloto), encontram-se áreas bastante próximas das áreas deterioradas típicas de nossas grandes cidades. Essa dualidade na ocupação e na qualidade do espaço urbano, que em cidades como o Rio de Janeiro, São Paulo e mesmo Recife ou Salvador termina por desempenhar um papel funcional na dinâmica da cidade, em Brasília aparece como enclaves sem maiores funções, fora a de desempenhar um papel de reservatório de trabalho não aproveitado por uma economia bastante fragilizada e incapaz de absorver essa oferta. Explica-se aí a maior taxa de desemprego do país.

A evolução dos fatos veio demonstrar que Brasília, projetada naquela perspectiva utópica, característica de "cidades novas", produziu um espaço social semelhante aos demais do país. Um planejamento que, por meio de uma rígida legislação de uso e ocupação, termina por desempenhar um papel absolutamente funcional ao sistema, distribuindo os indivíduos em territórios que guardam uma estreita relação com os seus níveis socioeconômicos. Planejamento este que termina por contribuir para gerar uma das principais características do espaço físico e social da cidade: a falsa escassez de áreas habitacionais numa região cujo principal trunfo, quando da sua concepção, foi justamente a enorme disponibilidade de terras desocupadas e públicas. O resultado é que aquela mistura que permite a sensação de pertencimento que caracteriza os espaços urbanos capitalistas aqui se restringe num desenho extremamente rígido, no qual não só a situação econômica mas também a situação socioprofissional está devidamente desenhada no perfil dos ocupantes do DF. Tudo se passa como se a extrema disciplina da técnica urbanística implantada fosse suficiente para formar um novo cidadão, o que, pelo menos até o momento, não pode ser observado.

## Referências bibliográficas

BAUMANN, Zygmunt. *O mal-estar da pós-modernidade*. Rio de Janeiro: Jorge Zahar, 1998.

BERNARDES, G. D. *Goiânia, cidade planejada, cidade vivida: discurso e cultura da modernidade*. Brasília, UnB/Departamento de Sociologia. Tese de Doutoramento, 1998.

BICALHO DE SOUZA, Nair Heloísa. *Trabalhadores pobres e cidadania: a experiência da exclusão e da rebeldia na construção civil*. Tese de doutorado, USP, 1994. Departamento de Sociologia.

BORGES, B. G. *Goiás: modernidade e crise – 1920/1960*. São Paulo: USPE/FFCH. Tese de Doutoramento, 1994.

PINÇON, M., PINÇON-CHARLOT. "La ville des sociologues". *La Ville et l'Urbain: l'Etat des Savoirs*. Paris: Editions La Decouverte, 2000, p. 53-61.

GREENBERG, M. "Branding cities: a social history of the urbain lifestyle magazine". *Urban Affair Review*. London: Sage Periodical Press, 2000, p. 228-260.

HOLSTON, James. *A cidade modernista: uma crítica de Brasília e sua utopia*. São Paulo: Companhia das Letras, 1993.

IPEA/UNICAMP/IBGE. *Caracterização e tendências da rede urbana no Brasil*. Brasília, 1999. Coleção Pesquisas nº 3, 3 v.

JOSEPH, I. *Erving Goffman et la micro sociologie*. Paris: PUF, 1998.

MERLIN, P. *Les villes nouvelles en France*. Paris: PUF, 1991. Collection "Que sais-je?" nº 2609.

MILLS, C. W. *A nova classe média*. Rio de Janeiro: Jorge Zahar, 1969.

NUNES, Brasilmar Ferreira. "Fragmentos para um discurso sociológico sobre Brasília". *In*: NUNES, B. F. (org.) *Brasília: a invenção do cotidiano*. Brasília: Paralelo 15, 1997.

OFFE, Carl. "Trabalho como categoria sociológica chave?". *O capitalismo desorganizado*. São Paulo: Brasiliense, 1989.

OSBORN, F., WHITTICK, A. *New towns, their origin, achievement and progress*. Londres: L.Hill, 1977.

OSTROWETSKY, S. *L'imaginaire batisseur.* Paris: Klincksieck, 1983.

PARK, Robert E. *A cidade: sugestões para a investigação do comportamento humano no meio urbano*. *In*: VELHO O. G. (org.) *O fenômeno urbano*. 2ª edição, Rio de Janeiro: Zahar, 1973.

PAVIANI, Aldo. *A conquista da cidade: movimentos populares em Brasília*. Brasília: Editora Universidade de Brasília, 1998.

____________. "Brasília: cidade e capital". *In*: NUNES, B. F. (org.). *Brasília: a invenção do cotidiano*. Brasília: Paralelo 25, 1997.

____________. *Brasília, moradia e exclusão*. Brasília: Editora Universidade de Brasília, 1996.

SCALON, Maria Celi. *Mobilidade social no Brasil: padrões e tendências*. Rio de Janeiro: Editora Renan/IUPPERJ/UCAN, 1999.

SIMMEL, Georg. "*Digressions sur l'etranger*". *In*: GRAFMEYER, Y., JOSEPH, I. *L'ecole de Chicago-Naissance de l'ecologie urbaine*. Paris: Aubier, 1984.

SOUZA, Jessé. "Valores e estratificação social no DF". *In*: NUNES, B. F. (org.). *Brasília: a invenção do cotidiano*. Brasília: Paralelo 15, 1997.

SOCIUS (Consultoria Júnior em Sociologia). *Estrutura de classes e estratificação social no DF*. Relatório Técnico de Pesquisa. Brasília: julho/2000, Mimeo.

WEBER, Max. "Classe, Status e Partido". *In*: VELHO, O. *Estrutura de classes e estratificação social*. Rio de Janeiro: Jorge Zahar, 1979.

# Revitalização urbana e o uso da contribuição de melhoria no DF

Paulo Castilho Lima

## Introdução

O objetivo deste trabalho é apresentar um programa de revitalização urbana, utilizado nos Estados Unidos (EUA), adaptado e simulado para áreas urbanas do Distrito Federal (DF). O impacto desse programa está relacionado com a melhoria da qualidade de vida, decorrente de melhores ambientes urbanos e do uso da contribuição de melhoria como instrumento arrecadador dos fundos necessários para sua execução. Também estão embricadas com o assunto as questões de parcerias entre o governo e a iniciativa privada, governo local e participação da comunidade, no sentido de conhecimento dos instrumentos, suas consequências e decisão de utilização. Pode-se dizer que o programa está dentro das tendências atuais mundiais relacionadas com a importância do governo local, a participação comunitária em administração pública e a governabilidade (Abrucio, 1997: 30-33).

A qualidade de vida nas cidades tem sido um dos temas mais pesquisados na atualidade sob vários aspectos, existindo uma estreita vinculação com o desenvolvimento e as áreas urbanas, e está diretamente relacionada com o mecanismo do uso da contribuição de melhoria (Lima, 2000). Apesar dessas características, esse instrumento tem sido pouco utilizado no Brasil. A intenção de buscar seus procedimentos no exterior, onde se verificam experiências exitosas, é a de procurar entender melhor seu mecanismo para posterior aplicação no Brasil. Entre os vários países que a utilizam temos os EUA como um dos mais importantes não só pelo seu tempo de uso, aplicada desde a colonização na cidade de Nova Iorque (Homberger, 1994), como pela facilidade e obrigatoriedade de acesso a informações colocadas em disponibilidade pública por ato governamental (NYE, 1993), além de apresentar ampla base de dados estatísticos, que levam à possibilidade de se conhecer melhor os aspectos desejados de determinada questão (Ulianov, 1980).

O estudo compreende uma primeira parte na qual são explicadas a contribuição de melhoria e sua relação com os melhoramentos em área pública e, por conseqüência, com a qualidade de vida urbana. Prossegue na segunda parte com a conceituação da contribuição de melhoria dos EUA, e a terceira diz respeito ao estudo do programa *Business Improvements District*, na cidade de Nova Iorque. A parte final compreende duas experiências efetuadas por simulação, no Plano Piloto de Brasília e em Planaltina, cidade do DF, com procedimentos adaptados do citado programa.

## A qualidade de vida e a contribuição de melhoria

A qualidade de vida é um conceito amplo, estabelecido com maior ênfase a partir de meados do século XX, e necessita ser entendido o respectivo recorte quando tratado sob aspectos específicos (United Nations, 1954: 80). Nesse caso estamos lidando com a qualidade de vida urbana em seus aspectos espaciais, que se refletem em adequados serviços urbanos de infra-estrutura, limpeza, segurança, ambiente paisagístico, mobiliário urbano, iluminação, circulação de pedestres e veículos, e demais aspectos que somam os atributos necessários para uma área pública.

Para serem efetuadas as obras e a determinação dos serviços necessários ao atendimento dos itens citados, são necessários recursos financeiros, além de planos e programas inerentes. Esses recursos são oriundos das fontes de arrecadação dos governos local, estadual e federal e destinados conforme seus orçamentos anuais. No entanto, tais recursos são insuficientes, em especial no atual modelo neoliberal e globalizante, decorrendo disso a necessidade da formação de parcerias com a iniciativa privada para melhor atender às necessidades públicas urbanas.

A contribuição de melhoria é um dos instrumentos de política pública urbana que pode ser utilizado com o fim de arrecadação, em especial nos governos locais – os municípios e o DF. Esse instrumento, como será explicado adiante, possui características que o qualificam para esse papel, em especial a interação com a comunidade, em decorrência de medidas relacionadas com a divulgação, debate, decisão e posterior fiscalização direta das obras e serviços.

Em todos os países, a contribuição de melhoria tem como fato relevante ser um instrumento de política pública que promove o desenvolvimento. Isso é realizado de forma participativa e negociável, caracterizando um mecanismo de parceria entre as áreas pública e privada.

Seu uso proporciona ao governo fontes adicionais de recursos para a execução de obras públicas necessárias ao desenvolvimento do país. Essas obras podem tanto ser de rodovias em áreas rurais, de infra-estrutura em áreas urbanas em expansão ou ainda obras de melhoria em áreas urbanas consolidadas, como as do metrô, por exemplo.

Pode-se afirmar que o maior valor da contribuição de melhoria é o de prover recursos financeiros adicionais e específicos da área privada para executar projetos de interesse público, em conjunto com outras possíveis fontes financeiras governamentais. Esse aspecto a torna um dos instrumentos mais relevantes utilizados, a partir de meados do século XIX, pelos países hoje desenvolvidos.

A contribuição de melhoria apresenta um conceito fundamental, que é o de ser um instrumento de política tributária, imposto sobre imóveis, valorizados em razão de obra pública, cuja arrecadação se destina *in totum* ao pagamento dessa obra.

É um tributo cobrado pelo Estado sobre a valorização dos imóveis situados em uma área beneficiada por obra pública, cuja capitalização decorrente é indevida. Esse é o principio condutor de sua imposição, é o fato gerador do tributo. Essa ilegitimidade tem como base haver ganho sem causa, ou enriquecimento imerecido, como é o caso da incorporação aos imóveis dos valores financeiros provenientes das obras públicas.

Tal incorporação corresponde à mais-valia oriunda das obras públicas e relativa ao trabalho para sua execução, localizando-se a explicação na Renda Diferencial, integrante da Teoria da Renda Fundiária (Lima, 1996).

Sem essa cobrança, os proprietários podem ganhar de duas formas, pelo uso do benefício efetuado e pela valorização decorrente da obra, que se incorpora a esse imóvel. O primeiro pode ser utilizado ou não, pagando as respectivas tarifas, e o segundo é um ganho independente de qualquer ação e reflete a existência da figura da propriedade imobiliária.

Esse ganho norteia o princípio de que todas as obras públicas devem ser pagas, em parte ou no total, por aqueles que mais se beneficiam da melhoria. O que varia, conforme os países, é o valor a ser cobrado pelo tributo. Esse é o ponto em que reside toda a série de fundamentos contraditórios, que se resume em dois aspectos. Um deles é relativo ao valor cobrado pela valorização do imóvel ou pelo benefício revertido ao imóvel, com ou sem o limite do valor da obra; o outro é relativo ao pagamento pelo valor da obra, supondo-se que qualquer obra pública produza melhoria na área urbana e valorize os imóveis nela contidos.

O primeiro aspecto está relacionado com uma das grandes dificuldades do uso da contribuição de melhoria, que é a quantificação da valorização do imóvel, uma vez que é um valor futuro, somente evidenciado após a conclusão da obra. Trata-se, portanto, do cálculo da estimativa desse valor, que apresenta dificuldade para a sua obtenção, considerando a complexidade e a subjetividade envolvidas nas avaliações imobiliárias, apesar de esforços recentes para o seu aperfeiçoamento (Martins e Martins, 1993). O segundo tem a ver com o fato de que as obras públicas nem sempre valorizam os imóveis, podendo ocorrer a desvalorização e casos em que essa valorização pode ser menor que o valor da obra.

Em todas as situações existe a questão de ser estabelecido o percentual do valor da obra, usualmente considerado como balizador para a imposição da contribuição de melhoria, que pode variar de 100% a percentuais mínimos. Essa decisão afigura-se como de caráter político e está relacionada com a capacidade e a vontade de pagar dos contribuintes da área beneficiada; ou de caráter econômico, considerando-se como um valor necessário a complementar uma verba, insuficiente ou até inexistente à execução de determinada obra.

Para essas situações, os valores arrecadados por quaisquer meios são especificamente destinados à execução da obra, sob forma direta ou indireta, por meio do pagamento de empréstimos contraídos para a sua implementação. Essa característica, que se procura enfatizar, torna o presente tributo diferente das taxas e dos impostos, cujas aplicações não têm destinação específica.

Como a aplicação da contribuição de melhoria apresenta um aspecto que pode caracterizar o exercício abusivo do poder governamental, existem mecanismos de participação popular em diversos momentos da sua implantação. Esse fórum tem poderes, até mesmo, de suspender a tramitação do processo, como forma de proteção ao cidadão; considerando-se a hipótese de haver inadimplência de pagamento, pode ocorrer a alienação de imóveis para saldar a respectiva dívida.

Os citados mecanismos não impedem, entretanto, a reação dos contribuintes ao estabelecer processos para impedir o seu uso. Nos EUA, país de uso constante desse instrumento, ainda hoje se verificam processos na Justiça contra as medidas governamentais para a sua imposição.

A obtenção do valor a ser pago pelo contribuinte beneficiado pela obra pública apresenta diversos procedimentos, todos com resultados imprecisos por se basearem em dados subjetivos e empíricos. As dificuldades iniciam com a delimitação da área de influência, com a decisão dos imóveis incluídos, e terminam no cálculo cabível a cada propriedade.

O primeiro define uma área, com faixas de valorização diferenciadas; o segundo pode ter sentido político; e o terceiro apresenta várias formas para obtenção do resultado final. Nesse último caso pode optar-se pelo método da área construída, da área do terreno; da dimensão da testada para a via pública; ou pelo valor venal do imóvel.

No final é obtido um valor, produto do rateio do valor da obra estabelecido pela soma de todos os imóveis, conforme a faixa de valorização; valor este que será multiplicado por cada imóvel, cujo resultado é o tributo a ser cobrado. A seguir, efetuam-se os procedimentos para a imposição e posterior coleta, de forma integral ou por parcelas do valor que será aplicado na obra ou utilizado no pagamento do seu financiamento.

## A experiência norte-americana

A contribuição de melhoria nos EUA recebe o nome de *special assessments*. Seu estudo apresenta certa complexidade, em função das variações que apresenta em sua aplicação, junto com relativa falta de fontes de consulta atualizadas. Esses aspectos são intensificados pela variedade de tipos de governos locais, assim como pela configuração do instrumento em cada caso.

A forma de governo dos EUA é o sistema federativo, formado por estados. Abaixo desse nível, existe uma complexa divisão em pequenas unidades administrativas, cujas formas de governo se juntam em diferentes níveis para formar a unidade nacional.

Em nível estadual existem as constituições específicas que, apesar de divergirem entre si, mantêm coerência com a federal. Essas constituições indicam as diferenças peculiares a cada estado. O *county* é a subdivisão seguinte ao estado, que se caracteriza usualmente por ter dois ou mais *township* além de pequenas áreas urbanas. Podem ocorrer casos raros contrários a essa subdivisão, ou seja, *townships* conterem *counties*. A composição das unidades locais difere em cada estado, variando em abrangência e tipologia.

Existem ainda os governos das grandes cidades, das cidades, das vilas, dos distritos especiais (*special districts* e *school districts*) e, em casos especiais, existem administrações regionais de grandes cidades, como a cidade de Nova Iorque, que possui cinco *boroughs* e é considerada a unidade de maior complexidade administrativa do país. Existem particularidades como a do Estado de Louisiana, que apresenta como unidade menor a paróquia (*parish*), de antiga tradição inglesa. Essas complexas e interligadas divisões caracterizam um país de muitos governos, ou, pode-se dizer, de pequenas repúblicas (Schroeder, 1985: 76).

É observado um aumento de governos locais, existindo, no ano de 1987, 83.186 unidades de vários tipos (U.S. Statistical Abstract, 1993: 309). Desses, os que mais têm crescido são os *special districts*, que passaram de 8.299, em 1942, para 28.588 em 1982 (De Haven-Smith, 1985: 61). O Departamento do Censo nos EUA identificou 86.743 unidades locais de governo em 1992.

Os distritos especiais são as formas de governo mais utilizadas para gerir as obras públicas de infra-estrutura e outros melhoramentos urbanos. No caso de os distritos usarem o mecanismo do *special assessments* para obter os recursos financeiros para obras, podem ter a denominação de *Special Assessments District* (*SAD*) ou *Transportation Improvement District* (*TID*) para o caso de obras rodoviárias. A diversidade de obras inclui proteção de incêndio, habitação, suprimento de água, sistema de esgoto, cemitérios, educação (escolas primárias), parques e recreação, hospitais, bibliotecas, rodovias, saúde e aeroportos (cf. *Bureau of the Census*, 1982a, *Table G*, p. 12, *apud* De Haven-Smith, 1985: 62-63).

A condução das decisões governamentais difere em cada caso, mas é realizada, geralmente, por meio do sistema representativo e de eleições. Ainda existe o sistema de decisões diretas, sem representantes, com participação de toda a população local. Essa forma, considerada a de maior atuação democrática (democracia plena) e com uma tradição de mais de 200 anos, tem pouca incidência atualmente. Em todos os níveis existem tributos de variados tipos e formas de imposição e coleta, junto com uma adequada administração de controle.

O *special assessments*, como instrumento tributário, relaciona-se, portanto, com a divisão territorial e administrativa do governo, podendo ser aplicado por qualquer um dos tipos de governo local existentes em todos os estados. Para melhor entendimento, apresenta-se sua inserção no sistema tributário dos EUA.

O uso inicial de um mecanismo semelhante ao *special assessments* foi feito mediante ato administrativo, para a construção de uma das primeiras ruas de Nova Iorque, em 1657, com o nome de *betterment tax*, conforme origem inglesa. Com a denominação de *special assessments*, foi implementado na cidade de Nova Iorque, por Ato da Assembléia da Província, em 1691. Na mesma cidade, em 1851, por decisão considerada relevante, o Tribunal de Nova Iorque firma a constitucionalidade do *special assessments*, que passa a ser usado mediante legislação tributária e não devido a atos administrativos impostos.

A codificação do tributo, entretanto, só irá ocorrer em 1882, motivada pelo uso intenso, ocorrido após a guerra de 1812 e durante o período da conquista do Oeste, decorrente da criação de novas cidades. Em 1891, é a principal fonte de receita municipal e, a partir de 1892, tem aprovação legislativa ou judiciária em 40 dos 44 estados. A Quarta Conferência Nacional de Urbanismo, realizada em Washington em 1912, aprovou e recomendou os princípios desse tributo para todas as cidades norte-americanas (Mello, 1929: 164).

Após 1913, todos os estados permitiam seu uso, e cidades acima de 100 mil habitantes arrecadaram 12% do total, em *special assessments*, quatro cidades (Los Angeles, Kansas City, Portland e Oakland) obtiveram 20% do total das arrecadações.

Em 1923, o uso do *special assessments* atinge 248 cidades com população acima de 30 mil habitantes. Em meados dessa década, seu uso começa a apresentar declínio, considerando que as cidades já tinham atingido um estágio de urbanização suficiente. O declínio atinge seu ápice próximo da grande depressão, iniciada em 1929, em face da diminuição de sua arrecadação, usada para cobrir os títulos da dívida pública, colocados no mercado de papéis financeiros. A inadimplência de pagamento do *special assessments* levou o governo a penhorar os imóveis beneficiados, dados como garantia dos pagamentos, não efetivados pela carência de recursos financeiros, que refletiu de forma negativa no seu uso.

Na década de 1930, a arrecadação do *special assessments* cai para 1% das arrecadações municipais. Após a Segunda Guerra Mundial, o tributo volta a ser usado, porém com menor intensidade, aumentando a partir de 1956, em razão da necessidade de modernização de subúrbios.

É observado novo aumento de uso desse instrumento, a partir da década de 1980, sendo aplicado em obras de metrô, rodovias e programas de melhoramentos urbanos, tipo *Business Improvement District*. Outra razão para esse aumento é a vantagem financeira, decorrente de baixos juros, que os incorporadores passaram a pagar com o uso do *special assessments*, em relação a outros mecanismos que apresentavam juros mais altos, para financiar obras de infra-estrutura de novas áreas (Leventhal, 1992). Outro campo para sua aplicação é a necessidade de reforma da infra-estrutura urbana necessária à manutenção dos padrões de qualidade para seu funcionamento (Kaplan, 1990).

## O *Business Improvement District*

Na cidade de Nova Iorque foi estabelecido o programa *Business Improvement District* (*BID*), em locais de uso predominante de comércio, a partir de 1976. O *BID* caracteriza-se por ser um programa aprovado pelo governo local, com iniciativa e anuência da maioria dos proprietários de determinada área, para realizar melhorias urbanas em áreas públicas, as quais o governo não tem condições financeiras, ou não faz parte de seus planos executar. Esses recursos são obtidos por meio do uso do *special assessments*. Sua definição, conforme Wolff (1994: 2), é a seguinte:

> *Um* Business Improvement District *é um tipo de programa financeiro e organizacional utilizado por proprietários de imóveis e por comerciantes para obter melhorias em áreas de comércio e indústria. O* Business Improvement Discrict *é formado por uma legislação estadual e local, que permite a proprietários de imóveis e comerciantes acionar a administração*

> *tributária da cidade para arrecadar sobre si mesmo contribuições para um fundo comum destinado em sua totalidade ao pagamento das melhorias desejadas.*
>
> *As melhorias podem ser de serviços, como manutenção, limpeza, segurança, promoção de eventos e de reforma* (capital), *tais como execução de mobiliário urbano, paisagismo, iluminação especial, em quantidade e qualidade acima dos serviços já prestados pelo governo da cidade. Em essência, o programa é de ajuda mútua e de mútua tributação.*

O programa funciona adequadamente em locais em que existe uma maioria de proprietários utilizando seus imóveis ou que desejem atrair inquilinos e clientes. Esses proprietários devem possuir recursos para pagamentos das contribuições e estabelecer um grupo para liderar o movimento. A área deve ainda ter pouca incidência de imóveis com uso residencial, uso público ou para entidades sem fins lucrativos.

Não só em Nova Iorque, mas em todo os EUA, o *BID* está se expandindo rapidamente. Existem cerca de 1.000 distritos em todos os estados, nos quais a legislação permite esse processo (Oser, 1991: 5). Na cidade de Nova Iorque, em meados de 1990, seu número ultrapassa atualmente o de 40 distritos em funcionamento além dos programados para implantação (Eng, 2001).

Os distritos são orientados pelo *Department of Business Services* (*DBS*), que concentra programas de incentivo à instalação de negócios na cidade. As facilidades que são oferecidas por essa agência governamental, em parceria com a Câmara de Comércio da Cidade de Nova Iorque, proporcionam melhores condições para o comércio e para o próprio espaço urbano, como o programa do *BID*. Se for o caso, os distritos podem receber a incorporação de uma nova área, com a designação de "subdistrito".

Os primeiros distritos, na cidade de Nova Iorque, foram denominados de *Special Assessments District* (*SAD*) e tiveram um processo legislativo mais complexo, pelo qual se tornava necessária uma lei específica do estado para posteriormente ser elaborada a legislação local. Dessa forma foram criados os *SADs* de Fulton Mall no Brooklyn, iniciado em 1976; o da Jamaica Center Mall, em Queens, iniciado em 1979; e o da Nassau Street em Manhattan, iniciado em 1982.

Em 1982, foi aprovada nova legislação estadual, generalizando a permissão para o uso desse programa, que passou a depender somente da legislação específica local, agilizando os procedimentos legais.

A legislação estadual foi novamente modificada em 1989, de forma a generalizar seu uso para todas as municipalidades, e não somente para as cidades. Seguiram-se outras emendas até a última, estabelecida em 1993, para melhor adequar os procedimentos processuais. A partir de 1984, com nova legislação, foi implantado o primeiro distrito com a denominação de *Business Improvement District* (*BID*) – o da 14th Street/Union Square.

Quanto à arrecadação, os valores rateados entre os proprietários são cobrados a partir do início do ano fiscal (meio do ano) e liberados para os *SAD* ou *BID* em pagamentos parcelados.

Esses distritos têm arrecadações e dimensões variadas, indo dos menores, com uma arrecadação anual de 68 mil dólares, como o de Grant Street no Brooklyn, aos maiores, como o do Grand Central em Manhattan, com uma arrecadação anual de US$ 6.445.000 no ano fiscal de 1994 (Dbs, 1995). Com os novos acréscimos, a cidade tem hoje mais de 40 distritos (Dbs, 2000)

## Procedimentos para implantação do *BID*

Os *BID* no Estado de Nova Iorque estão regulamentados pela *General Municipal Law*, artigo 19-A, seções de 980 a 980-p, e na cidade de Nova Iorque pelo *New York Administrative Code*, capítulo 4, parágrafos de 25-401 ao 25-417.

No parágrafo 25-404, são previstos ainda obras de alargamento e fechamento de vias públicas, passarelas ligando edificações (aéreas ou subterrâneas), rampas, calçadas, praças, jardins e *malls* para pedestres, reforma ou construção de novas estruturas para as finalidades acima, fontes, quiosques, estacionamentos e garagem para veículos; e serviços de aquecimento, propaganda e manutenção para o distrito. As obras e serviços podem ser feitos diretamente ou por meio da contratação de terceiros, com a supervisão e controle da administração do distrito.

Um *BID* pode ser implantado a partir da ação de um grupo de proprietários ou inquilinos, de associações, do governo, ou de forma conjunta. O processo é lento, em razão da necessidade de se manter o diálogo com todos os interessados, podendo durar de seis meses até dois anos. Os procedimentos para a implantação são assessorados pelo *DBS*.

O grupo que toma a iniciativa decide os limites iniciais do distrito, que podem ser alterados, mediante orientação técnica do *DBS*. Na delimitação são sugeridos que englobem um maior número de imóveis de uso comercial se comparados com os de uso habitacional, governamental, de entidades sem fins lucrativos e outros que estejam isentos de tributação.

A forma de cálculo para cada contribuinte é feita pelo valor venal da propriedade, ou pela medida de frente para a via pública, ou pela área de terreno ou construção, ou, ainda, pela combinação desses métodos.

Toda a arrecadação é feita pelo governo e destinada a fundo específico, sendo repassado na totalidade para a administração do distrito, conforme exposto e característica do tributo. O montante do pagamento está restrito a 20%

do pagamento anual dos impostos que incidem sobre a propriedade e por 1.8% do total do montante para todos os incluídos no distrito. A tributação é recolhida de forma usual, como as demais impostas pelo governo, sendo trimestral para valores abaixo de 40 mil dólares ou bimestral para valores superiores, e pode ser repassada para inquilinos dentro de cláusula determinada no contrato.

O rito processual inicia-se com a comunicação ao prefeito da intenção de criação do distrito. Este autoriza que sejam conduzidos os procedimentos para aprovação, que ocorre por pelo menos 51% dos proprietários que se encontram nos limites de um distrito hipotético apresentado junto com a petição. Com a aprovação, conforme exigência da legislação, é criada pelo prefeito uma associação para administração do distrito, denominada *District Management Association* (*DMA*), com uma diretoria, formada por proprietários, pelo prefeito, pelo superintendente da cidade (*Comptroller of the City*), pelo presidente do *Borough* e pelo Conselho da Cidade.

É sugerida, apesar de não ser exigência legal, a formação de um Grupo de Trabalho para executar os procedimentos iniciais antes da existência do *DMA*, cuja função mais importante é a de divulgar o programa e procurar convencer os demais proprietários, incluídos nos limites do distrito estabelecido inicialmente, a respeito de suas vantagens.

A seguir, é providenciado um plano inicial para o distrito, que se torna o documento central para sua implantação, que é submetido ao *DMA* e ao *DBS* para exame. Após a aprovação por ambos os órgãos, o *DBS* procede uma consulta geral a todos os interessados, sejam contribuintes individuais, associações, ou agências do governo. Só após a revisão geral, esse plano está pronto para o *DBS* prosseguir com a etapa seguinte, que consiste no processo formal de aprovação.

Após essas medidas e o entendimento das regras de funcionamento do *BID*, é elaborado o Plano do Distrito definitivo, submetido de início à Comissão de Planejamento da Cidade (CPC) que, em cinco dias, envia cópia para o Conselho da Comunidade, Conselho do *Borough*, Conselho da Cidade e para o presidente do *Borough*.

O Conselho da Comunidade tem trinta dias para apresentar as recomendações ao CPC, podendo ouvir a população por meio de audiência pública. O CPC, no prazo de noventa e cinco dias da entrega do Plano, prepara as sugestões para a sua revisão e, após reunião pública para debate, encaminha o resultado ao Conselho da Cidade, com a classificação de desaprovado, aprovado com restrições, ou aprovado com sugestões de modificações. Uma cópia do Plano e das modificações é encaminhada ao administrador da cidade.

A seguir, o Conselho da Cidade, junto com uma minuta de legislação preparada e encaminhada pelo *DBS*, elabora resolução e estabelece audiência pública para debate. O material é encaminhado ao ouvidor da cidade (*City Clerk*) e fica à disposição para consulta pública.

No período de dez a trinta dias antecedentes à data da audiência pública, é encaminhada, pelo grupo que iniciou o processo, a todos os proprietários envolvidos, cópia dessa resolução ou seu resumo, ressaltando a data, local e assunto da audiência pública. Também a divulgação da audiência pública é feita por jornais de circulação ou pela imprensa oficial.

Nessa resolução é enfatizado que todos os proprietários do distrito têm trinta dias após a audiência pública para apresentar as objeções ao ouvidor da cidade, devendo somar 51% para rejeitar a implantação do projeto.

Se isso não ocorrer, o Conselho da Cidade, mediante resposta afirmativa a quatro questões, pode estabelecer lei local com objetivo específico de aprovar o Plano, sujeito ainda à revisão do superintendente do estado. As quatro questões são:

- se a divulgação de todas as audiências públicas foram publicadas e encaminhadas conforme a lei;
- se todos os imóveis dentro do distrito proposto serão beneficiados;
- se todos os imóveis beneficiados estão incluídos nos limites do distrito proposto; e
- se o estabelecimento do distrito proposto é de interesse público.

Após a adoção da lei local, a mando do ouvidor, o *DBS* tem vinte dias para encaminhar ao superintendente do estado, responsável pela preparação e revisão de implantação do distrito, assim como de verificar se os limites da tributação estão contemplados na lei.

Em sessenta dias, o superintendente do estado reencaminha o processo ao ouvidor, que em dez dias prepara a lei final de criação do distrito, a ser publicada na imprensa de governo ou jornal de circulação, oficializando sua existência. A efetivação final dependerá ainda da não ocorrência de processo judicial, que pode ocorrer no prazo de trinta dias a partir dessa publicação, movido por qualquer pessoa ou grupo de pessoas.

Após efetivado o *BID* é feito um contrato do *DMA* com o *DBS*, que representa o governo. O contrato é o documento que inclui todas as cláusulas de funcionamento do distrito, até mesmo seguros e controles financeiros. É o documento oficial ao qual um auditor pode se reportar para análise.

Com o contrato assinado e aprovado, são feitos os procedimentos de arrecadação, cujos recursos são liberados a cada dois meses, de acordo com o orçamento anual. O orçamento, modificável a cada ano, serve de base para as arrecadações.

Para possíveis modificações no ano (desaconselhável em caso de aumento), são necessárias nova lei e nova aprovação do Conselho da Cidade, mediante novas audiências públicas, seguindo-se as determinações da lei local do *Business Improvement District*, ou seja, o rito processual anteriormente descrito.

O *DMA* deve reunir-se anualmente, para refazer o orçamento e os serviços do distrito, emitindo um Relatório Anual, pré-requisito à aprovação dos recursos do ano seguinte, nos quais são descritos o programa, o orçamento e os serviços do ano que finda e do ano entrante.

Ao ser aprovado o *BID*, os pagamentos da contribuição de melhoria incidem de forma maior sobre os comerciantes, ocorrendo casos de não pagamento ou pagamento simbólico pelos moradores da área. Por outro lado, deve-se ressaltar que o comércio apresenta aumento de vendas pela atração da área.

## Avaliação do *BID*

Apesar do sucesso que apresenta o programa, o *DBS* procurou conhecer os resultados de sua implantação de forma mais específica, mediante os serviços de uma firma contratada.

O trabalho foi efetuado pelo *New York Economic Policy and Marketing Group*, tendo como coordenador John M. Beam, diretor do Programa de Desenvolvimento (Beam, 1994).

O objetivo da avaliação está relacionado a quatro aspectos do *BID*:

- os resultados vistos pelos contribuintes no distrito;
- o relacionamento do distrito com a comunidade;
- o relacionamento do distrito com o governo da cidade; e
- as tendências futuras de atividades e prioridades.

A pesquisa foi feita em 24 dos 25 *BIDs* existentes em 1993, por meio de questionário encaminhado aos proprietários envolvidos em cada distrito e em suas administrações. Na apresentação do Relatório, em 1994, existiam sete novos distritos, estando quatorze em fase de preparação.

O Relatório de Avaliação fez as seguintes recomendações:

a. que a administração fosse mais atuante, no sentido de motivar com mais ênfase a participação dos seus contribuintes, não somente em reuniões anuais, mas também ao longo de todo o ano;
b. que a administração procure melhor assistência técnica, junto aos órgãos governamentais, para assessorar determinadas atividades, como a de *marketing*;

c. que a administração se reprograme, periodicamente, quanto a prioridades organizacionais, junto a seus participantes;
d. que a administração incremente o entendimento do programa junto a outros membros da comunidade, de forma a ancorar as prioridades em conjunto com as demais do distrito, em que está inserto.

## O programa *BID* aplicado no Distrito Federal

Foi efetuada a simulação do programa *BID* em duas cidades do Distrito Federal, Plano Piloto e Planaltina, com as adaptações necessárias. A mais importante se refere à iniciativa a partir dos pesquisadores e não dos proprietários dos imóveis. No entanto, as principais características foram mantidas, ou seja, a limitação de uma área urbana com necessidade de melhorias em áreas públicas, a participação da comunidade local e o uso do tributo contribuição de melhoria para arrecadar os recursos financeiros para sua implementação.

O trabalho contou com a participação das mestrandas Kristina Cancelier, Marly Santos e Shaiane Vargas, atualmente formadas, das quais salientamos a dedicação e os esforços efetuados no Programa de Pós-Graduação da Faculdade de Arquitetura e Urbanismo da Universidade de Brasília.

A metodologia aplicada apresentou três etapas:

1ª etapa:
- escolha da cidade do Distrito Federal;
- delimitação em planta da área urbana de uso misto (habitação e comércio);
- determinação dos lotes;
- verificação local das necessidades das áreas públicas (visão dos pesquisadores);
- entrevista com os proprietários e usuários sobre as necessidades das áreas públicas (visão da comunidade).

2ª etapa:
- estabelecimento da listagem de obras e serviços;
- levantamento dos valores das obras e serviços;
- cálculo do valor da contribuição de melhoria;
- elaboração de cenários de pagamentos.

3ª etapa:
- determinação do cenário a utilizar;
- cálculo da contribuição de melhoria por lote;
- cálculo da contribuição de melhoria por unidade imobiliária (se for o caso);

- entrevista com os proprietários e usuários apresentando o programa, os valores estabelecidos e a decisão de participação;
- elaboração da conclusão e relatório da pesquisa.

## A simulação no Plano Piloto

A área selecionada está representada na Figura 1 com os lotes pesquisados. A área caracteriza-se por apresentar lotes para uso habitacional (unifamiliar e multifamiliar) e uso misto (habitacional e comercial) até quatro pavimentos.

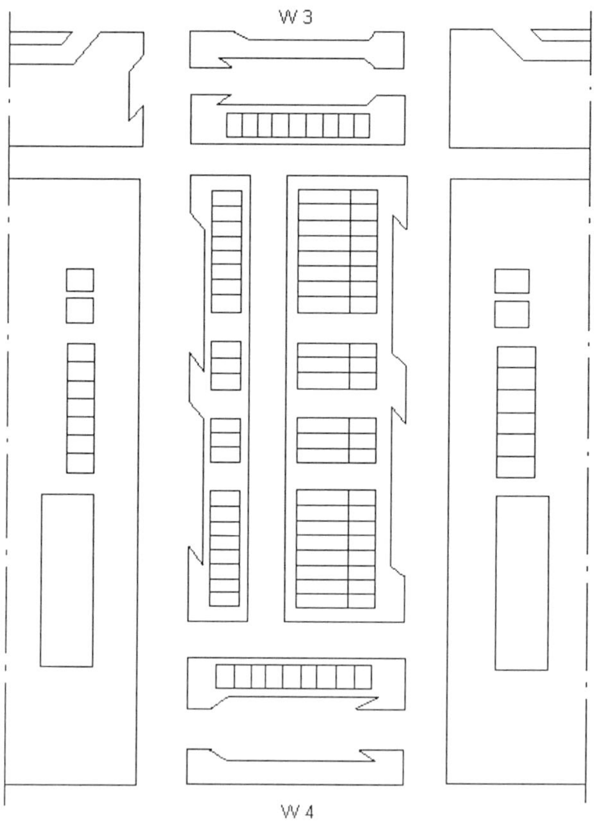


Figura 1 – Mapa da área no Plano Piloto e lotes pesquisados (esq.s/esc).

Foram observadas, pelos pesquisadores, necessidades de obras e serviços que, junto com um questionário levado à comunidade sobre as suas necessidades, resultou nos seguintes itens, com o valor total de 422 mil reais, constantes da Tabela 1 em percentuais.

TABELA 1

**Melhorias na área delimitada do Plano Piloto em valor percentual**

| Melhoria | percentual |
|---|---|
| Obra: piso (pedestre, veículo), meio-fio, quiosque (2)* | 47 |
| Equipamento: luminárias, bancos, mesas | 3 |
| Paisagismo: grama, pedrisco, árvore, floreira | 5 |
| Serviço: segurança, limpeza (24 horas) | 45 |

*Posto de informação e posto de segurança

O total das melhorias foi dividido pela área dos lotes que somou 11.140 m$^2$, obtendo-se o valor unitário de R$ 37,80/m$^2$ por ano, que dividido por doze apresenta o valor de R$ 3,15/m$^2$ por mês. Este valor, no método utilizado por área construída de lote, deve ser multiplicado pela área do lote e a seguir dividido proporcionalmente pelas áreas das unidades imobiliárias inclusas no lote, comerciais e/ou habitacionais, obtendo-se o valor final a ser pago pelo proprietário (ou inquilino).

Tomando-se como exemplo os 63 tipos de lotes de maior incidência com 60 m$^2$ de área cada, temos 189 reais por lote/mês. Considerando 300 m$^2$ de área construída por lote e cinco unidades iguais por lote, temos R$ 37,80 por unidade/mês. Nesse caso, com igual distribuição entre unidades comerciais e habitacionais, sem distinção. Como no programa *BID* as unidades comerciais são as que mais pagam pelas melhorias, poderia ser feito um percentual diferenciado por tipologia, como será apresentado nos cenários para Planaltina. Deve-se ressaltar que as obras seriam cobradas somente no primeiro ano, sendo os valores diminuídos nos anos seguintes.

Em entrevista final com a comunidade, explicando o programa, foi obtido o resultado de 100% de aceitação das melhorias e dos valores a ser pagos pela contribuição de melhoria, desde que seja conduzido pela própria comunidade, o que é uma das características principais do programa.

## A simulação em Planaltina

A área selecionada está representada na Figura 2 com os lotes pesquisados. A área caracteriza-se por apresentar lotes para uso habitacional (unifamiliar e multifamiliar) e uso misto (habitacional e comercial) até dois pavimentos, localizados na parte antiga e tradicional da cidade, com lotes vazios e edificações institucionais. Deve ser ressaltada a existência de duas praças, em uma das quais foi proposto um programa comunitário de eventos.

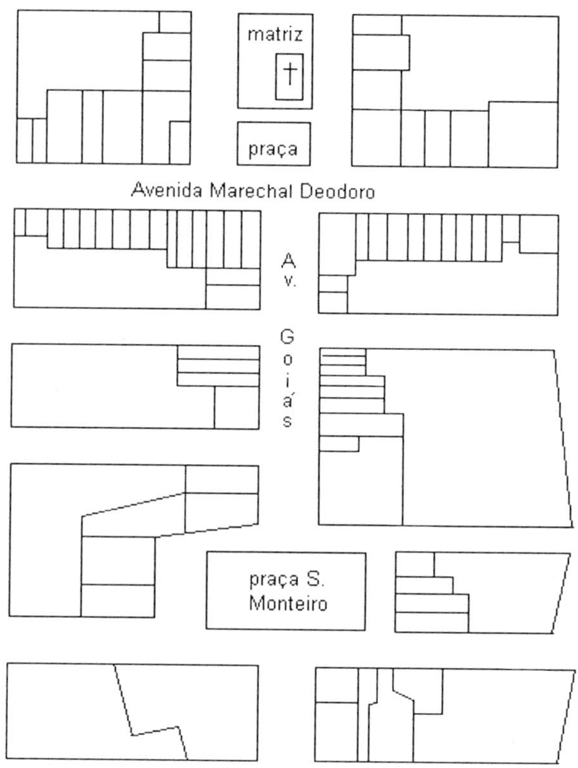


Figura 2 – Mapa da área em Planaltina e lotes pesquisados (esq.s/esc)

Foram observadas as necessidades de obras e serviços pelos pesquisadores, que levaram questionários à comunidade, dos quais resultaram as melhorias estabelecidas, no valor total de R$ 67.416,00, indicadas na Tabela 2 em percentuais.

TABELA 2

**Melhorias na área delimitada de Planaltina em valor percentual**

| Melhoria | percentual |
|---|---|
| Obra: piso | 13 |
| Equipamento: banco, mesa, luminária, lixeira | 16 |
| Paisagismo: floreira | 0,5 |
| Serviço: segurança, limpeza (24 horas) | 70,5 |

Foram determinados cenários para o pagamento da contribuição de melhoria, estabelecidos pelo método da área do lote, indicados na Tabela 3.

TABELA 3

**Cenários de pagamentos por área do lote**

| Cenário | Tipologia | Área dos lotes ($m^2$) | Valor (R$)/$m^2$/mês |
|---|---|---|---|
| Tipo 1 | comércio | 16.100 | 2,95 |
| | outros | 19.425 | 1,05 |
| Tipo 2 | todos | 35.525 | 1,90 |
| Tipo 3 | comércio | 16.100 | 2,95 |
| | habitacional | 11.625 | 1,75 |

Esses valores devem ser multiplicados pela área de cada lote para se obter o valor da contribuição de melhoria a ser cobrado por mês. Por exemplo, considerando-se a maioria de lotes de mesma área, para o cenário 1 verificou-se dez lotes (outros) com 300 $m^2$, resultando no valor de 26 reais por mês. No cenário 2, verificou-se dezoito lotes de 300 $m^2$, com valor de 48 reais por mês e, no cenário 3, verificou-se nove lotes (habitacional) com valor de 44 reais por mês. Cabe ressaltar que esses valores são para o primeiro ano, quando ocorreram as obras, diminuindo nos anos seguintes por estar inclusos apenas os serviços.

Em entrevista final com a comunidade, foi obtido o resultado de 55% de aceitação do programa e dos valores. Nesse caso, considerando-se um programa de necessidades diversificado do anterior e ainda o perfil econômico da comunidade de menor valor aquisitivo, pode-se interpretar tal resultado como a falta de uma interação maior e de uma apresentação mais cuidadosa do programa, bem como a conseqüente participação e o conhecimento da comunidade das vantagens decorrentes de sua implantação.

## Conclusão

A simulação do programa transcorreu de forma adequada, tendo ocorrido poucas dúvidas quanto às etapas. Deve-se consignar que os cálculos da contribuição de melhoria foram aproximados, porém sem prejudicar as conclusões decorrentes.

Os resultados obtidos da aceitação do programa foram além das expectativas dos participantes, considerando-se a forma e a inovação do programa. Em ambos os casos houve maioria de votos para aplicação do programa, com a condição de que fosse conduzido pelos contribuintes e não pelo governo, o que apresenta uma relação lógica com as características desse programa, qual sejam: participação da comunidade com decisão dos serviços, direção, pagamento e fiscalização das obras e dos serviços que desejam. O governo se encarrega apenas da arrecadação tributária e de seu repasse ao programa.

A diferença dos percentuais de aceitação verificados pode ser referente à densidade diversa das duas áreas escolhidas, já que em Planaltina a tipologia é de um pavimento e a do Plano Piloto, de dois a seis pavimentos na área considerada. Com maior densidade se pode estabelecer mais melhorias com valores mais altos, que serão rateados por um número maior de proprietários (ou inquilinos) e menores valores tributários. Outro aspectro pode ser relacionado com a condição econômica dos ocupantes. Os percentuais das melhorias indicam os maiores valores para os serviços de segurança e de limpeza, característica geral do programa adotado.

Pode-se concluir que, pelos níveis de aceitação verificados, restaria estabelecer uma legislação específica para o programa, como etapa necessária para sua implantação real, a ser discutida e votada na Câmara Legislativa. A contribuição de melhoria está prevista no Decreto-Lei nº 82, de 26/12/1966, que regula o Sistema Tributário do Distrito Federal, assim como na Lei Orgânica do Distrito Federal, e foi prevista no Plano de Ordenamento Territorial do Distrito Federal (PDOT) de 1996, encaminhado à Câmara Legislativa, que a retirou do texto.

Em resumo, deve-se salientar a relevância do programa *BID* em especial pela participação da comunidade que, necessitando de melhorias em áreas públicas, solicita que seja tributada pelo governo, conduzindo o processo, desde a decisão até a fiscalização da implantação das melhorias, cujo resultado vem a influenciar o desenvolvimento de toda a área delimitada.

## Referências bibliográficas


ABRUCIO, Fernando Luiz. O impacto do modelo gerencial na administração pública – um breve estudo sobre a experiência internacional recente. Cadernos ENAP, Brasília, (10), 1997.

DBS, Department of Business Services (2000). Nova York. The City of New York. E-mail.

DE HAVEN-SMITH, Lance (1985). *Special districts: a structural approach to infrastructure finance and manegement*. Cambridge. The Changing Structure of Infrastructure Finance (org. James C. Nicholas). Lincoln Institute of Land Policy.

ENG, Eddy (2001). Carta sobre o BID. New York. Department of Business Services. The City of New York.

HOMBERGER, Eric. *The historical atlas of New York city*. Nova York: Henry Holt and Company, 1994.

KAPLAN, Marshall. "Infrastructure policy, repetitive studies, uneven response, nex steps. Urban Affairs", Colorado, v. 25, (3), mar./1990.

LEVENTHAL, Kenneth. *New rules cover special assessment financing. Professional Builder & Remodeler*, EUA, 1992.

LIMA, Paulo Castilho. *Real state and quality of life*. Cingapura. Planning for a Better Quality of Life in Cities (org. Foo Tuan Seik *et al.*). School of Building and Real State. National University of Singapore, 2000.

__________. Contribuição de melhoria: uma proposta de ação. Tese de Doutorado. São Paulo. Faculdade de Arquitetura e Urbanismo. Universidade de São Paulo, 1996.

MARTINS, F. G., MARTINS, F. G. N. Contribuição de melhoria. *Cadernos Brasileiros de Avaliação e Perícia*, Porto Alegre, (195) (44), ano IV, fev/1993.

MELLO, Luiz de Anhaia. Problemas de urbanismo. *Boletim do Instituto de Engenharia de São Paulo*, São Paulo, 1929.

NYE, New York State. *Freedom of information law – foil.* Nova York: Public Data Directory. Commission on Public Information and Communication, 1993.

ULIANOV, Vladimir Ilitch. Capitalismo e agricultura nos Estados Unidos da América. São Paulo: Editora Brasil Debates, 1915. (1980).

SCHROEDER, Richard. *An outline of American Government.* Washington: U. S. State Department, 1985.

UNITED NATIONS. *International definition and mesaurement of standards and levels of living.* Nova York: Report, 1954.

# Parte II

# Psicologia ambiental e representações socioespaciais

# Psicologia ambiental no Distrito Federal: uma agenda para pesquisa

Frederico Flósculo Pinheiro Barreto e Hartmut Günther

Neste texto exploramos uma série de questões voltadas para o estudo do espaço urbano de Brasília sob a ótica combinada da psicologia ambiental e do urbanismo. Para tanto, apresentamos uma breve caracterização da psicologia ambiental e alguns enlaces com o trabalho do arquiteto. Segue-se uma reflexão sobre a cidade de Brasília como protótipo do urbanismo modernista, gerando um ambiente urbano único, em alguns de seus aspectos de projeto e gestão urbana. Concluímos com uma agenda de pesquisa-ação com potencial de avançar tanto no campo teórico da psicologia ambiental como nos estudos que visam às intervenções na vida diária em Brasília, buscando criar relações com o plexo de análises históricas, políticas, sociais, econômicas e do urbanismo incidentes sobre a sua evolução urbana. Emergem daí algumas provocações necessárias à intensificação do diálogo entre as diversas ciências sociais sobre o tema das cidades e das regiões urbanizadas planejadas – e, é claro, sobre Brasília.

## Psicologia Ambiental

A psicologia ambiental estuda a relação recíproca entre pessoas e ambientes. Do lado das pessoas, estudam-se percepções, pensamentos, atitudes, expectativas e comportamentos. Interessam os estados psicológicos de indivíduos e de grupos *vis-à-vis* ao espaço em sua volta, a maneira como ambientes construídos ou naturais impactam sobre as pessoas. Os ambientes, por sua vez, são estudados em diversas escalas, desde recintos imediatos até espaço amplos, tanto naturais como construídos. O enfoque está no impacto das pessoas sobre esses espaços. Central, entretanto, é a relação *recíproca*, uma vez que interessa a influência do ambiente sobre o indivíduo, a modificação desse ambiente e, especialmente, a dinâmica entre essas duas relações. A pessoa que sofre algum impacto do ambiente não é estática, mas reage a ele. O ambiente modificado se apresenta de maneira diferente do que era antes, provocando novos impactos sobre o indivíduo.

Seguindo Fisher, Bell e Baum (1984), definimos psicologia ambiental como o estudo do inter-relacionamento entre comportamento e ambiente físico, tanto o construído como o natural. Convém analisar algumas características da psicologia ambiental, na tentativa de delimitar sua área. Esses autores sublinham cinco aspectos como característicos dessa ciência. A psicologia ambiental caracteriza-se pela sua abordagem holística. O efeito do ambiente no organismo é analisado no seu contexto, de maneira multidirecional. Estudar os fenômenos, no seu contexto, significa estudar *inter*-relações, relações *recíprocas*. Tanto o ambiente influencia o comportamento como o comportamento influencia o ambiente. Sendo o mundo real o contexto para os seus estudos, a psicologia ambiental mantém uma interface com outros profissionais que, por sua vez, estudam o mundo real dos seus respectivos pontos de vista. Dependendo do tema, pode-se trabalhar conjuntamente com engenheiros, arquitetos, biólogos, planejadores urbanos, paisagistas, juristas, médicos, dentre outros. Tanto a diversidade dos assuntos como a interdisciplinaridade fazem com que a psicologia ambiental não utilize uma abordagem metodológica única. O que determina a escolha da metodologia (e, implicitamente, a escolha do local da pesquisa como campo ou laboratório) é o problema. Muitos deles se beneficiam de uma abordagem multimetodológica, na qual se agregam métodos observacionais, experimentais e/ou de entrevista, dentre outros. Um último elemento que caracteriza a psicologia ambiental é o seu posicionamento a respeito do suposto conflito entre pesquisa básica e aplicada. Enquanto se afirma que o objetivo da pesquisa básica é o de explicar o comportamento genérico, a pesquisa aplicada se defronta com um problema concreto, no que diz respeito a predizer e/ou controlar comportamento específico. No contexto da psicologia ambiental, essa distinção faz ainda menos sentido do que em outras áreas da psicologia, pois quase toda pesquisa se orienta para um problema ou visa a ajudar na resolução de algo prático. É nesse contexto que se contribui para a teoria da psicologia ambiental. O modelo que é utilizado freqüentemente é o de pesquisa-ação, postura com a qual o pesquisador tenta contribuir, ao mesmo tempo, para a teoria e a prática da sua área (Sommer, 1977; 1987).

Sumarizando, as cinco características da psicologia ambiental de acordo com Fischer *et al.* (1984) são gestaltista, ecológica, interdisciplinar, multimetodológica e de pesquisa-ação. Tanto no primeiro como no segundo e no último item se mostra a influência das idéias de Kurt Lewin, como um dos pioneiros da psicologia da *Gestalt*, já chamando atenção para a inter-relação pessoa-ambiente e visando também à aplicabilidade na pesquisa-ação (Lewin, 1948; 1965).

Uma subárea de qualquer ciência, neste caso da psicologia, não se caracteriza apenas por seus pontos de vista particulares e preferências metodológicas, mas também, e até essencialmente, pelos assuntos e temas que estuda ou pretende estudar. Quanto aos temas abordados pela psicologia ambiental, uma leitura de recentes revisões da área (Craik, 1973; Holahan, 1986; Russell e Ward, 1982; Saegert e Winkel, 1990; Stokols, 1978, Sundstrom *et al.*, 1996) ou o índice do *Handbook of Environmental Psychology* (Stokols e Altman, 1987) mostram sua grande diversidade: a percepção e cognição do ambiente; o efeito do ambiente no comportamento; os ambientes diferenciados para crianças, jovens, adultos, trabalhadores; os ambientes específicos como as cidades; a construção de ambientes para obter determinados efeitos sobre o comportamento; as mudanças de atitudes, percepções e comportamento frente o ambiente; as mudanças e o planejamento do ambiente e a preservação do meio ambiente.

Diante da grande diversidade de temas na área, há quem afirme que a "psicologia ambiental não é uma subdisciplina integrada dentro da disciplina da psicologia. [Talvez] possa ser mais útil pensar em psicologia ambiental como uma federação de várias áreas de pesquisa ativa" (Darley e Gilbert, 1985: 949). Stokols e Altman (1987: 2) rejeitam, a nosso ver com razão, essa caracterização da área como ateórica, já que justificam a publicação do *Handbook of Environmental Psychology* pela "crescente ênfase em integração teórica e coerência". Por outro lado, e apesar da grande diversidade de temas, verificam-se nos livros-textos da área que um cânon mínimo de temas para a disciplina psicologia ambiental tem se desenvolvido. Gifford (1987) organiza-os em processos individuais (percepção e avaliação do ambiente, personalidade e ambiente), processos sociais (espaço pessoal, territorialidade, aglomeração, privacidade) e processos societais (comunidade, ambientes específicos, como trabalho, viagem, lazer, planejamento de ambientes apropriados e promoção ambiental/ecológica).

## Alguns objetos urbanos de estudo da psicologia ambiental

Diante da repetida afirmação de que a psicologia ambiental tem suas raízes não apenas na psicologia tradicional, mas em muitas outras áreas, tais como ergonomia, arquitetura, urbanismo, paisagismo, geografia social, sociologia urbana, biologia e meteorologia, é importante salientar um dos aspectos que distingue a psicologia ambiental das suas raízes, e constitui um dos elos entre suas vertentes: a atenção ao lugar, isto é, a localização do indivíduo diante dos elementos do seu ambiente.

Embora o significado psicológico do ambiente físico em larga escala seja conhecido desde os construtores das primeiras edificações monumentais e religiosas, o estudo sistemático do impacto psicológico do espaço começou na década de 1930, com os estudos de Hellpach (1924), Koffka (1935), Lewin (1936), Murray (1938), Brunswik (1943), Tolman (1948) e Chein (1954). Desde a década de 1960, sucessivas pesquisas confirmaram o caráter interdisciplinar dessa área que associa ambiente físico e comportamento humano nas interfaces com arquitetura e urbanismo, geografia, ecologia, antropologia, entre outras. Encontra-se além do termo *psicologia ambiental* denominações como *geosofia* (Wright, 1947), *topofilia* (Tuan, 1961, 1974), *psicologia ecológica* (Barker, 1968), *psicologia da arquitetura* (Canter, 1974) e *geografia comportamental* (Gold, 1980). O fato de diferentes áreas do conhecimento estudarem aspectos de um mesmo fenômeno utilizando uma multiplicidade de termos encaminhou a grande área para usar o termo *environment behavior research*, adaptável ao português como *pesquisa de ambiente – pessoa*, termo este que reflete a essência (não somente) da definição de psicologia ambiental.

As frentes de pesquisa em psicologia ambiental têm-se tornado amplas, ricamente conectadas com outras áreas disciplinares, crescentemente relacionadas a situações concretas e a aplicações que sejam efetivas na solução de problemas – e gerando ciclos de pesquisa-ação que se podem prolongar indefinidamente no tempo. Não parece preocupar a maioria dos pesquisadores em atividade que não haja um paradigma unificador que incida sobre a definição do objeto, do escopo metodológico, do estatuto epistemológico da psicologia ambiental – embora pertençamos a um partido de abordagens que enfatiza o estudo empírico da realidade, aplicando a cada corte da realidade um tratamento que é comum a várias ciências sociais e pode ser proveitoso para as "disciplinas fracas" da arquitetura e do urbanismo (Cousins, 1998).

O arquiteto assim como a arquitetura são importantes referências para a psicologia ambiental. O arquiteto é um agente de inegável importância para o projeto das cidades (deve-se ressalvar que nem todas as cidades, e nem todos os bairros e novos loteamentos, são projetadas por arquitetos). Seu papel é, eminentemente, de projetista de cidades e edifícios, ou, de modo mais geral e amplo, *concebedor* profissional de espaços construídos. A mera designação dessa tarefa já é matéria para a reflexão sobre a própria natureza dessa ordem de espaços, feitos por seres humanos e para seu abrigo, uso e prazer. Talvez os arquitetos se surpreendam em ser tratados como uma espécie de metáfora viva pelos psicólogos, mas eles de certo modo são exatamente isso, ao representarem a atividade humana organizada e conscientemente transformadora do ambiente (e como se isso não bastasse, com uma visão estética, econômica, política etc., do mundo!).

Dessa forma, quando o arquiteto é citado em estudos de psicologia ambiental – e muitas vezes é citado até mesmo como um de seus objetos de estudo –, há a possibilidade de se estar também a fazer referência a essa persistente (e moderna) metáfora que o arquiteto encarna: da transformação deliberada do ambiente, como resultado da ação humana historicamente consertada.

A tarefa do arquiteto parece ir-se tornando cada vez mais abrangente, sobretudo, na medida em que se vão descobrindo que as relações entre os seres humanos e o ambiente que os rodeia pode ser enormemente complexa, carregada de informações que ainda estamos aprendendo a interpretar, envolvendo trocas entre o modo pelo qual dispomos (isto é, modificamos e usamos) o ambiente e os nossos comportamentos. O estudo do ambiente gera conhecimentos que parecem ser de grande utilidade; ou, mais que isso, de necessária consideração, em alguns aspectos para o arquiteto e todos os demais envolvidos no projeto do ambiente criado pelo homem. Também as relações que o arquiteto mantém com o cliente, ou com a comunidade para a qual projeta, podem ser estudadas, pois não são tão óbvias e imediatamente acessíveis essas informações relacionadas à criação de um novo ambiente. E, finalmente, o modo pelo qual o arquiteto trabalha o problema do projeto (define, explora, busca e seleciona informações relevantes, associando-as e gerando novas informações que serão coordenadas num projeto) também pode ser estudado. Poderíamos dizer que o problema do arquiteto coloca três grandes conjuntos de frentes de estudos para a psicologia ambiental, envolvendo:

- processos relacionando comportamento e ambiente (como o espaço projetado e construído, em especial);
- processos psicológicos relacionados à interação entre arquitetos e usuários; e
- processos psicológicos relacionados ao próprio processo de projetação.

Esses conjuntos são propostos de forma apenas ilustrativa e provocativa, pois implicam objetivos e metodologias de pesquisa algo diferente para cada campo apontado, ainda que o trabalho do arquiteto acabe por coordenar conhecimentos e atividades que se dão desde o nível ambiental mais abrangente (considerada a sua clientela de projeto) até o próprio processo de concepção do projeto, de forma mais ou menos individual. Mas, como veremos, não se deve investir todas as fichas do investigador no profissional-arquiteto como centro reitor do processo de projetação do ambiente construído.

A psicologia ambiental tem pesquisado com maior ênfase o primeiro bloco anterior, o de problemas que relacionam aspectos comportamentais e do ambiente físico. No presente trabalho, enfatizamos a formação de uma agenda acerca do estudo dos problemas urbanos e na escala do território do Distrito Federal, deixando em segundo ou terceiro plano os também interessantes aspectos do projeto em escalas próprias à edificação individual, a pequenos espaços públicos, ao espaço pessoal etc.

Dentre os feixes de disciplinas que as áreas acadêmicas de arquitetura e urbanismo têm trabalhado efetivamente, na sua presente teoria e prática de ensino, o enfoque que se mostra mais próximo, no momento, de alguns interesses, objetivos e métodos da psicologia ambiental é o feixe de conhecimentos interdisciplinares, que se tem chamado de *conforto ambiental* – como uma dimensão evidentemente qualitativa da arquitetura, que vem sendo tratada por meio de enfoques ainda fragmentadamente quantitativos e apenas coligados por uma abrangência ambiental ainda muito limitada em seu impacto sobre a produção arquitetônica contemporânea. Mas ainda está longe o estágio de colaboração significativa entre essas áreas que constroem conhecimento acerca das múltiplas dimensões do espaço construído, dentre as mensuráveis e as aquilatáveis. Pode-se dizer que hoje são minoritários os esforços de introduzir em outro feixe disciplinas aplicadas (como o de projeto arquitetônico, urbanístico e paisagístico) aos conhecimentos que a pesquisa em psicologia ambiental tem gerado, o que é paradoxal, pois o projeto é a coluna vertebral dos estudos na formação do arquiteto. Disciplinarmente, o *conforto ambiental* ainda é um mosaico de contribuições de várias linhas de pesquisas originadas em laboratórios de psicologia, física, fisiologia etc., que ainda não apresenta uma teoria abrangente acerca dos fatores e processos que vão constituir essa qualidade ambiental que se quer alcançar pela arquitetura. Mas certamente é um dos mais promissores candidatos a pôr em cheque algumas das abordagens (vigentes e amplamente praticadas) do ensino de projeto arquitetônico que não utilizam os atuais instrumentos de pesquisa e o conhecimento que já se detêm sobre o usuário e as relações entre o espaço construído e o comportamento humano.

Essa é uma previsão intencionalmente provocativa: algumas das questões colocadas pela psicologia ambiental acerca da experiência que se tem do ambiente construído, tal como percebido / avaliado / valorado / manipulado pelo ser humano, podem vir a contribuir para que as pontes de empirismo abertas, em especial, pelo atual *conforto ambiental* permitam uma revolução no ensino do projeto arquitetônico. Também é perfeitamente possível que as disciplinas de projeto passem por uma renovação empírica antes que as novas configurações dos conhecimentos ambientalmente aplicados demonstrem a obsolescência dos métodos de ensino de projeto dedicados à formação do criador isolado, do genial demiurgo, que se dedica a inventar, mas não se interessa em controlar as próprias condições da invenção, para compreendê-la. Essa postura é denominada genericamente de *caixa-preta* da projetação e atinge muitas das áreas da criatividade (Jones, 1970). As abordagens proporcionadas pela pesquisa empírica acerca do usuário e os estudos sobre os processos de projeto participativo já são empregados no ensino e na prática profissional de alguns profissionais, há pelo menos três décadas, e são alimentados por dois conjuntos de métodos de análise que estão a merecer grande atenção de projetistas e psicólogos: a Pesquisa de Pré-Projeto e a Análise de Pós-Ocupação (Bechtel, 1996).

Finalmente, deve-se considerar o preconceito contra a própria psicologia por parte dos arquitetos e de pessoas de outras profissões que têm, dominantemente ou em parte, caráter técnico: para esses a psicologia é lembrada como uma série de intangibilidades, como uma discussão e um corpo de conhecimentos pouco confiável, pouco seguro e compreensível, que não se equipara e não pode ser usado consistentemente como se fora uma espécie de conhecimento técnico. A psicologia interessaria como ilustração, anedota ou como *cultura geral*, verniz, mas não parece claro – nesse preconceito, como poderia gerar alguma diferença para as condições e situações reais, tanto no que concerne ao projeto do espaço quanto à crítica da produção do espaço construído – o que os desequilíbrios ambientais "mudam" quando a psicologia entra em cena. E, num outro extremo, temos pessoas que demandam os psicólogos legitimamente, pois muitos não possuem ainda informações ajustadas ou atualizadas sobre essa área de conhecimento, que se tem transformado enormemente sobre aplicações realmente fantásticas da psicologia ambiental: perguntam se as cores realmente condicionariam as emoções, se a forma dos espaços influiria nos relacionamentos pessoais, se uma dada morfologia urbana (ou arquitetônica) restringiria ou estimularia inexoravelmente a vida pública (havendo até mesmo receitas semiquantitativas para o projeto da "boa cidade"), entre muitas outras curiosidades. De um certo modo, o senso comum busca respostas onde acha provável que se escondam, mas a ciência moderna constrói conhecimento pelo exame das afirmações do senso comum e das hipóteses e explicações tentadas por outros cientistas, e colocando-as à prova, pela observação, pelo experimento, pelo levantamento e comparação de dados. A verdade é que freqüentemente o senso comum é ludibriado por seus próprios preconceitos, prejudicando a compreensão da ação sobre a realidade. A realidade se mostra extremamente difícil de se fazer reduzida a algumas constatações genéricas, quando é estudada com o instrumental da ciência moderna. Mas é fundamental que as descobertas e contribuições feitas pela psicologia ambiental sejam apresentadas e aplicadas, de modo a convencer os técnicos – e de modo a introduzir mudanças em sua cultura profissional.

## Brasília como um objeto prototípico de estudos em psicologia ambiental

Brasília sempre se apresentou como um lugar de experimentos, desde seu projeto físico até as propostas de reorganização da administração pública federal. As pessoas têm enorme curiosidade acerca dos efeitos–sobre–as–pessoas gerados pelo projeto do Plano Piloto de Brasília, pela organização da habitação em grupos de superquadras, cujo chão seria amplamente acessível a todos os moradores e às pessoas que eventualmente a atravessassem, entre dezenas de outros aspectos movidos pela curiosidade (e pelas impressões) que a cidade desperta. A cidade sem esquinas, a cidade de enormes vazios, a cidade de monumentos frios, distante do mar, da aglomeração praiana, vivendo boa parte de sua consolidação sob (e, em parte, graças a) o jugo da ditadura militar de 1964/1985.

Essas imagens de Brasília não são necessariamente as mesmas compartilhadas pelas diversas gerações de brasilienses, nem são necessariamente as mesmas atitudes de compromisso com sua premissa inicial de organização e invenção urbana, de pioneirismo e de ocupação de uma nova fronteira dentro do próprio país. E não são as mesmas imagens que os urbanistas e administradores, ou os políticos e prefeitos de quadras, ou os membros do Ministério Público e os historiadores, ou os animadores culturais e os artistas de rua – entre tantos outros papéis e posições a partir dos quais as pessoas se expressam sobre Brasília –, têm em comum.

Há, hoje, diferentes imagens de Brasília – tema explorado, neste livro, pela arquiteta Lúcia Cony Cidade –, e vai nos interessar aqui a discussão de como o projeto da cidade e sua gestão se articulam em torno de abordagens que nos permitem explicar os processos de sua formação e evolução urbana. Esse tipo de explicação é enormemente abrangente e, em igual magnitude, exigente de pesquisas que permitam acompanhar as transformações por que passa essa cidade-experimento. Mas a curiosidade do senso comum sobre o efeito nas pessoas que as cidades, sobretudo as planejadas, têm e a pretensão de fazer as perguntas certas e de respondê-las corretamente não são destituídas de fundamento, embora as pessoas não se ocupem da transação que realmente ocorre na cidade, ou dos efeitos das pessoas sobre a cidade, ou, de um modo mais geral, sobre seu ambiente. Quando falamos de pessoas estamos, aqui, especialmente interessados em seu comportamento (como agem, como sentem, como compreendem, como escolhem, como vivem) e a melhor ciência disponível no momento nos diz que o comportamento e o ambiente se relacionam complexa e reciprocamente, envolvendo várias dimensões da existência humana e sua cultura material, em especial desses grandes, múltiplos objetos do artifício humano: as cidades.

Os estudos sobre a organização física dos assentamentos humanos, da ocupação humana dos espaços naturais transformados em espaços urbanos, do modo pelo qual a cultura, os conhecimentos científicos e as conjunturas políticas e econômicas contribuem para o projeto e para a forma que as cidades apresentam têm uma longa e respeitável história, que se confunde com a própria história e os avanços nas áreas do conhecimento como a arquitetura, a geografia, a sociologia, a antropologia, a economia, entre outras ciências humanas.

Nesse trabalho falaremos sobre o ingresso de mais uma outra área, a psicologia ou, mais especificamente, a psicologia ambiental, que vem estudando a relação entre ambiente físico e comportamento há algumas décadas, apresentando contribuições nascidas de trabalhos interdisciplinares que devem ser fomentados – e apresentados. Também nos interessa a manutenção de uma agenda aberta de pesquisas, em que tanto os atuais desenvolvimentos disciplinares que concorrem para os estudos ambientais como as iniciativas concretas para a solução de problemas são expostos e discutidos como instância crucial, para que possamos compreender e agir sobre os processos de transformação urbana (que não avisam como ocorrem, não vêm com bula ou guia do usuário, advertindo sobre o modo de usar instrumentos e procedimentos para controlá-los, nem dizem como ou quando vão parar, ou o que estão exatamente a transformar).

Günther e Rozestraten (1994) falam do ensino da psicologia ambiental centrado num objeto prototípico citando, a título de exemplo, a cidade de Brasília. Essa intenção simplesmente busca definir a cidade como um fundamental "laboratório" ambiental, mas o significado de prototípico aplicado a Brasília pode adquirir sua especificidade pelo fato de ser uma cidade especialmente projetada para sediar a capital da República brasileira. O fato de a cidade nascer de um projeto, e não de um processo de ocupação territorial gradual, acarreta interessantes aspectos à caracterização de Brasília como um protótipo de cidade moderna, bem como importa em problemas que apresentam poucos paralelos em outras cidades brasileiras e no resto do mundo. O projeto da cidade nasce de sua descrição pelo urbanista, que delineia importantes diretrizes de projeto urbanístico claramente voltadas a aspectos comportamentais, como quando Lúcio Costa (1957) fala do caráter geral da cidade:

> *Cidade planejada para o trabalho ordenado e eficiente, mas ao mesmo tempo cidade viva e aprazível, própria ao devaneio e à especulação intelectual, capaz de tornar-se, com o tempo, além de centro de governo e administração, um foco de cultura dos mais lúcidos e sensíveis do país* (introdução).

Ou quando se refere ao bem-estar das pessoas de diferentes classes sociais, numa referência à "gradação social, que poderia ser dosada facilmente", sendo que no caso das superquadras residenciais:

> ...o agrupamento delas, de quatro em quatro, propicia num certo grau a coexistência social, evitando-se assim uma indevida e indesejável estratificação. E seja como for, as diferenças de padrão de uma quadra a outra serão neutralizadas pelo próprio agenciamento urbanístico proposto, e não serão de natureza a afetar o conforto social a que todos têm direito (item 17).

São diversas as passagens em que Lúcio Costa expressa diretrizes que se referem às qualidades que deseja, autoralmente, ver contidas no ambiente construído da cidade. Cada uma dessas declarações, bem como cada uma das soluções efetivamente adotadas (e a proposta inicial de Lúcio Costa para o Plano Piloto de Brasília sofreu diversas modificações no próprio período de desenvolvimento do seu projeto urbanístico pela equipe da Novacap), é uma valiosa referência quanto ao extraordinário experimento de urbanismo modernista que é essa cidade.

Tanto no caso do Relatório do Plano Piloto de Lúcio Costa como nos demais episódios de projeto de outras nucleações urbanas do DF (como no caso do Gama, do Guará, de Ceilândia, de Samambaia, do Paranoá, de Águas Claras, de Santa Maria, do Recanto das Emas, do Riacho Fundo, dos Setores Sudoeste e Noroeste resultantes de um outro documento de Lúcio Costa, o Brasília Revisitada, de 1987, entre outros núcleos e expansões urbanas), há um rico conjunto de diretrizes formais e explicitadas consumadas como experimentos urbanos, as quais ainda estão à espera de estudos quanto a seu desempenho. Esse conjunto de diretrizes simplesmente não sai de moda, não podendo ser desprezado, tanto porque continua a orientar os projetos urbanos do DF como porque não tem sido oficialmente avaliado em termos de suas conseqüências como ambientes construídos que dão suporte à vida de sua população residente e da população que freqüenta, por vários motivos, a capital do país.

É pouco conhecido (ou refletido e estudado) o fato de haver várias gerações e clonagens de projetos modernistas elaborados após o Plano Piloto, para os demais nucleamentos e expansões urbanas de Brasília, as quais se mostram tão bem delineadas em termos de suas diretrizes de organização total da vida das comunidades quanto o projeto de Lúcio Costa (certamente não foi possível, em todos os casos, apresentar relatórios descritivos dos projetos vazados em tão boa prosa quanto a do principal urbanista). São consideradas realizações derivadas de projetos "menores", a maioria feita por equipes (ainda) anônimas do serviço público local, e não receberam o mesmo *status* de ambientes dignos de tombamento como Patrimônio Cultural da Humanidade (como ocorreu com o Plano Piloto, em 1987, em homenagem prestada com o apoio da Unesco), mas "são Brasília" e foram projetadas dentro do mesmo conjunto de princípios do urbanismo modernista, e formam uma unidade metropolitana na qual toma parte o Plano Piloto e as cidades goianas e mineiras do chamado *Entorno* do DF (Paviani, 1985; 1987; 1996). Essa é a metrópole projetada, fiel a uma genética de princípios de composição urbanística e de plástica arquitetônica, paradoxalmente fragmentada em sua expansão "quase-planejada".

Nessa ótica, Brasília é uma cidade que é criada e gerida a partir de sucessivos protocolos de intenções projetuais (numa continuidade e com uma consistência entre episódios de controle da projetação urbanística e da gestão do território sem paralelo nos casos das demais cidades brasileiras, mesmo nos seus mais estrondosos fiascos, como nas inopinadas criações de Taguatinga e do Núcleo Bandeirante, antes mesmo da inauguração do Plano Piloto), os quais são formulados por diferentes elencos de atores urbanos. Inicialmente temos a eclosão de uma idéia fundadora e de enorme pureza de princípios, que, ao longo de sua evolução nos últimos 40 anos, ainda articula parte desses protocolos projetuais, mas num processo em que surgem cada vez mais como respostas incrementais a demandas pela incorporação de mais território urbano e mais infra-estrutura que dê suporte ao crescimento da economia metropolitana. Essas demandas são ciclicamente represadas e aliviadas, sem que ocorra o planejamento a longo prazo de seu conjunto urbano – embora a maioria das gerações de projetos urbanos de Brasília, tal como nos referimos anteriormente, tenha como característica o total controle do uso do solo urbano e da própria morfologia das edificações e espaços públicos.

Tem-se assim uma curiosa associação entre uma forma largamente praticada de "projeto urbano total", que tudo prevê, ao qual nada escapa (mesmo na mais humilde das quadras habitacionais *econômicas*, ou destinadas aos estratos sociais mais pobres, no eufemismo brasiliense), e uma espécie de decaimento incrementalista, que permitiu a formação de um complicado e inorgânico mosaico de loteamentos ou *cidades-satélites* projetadas pelo próprio governo, até a atualidade. Passo a passo, cidade-satélite a cidade-satélite, expansão a expansão, cerca de 80% da população do DF foi sendo acomodada fora do Plano Piloto de Brasília. Cada um desses episódios de crescimento do tecido urbano ocorre sem que se faça a avaliação das diretrizes que orientaram o próprio Plano Piloto e cada uma das expansões urbanas que se sucedem. Essas diretrizes produziram até hoje milhares de hectares de áreas residenciais, áreas de trabalho e de comércio, áreas públicas e de lazer pela aplicação dos mesmos e não-avaliados princípios projetuais. Claro, isso deve ser associado à própria e deliberada abdicação enunciada pelo próprio Lúcio Costa, de impor a previsão da forma pela qual a cidade cresceria e seria planejada além do Plano

Piloto. Lúcio Costa declarou no início de seu Relatório do Plano Piloto de Brasília que o planejamento urbano se seguiria à implantação da cidade, pois:

> A liberação do acesso ao concurso reduziu de certo modo a consulta àquilo que de fato importa, ou seja, à concepção urbanística da cidade propriamente dita, porque esta não será, no caso, uma decorrência do planejamento regional, mas a causa dele: a sua fundação é que dará ensejo ao ulterior desenvolvimento planejado da região. (Lúcio Costa, 1957).

Essa foi uma decisão fundamental, que gerou enormes problemas, pois jamais ficou esclarecida com exatidão, pelo autor do Plano Piloto, como a ocupação do território do DF deveria ocorrer. O Plano Piloto de Lúcio Costa, além disso, apresentava-se como um grande objeto irrepetitível, único, uma reconhecida obra de arte, mas um imenso equívoco do ponto de vista da evolução da ocupação territorial, pois jamais se apresentou com clareza a solução para a sua expansão urbana acelerada e em crescente escala de impacto, seja territorial, seja ambiental. A cidade do projeto antecipador de um futuro grandioso se viu sem diretrizes de planejamento.

Resultou disso, em especial, que o padrão arquitetônico e urbanístico das chamadas cidades-satélites é claramente inferior àqueles criados para o Plano Piloto de Brasília, sem sua infra-estrutura de equipamentos culturais, sem áreas de lazer e espaços públicos dimensionados para esse contingente populacional majoritário e sem a presença de órgãos federais e regionais – e dos empregos e prestígio da administração pública federal –, numa contundente conjunção de desigualdades ambientais básicas, criada pela intervenção do próprio Governo do Distrito Federal (Bertone, 1987; Falcão e Andrade, 1987; Oliveira, 1987).

Essa diferença primordial entre o centro cerimonial da capital da República, definido pelo Plano Piloto e sua periferia, é uma importante dimensão qualitativa dessa estrutura ambiental urbana que é Brasília, e poderia ser indicada como uma das premissas iniciais para que se compreenda e analise várias dimensões da qualidade de vida urbana, como:

- a formação da identidade das sucessivas gerações de brasilienses, que *pertence* ou *não pertence* ou *também pertence* etc., a uma quadra, a um setor, a uma das cidades do sistema satelitizado de Brasília;
- os processos de segregação entre pessoas, atividades, significados atribuidos à sua origem, moradia, trabalho etc., considerando-se as relações entre os lugares dessa ainda pouco estudada geografia de estereótipos brasiliense;
- a avaliação de condições extremas de segurança pessoal e patrimonial en-

tre as várias localidades de habitação e trabalho, que ainda se sobrepõem a setorizações bem definidas de áreas de sugurança institucional e nacional, por ser este o território do DF;

- a acessibilidade a espaços públicos, edifícios públicos e às diferentes localidades da cidade (acessibilidade que é função de sua existência, de suas dimensões e equipamentos, de sua distância aos locais de moradia, trabalho e pontos nodais da rede de transportes, bem como de suas condições de manutenção e uso e em escala imediata de uso, da existência ou não de barreiras arquitetônicas);
- a adequação do projeto urbanístico ao uso por diferentes populações e atendendo à diversidade de necessidades que caracterizam a sucessão de gerações e seu convívio, sua renovação e amadurecimento (sobretudo quanto aos espaços de lazer e condicionamento de seu uso por crianças, idosos e adolescentes);
- a conservação e proteção dos recursos ambientais representados pela água potável, pela vegetação nativa, pelo solo, pelo ar, pelas espécies nativas e outros componentes e processos do ecossistema do cerrado (que sinalizam claramente a degradação ambiental, quando ela ocorre e se agrava).

Não deveria ser espantoso que o projeto modernista, ou, no caso de Brasília, o conjunto de princípios de projeto que foi aplicado ao urbanismo do Plano Piloto, e vem sendo aplicado até hoje nos seus setores oficiais de expansão, poderia promover elevado nível de qualidade de vida em todas as localidades de Brasília. Por que isso não ocorre? Em parte porque os mesmos princípios podem ser aplicados em diferentes composições (e até mesmo contraditoriamente, como no caso das "praças-terra-de-ninguém" em várias localidades da cidade) e há composições que, mesmo em face dos critérios mais simplistas, são de inferior qualidade de projeto, tendo um desempenho abaixo da média da família de composições que um feixe de princípios projetuais pode gerar. Em parte porque ocorre o truncamento burocrático nos projetos, no sentido de não haver a documentação das propostas, não haver avaliação do desempenho dos espaços com a participação (ou a observação) dos usuários, e o próprio poder público não possuir critérios consistentes de avaliação de projetos e problemas ambientais: como o Ministério Público, por exemplo, poderia defender os "interesses difusos" dos usuários dos espaços públicos urbanos sem compreender como e por que esses espaços podem ser de péssima qualidade e não atender às necessidades dos usuários?

## Uma agenda de pesquisa-ação: o caso de Brasília, a metrópole populista (1985-2002)

Como no caso de Brasília, as cidades planejadas têm sido objeto de muitas críticas, avassaladoramente negativas, e temos aqui a dificuldade de compreender a rápida rejeição de alguns dos produtos do planejamento modernista sem que se façam estudos abrangentes, que fundamentem e permitam a adoção de novos paradigmas. A crítica deve ter, sempre que possível, a responsabilidade de gerar soluções para os problemas que aponta. Princípios projetuais vão e vêm, são amplamente comemorados para em seguida serem amplamente difamados, e o comum neste outro fenômeno comportamental da elite dos planejadores é o consenso no elogio e na detratação, como se se tratasse de modismos e não, efetivamente, de princípios projetuais com enorme impacto na qualidade dos espaços construídos. De certo modo são mesmo modismos, na medida em que poucos dos modos modernistas e dos que vêm depois dos modernos de projetar as cidades contemporâneas têm sido examinados com rigor ou, pelo menos, com uma tolerável parcialidade, ou mesmo uma compreensível impaciência da crítica por resultados concretos (como em Faludi, 1973; Byrum, 1992; Krumholz e Clavel, 1994).

Nesse estado de coisas, as renovações que vêm ocorrendo no desenho urbano de cidades como Brasília ainda dependem em grande parte dos manifestos expressionistas de defesa da cidade (que podem revelar afeto, mas que também deveriam revelar capacidade de análise) e do carisma atribuído a alguns urbanistas que atuam como racionalidades externas à administração pública, solucionando impasses para as tecnocracias paralisadas por sua própria falta de instrumentação e conhecimento crítico, ou por incompetência (num senso estrito de não lhe competir), no jogo político, de interesses no reordenamento territorial, legitimando extensas transformações sem uma análise dos princípios que inexoravelmente produzirão os novos espaços urbanos em expansão.

Mesmo o carisma dos urbanistas é alvo fácil (como em Brasília há 40 anos de distância do grande momento de sua concepção) da manipulação de políticos habilidosos, que usam o seu prestígio para propelir suas próprias políticas de transformação territorial (Barreto, 1997). A história recente de Brasília tem mostrado a enorme fragilidade do discurso do urbanismo oficial, sobretudo quando esse discurso é ideológico, seja pela defesa intransigente dos valores que presidiram o projeto inicial da cidade, seja pela promoção de interesses de grupos econômicos empenhados em "quebrar a espinha" de Brasília, tornando o seu ordenamento territorial mais dócil à introdução de empreendimentos que não têm lugar no modelo oficial de organização territorial e urbana.

Também o modo pelo qual contamos a história da cidade está diretamente associado a nossos preconceitos sobre ela, a imagens que teimamos querer que ela tenha, e isso pode nos levar a sérios desencontros entre o que é imaginário e o que está ocorrendo na realidade. Certamente, a história (ou as histórias, surgindo e adquirindo maturidade de acordo com diferentes, contrastantes e mesmo contraditórios pontos de vista) da cidade é um dos aspectos menos óbvios do ambiente, mas sintetiza enorme volume de informações sobre o modo pelo qual temos construído o nosso próprio ambiente urbano. Uma das considerações que podemos fazer a esse respeito é que a história é extremamente adaptativa, é construída sobre fatos, mas, de forma seletiva, selecionamos fatos e escolhemos seus alinhamentos. No caso de Brasília, a história que se vai montando sobre seu urbanismo tanto oculta quanto mostra seletivamente conhecimentos cruciais para o reconhecimento (ou não) de sérios problemas ambientais urbanos. O mais grave é que não está nas mãos de sua população a possibilidade de alterar a perspectiva histórica que a condena a ser passiva, "candanga" e heroicamente ignorante das forças que a carregam, em favor de uma perspectiva que viabilize práticas dessa transferência de poder que existe – em potencial – no que chamamos de educação ambiental.

Há várias coisas acerca do modo pelo qual contamos hoje a história de Brasília que traem parte de nossas relações ambientais contraditórias. Um primeiro elemento é a sensível "ausência do presente e do cotidiano" nas perspectivas históricas em uso: o assunto preferido das abordagens relacionadas aos princípios urbanísticos da cidade está congelado no tempo, entre o Governo JK e o golpe militar, e os tempos atuais e as transformações havidas em sua urbanidade ainda não adquiriram sentido no universo simbólico de Brasília, capital. Um segundo elemento diz respeito aos episódios da consolidação da cidade no período da ditadura militar, que não foram até hoje esclarecidos satisfatoriamente (a esse período prefere-se explicar sucintamente com o argumento da sede geopolítica do poder, mas inúmeras ações de ajuste e mesmo de preservação do projeto urbanístico do Plano Piloto são totalmente ignoradas). Parece ser especialmente doloroso admitir que a consolidação da cidade deveu-se tanto a um regime autoritário, que essencialmente promoveu ações que preservaram e, em parte, valorizaram-na. Ainda está por ser estudada a ecologia da gestão militar da cidade, que entre 1964 e 1985 tomou importantes decisões quanto à organização territorial do DF e à consolidação do ambiente urbano do Plano Piloto e de outros núcleos urbanos de Brasília. Um terceiro elemento diz respeito ao período de democratização e autonomia política da cidade, iniciado em 1985, indo aos dias atuais, o qual revela uma impressionante incapacidade de adaptação do sistema de planejamento e gestão territorial às novas demandas ambientais. A idealização do passado parece ter tornado os desacertos presentes distantes e menos importantes, numa inversão perversa da perspectiva histórica da evolução urbana da cidade.

Desde o final dos anos 1980, até os dias atuais (2002), é notável a gestão populista do território do DF, caracterizada por uma certa racionalidade político-eleitoral que confronta e contradiz a racionalidade tecnocrática explicitada nos limites de sua ocupação, traçados em planos como o Plano Estrutural de Ordenamento Territorial (PEOT), de 1977. Outros planos que conservam a abordagem marcada pelo controle da ocupação territorial dada pelo PEOT são produzidos até 1985, quando surge a inesperada série de documentos de Lúcio Costa intitulada *Brasília Revisitada* (1985/1987), em que algumas *travas* urbanísticas à ocupação da bacia do Paranoá são removidas pelo próprio urbanista do Plano Piloto. O impacto liberalizante dessa revisitação ainda está por ser devidamente avaliado, mas foi fundamental para que a Bacia do Paranoá se tornasse ambiguamente área tombada e área modificável, um *status* territorial imprevisível até 1987 e contraditório, o que iria se refletir em medidas urbanísticas díspares ao longo dos governos democráticos a seguir.

Podemos dizer que, a partir de 1985, Brasília se expande como uma *metrópole populista*, em contraste ao período da cidade modernista (iniciado com a sua inauguração em 1960). A cidade populista é fruto de diversos acontecimentos, realmente inesperados, que se desdobram desde o fim do regime militar (1985), os quais têm os governadores do DF José Aparecido de Oliveira (indicado pelo ex-presidente Sarney para o período 1985-1987), Joaquim Roriz (indicado pelo ex-presidente Sarney para o período de 1987-1989, eleito governador para o período 1990-1994, novamente eleito governador para o período 1998-2002) e Cristovam Buarque (eleito governador, opondo-se a Roriz, para o período 1994-1998) como referências de atores de fundamental importância na redefinição do processo de ocupação urbana do DF, dada a forte centralização do poder de gestão urbana em seu Executivo, por todo esse período.

Embora a formação da metrópole populista esteja diretamente ligada ao jogo político encenado pelos governadores do DF, pelos deputados distritais eleitos a partir de 1990 e por vários setores da sociedade (e a diversidade e a emergência no cenário político de setores populares que até então eram excluídos são extremamente significativas), é possível lançar para o debate uma série de características do que seja esse período recente da evolução urbana do DF e dos municípios circunjacentes. Novas frentes de expansão e importantes transformações na morfologia da cidade vão ocorrer ao longo desse recente processo de autonomia política e de luta pelo solo no DF. Desejamos articular esse processo à nossa agenda comum, de cientistas sociais, de estudos da formação urbana atual de Brasília.

Para sumarizar o enorme volume de informações relacionadas a esse período de expansão populista de Brasília, podemos indicar os principais períodos de administração pública que assomam na fabricação da metrópole populista:

1985-1987: Primeiro governador do período democrático pós-regime militar, José Aparecido de Oliveira tenta restringir a ocupação da Bacia do Paranoá, e mesmo conter a migração para o DF, que sempre ocorrera, sendo Brasília um pólo de atração de migrantes;

1987: José Aparecido torna possível o reconhecimento do Plano Piloto de Brasília como Patrimônio Cultural da Humanidade, pela Unesco, mas torna-se insuportável a sua impopularidade (face a episódios como quando usou a polícia contra as invasões de terras públicas e deportou pessoas para os seus estados de origem no programa Retorno com Dignidade), o que causou sua queda, sendo substituído por um político da região nomeado pelo então presidente da República, José Sarney, o goiano Joaquim Roriz, que passa a adotar uma conduta política diametralmente oposta à de seu antecessor;

1987-1990: Roriz inicia a construção de significativa base popular de apoio, sobretudo por sua política de doação de lotes e tolerância face à invasão de terras públicas, intensificando-se a pressão de migrantes e as iniciativas de especulação com as áreas passíveis de urbanização do DF. A partir dos últimos anos da década de 1980, surgem os condomínios irregulares de classe média, que o governador Roriz tolera – e paulatinamente permite que se consolidem, em uma longa e deliberada falha na ação de fiscalização e controle territorial –, apesar de não terem sido planejados ou tecnicamente abonados, em sua origem, pelos órgãos oficiais de planejamento urbano do DF;

1990-1994: Criada a Câmara Legislativa do DF e sancionada sua Lei Orgânica Roriz é eleito governador, dando continuidade à sua política de expansão urbana, seja por meio de projetos saídos das pranchetas do governo, seja pela omissão face ao crescimento do conjunto de ocupações irregulares de terra pública (grilagem) e de loteamentos irregulares em terras privadas e públicas (Mallaguti, 1996).

1994-1998: É eleito, por meio de coligação de partidos de oposição a Roriz, o professor Cristovam Buarque, quando aparece pela primeira vez a imagem da formação do novo conjunto urbano de Brasília (mostrada neste livro no trabalho do geógrafo Rafael Sanzio dos Anjos), em que uma significativa constelação de invasões e condomínios de classe média até então invisíveis passa a ter sua existência oficialmente reconhecida. Contudo, Cristovam não apresenta soluções significativas para a demanda por solo urbano regularizado (ou para procedimentos de regularização que definam uma nova ordem territorial que detenha a ocupação territorial populista, envolvendo grileiros e grupos organizados de ocupação, que continua a se alastrar em seu governo). Por outro lado, é no período de Cristovam que surge a inovadora experiência do *orçamento participativo*, que busca estabelecer prioridades para obras públicas segundo a manifestação dos interesses dos setores organizados da comunidade (experiência ainda a esperar avaliação, que no entanto não foi especialmente exitosa);

1998-2002: Roriz é novamente eleito governador e dá continuidade ao processo de regularização dos condomínios feitos por especuladores, criando ainda vários novos setores de expansão urbana, num período em que o impacto ambiental dessa expansão é reconhecido através de indicadores significativos de deterioração ambiental (*Correio Braziliense*, 31/10/2000).

Para a agenda comum que pode ser lançada a partir das preocupações da psicologia ambiental, certamente será importante levantar alguns pontos que ambientalmente, mas sob o forte filtro das políticas governamentais e da imposição da escala regional, no caso deste trabalho, parecem ser provocativos e capazes de lançar os estudiosos a explicações de interesse comum:

- A cidade populista inicia sua aparição, em parte, com data e intenções bem determinadas, pelo desempenho intencionalmente contrastante de Roriz face a seu antecessor, José Aparecido de Oliveira, em 1987. Roriz buscou imediatamente o apoio popular pela distribuição de lotes, pela fixação dos grupos populacionais que se encontravam em situação de submoradia ou perpetrando a *invasão* (como se diz no DF acerca da ocupação ilegal de áreas por particulares, especialmente pessoas de baixa renda) de áreas públicas, e pela atração de migrantes, gerando novos setores nas cidades-satélites preexistentes, bem como criando rapidamente novas cidades-satélites e criando condições para que uma pressão migratória constante fosse mantida sobre o DF;
- A cidade populista também se deve, em parte, à democratização do DF, dado que a manutenção do ordenamento territorial previsto em planos como o PEOT (1977) e PDOT (1992, 1996) exigiria uma gestão urbana extremamente autoritária e capaz de impedir a invasão de áreas públicas, de conter a necessidade de incorporação de novas áreas urbanas para abrigar atividades econômicas privadas, e ainda conter a pressão migratória sobre o DF;
- A democratização do DF acarretou a emergência de novos *loci* de controle do ordenamento territorial, com a aparição de novas constelações de lideranças políticas em torno da máquina pública e em luta pelo controle da terra pública; são composições de poder sobre a ocupação territorial inusitadas e ainda em formação, em que o governador Roriz tem sido o grande responsável por dar permissão à abertura de uma enorme frente de ocupações de terras públicas e loteamentos privados, num longo episódio de grande liberalidade e renúncia fiscalizadora do governo local;

- Essa liberalidade parece não implicar em autonomia política das cidades do conjunto urbano de Brasília, pois as políticas populistas ocorrem pela transação direta entre o governador do DF e os setores da população que demandam seus favores, colocando-se a Câmara Legislativa ao serviço das políticas do Executivo distrital. A negociação dos interesses em jogo no processo de ocupação territorial sob Roriz é direta, sem a intermediação de grupos antagônicos organizados como os sindicatos de trabalhadores, mas com a intermediação de grupos conservadores, como no caso das organizações religiosas e empresariais, ou segundo práticas de formação de currais eleitorais nos novos assentamentos, coordenados por administrações regionais;
- Falamos de tempos tremendamente adaptativos e pragmáticos. O populismo corrente na década de 1990 no DF reduziu drasticamente as restrições à ocupação territorial, propiciando brechas na ordem territorial consolidada pela cidade modernista e permitindo a sua irreversível ocupação. Mas, em termos de desmonte da ordem, há ainda muito o que fazer, pois o Plano Piloto e o padrão de ocupação da bacia do Paranoá elevaram o ordenamento territorial a uma altura rara de ser atingida nas demais cidades brasileiras. O ordenamento modernista parece ser o oposto ao vernáculo, isto é, uma ordem territorial que exige uma gestão definitivamente autoritária. As investidas contra essa ordem são aceitas e aceleradas pelos governos populistas, instaurando-se a flexível, "libertadora" ordem da livre iniciativa de ocupação do território;
- Os defensores do tombamento não parecem defender a ordem urbana modernista, paradoxalmente, mas engalfinham-se na defesa de um grande objeto chamado Plano Piloto de Brasília; impressiona que admiradores de uma máxima realização do pensamento arquitetônico modernista não tenham até hoje articulado a defesa de princípios de ordenamento maiores, que atingem a sociedade e o território, parecendo não compreender a própria obra, seus valores – e problemas. A defesa do Plano Piloto como um objeto físico, como cenário, está fadada a duros golpes (como os que tem sofrido desde os primeiros ajustes da proposta de Lúcio Costa, ainda no final da década de 1950), pois sua intocabilidade depende de um modo de gestão territorial intrinsecamente associada à sua concepção urbanística. O problema é que esse modo de gestão é autoritário e pouco adaptativo, e as formas de ordenamento territorial das cidades em regimes democráticos são tremendamente adaptativas (ver Kelly e Becker, 2000), e devem abrir a possibilidade de ajuste às novas situações, de forma razoavelmente controlada. Em parte, isso existe nas políticas populistas de Roriz, que se tem

comportado de forma libertária e ambiguamente autoritária, sob o aspecto do controle territorial. É notável, no caso do DF, que esse governador se tornou o principal agente de mudanças no urbanismo da cidade, por aproximadamente uma década e meia. Comporta-se como um "libertador" e é um líder populista com traços de religiosidade carismática: é um fenômeno de liderança que merece mais estudos por se aproveitar politicamente da mesma estrutura de poder centralista e tecnocrática que foi criada para gerir autoritariamente o conjunto urbano de Brasília.

O espaço urbano produzido ocorre em duas frentes: a oficial, em assentamentos que obedecem, na maioria dos casos, aos mesmos princípios de ocupação determinados pelo PEOT (1977), com exceção de cidades como São Sebastião e Paranoá, e a frente irregular, em que loteadores ocupam áreas públicas ou dividem áreas privadas sem a autorização governamental, com projetos urbanísticos próprios e sem qualquer controle executivo de qualidade ou de observação de padrões da legislação ambiental, gerando dezenas de milhares de novos lotes urbanos em volta da bacia do Paranoá (para a classe média) ou em volta das bacias do rio São Bartolomeu e do rio Descoberto (menor renda); os municípios goianos e mineiros contíguos ao DF vêm tendo suas áreas rurais loteadas de forma acelerada, respondendo em parte pelas demandas decorrentes da pressão migratória dirigida à região;

Não está sendo feita a avaliação do efetivo impacto realizado por esse episódio de acelerada ocupação territorial do DF (que já se estende por mais de uma década), que, além disso, ocorre majoritariamente em áreas invisíveis, junto a faixas de nascentes e sobre solos frágeis ou de ocupação sujeita a riscos; a contaminação do lençol freático e os limites ao fornecimento de água potável são dois importantes conjuntos de fatores ambientais que devem gerar indicadores quanto à exaustão da corrida pela ocupação dos espaços de expansão urbana, formais ou informais.

A consolidação de condomínios e assentamentos irregulares amplia consideravelmente o perímetro urbano do conjunto de cidades de Brasília e é provável que enseje, continuamente, novos impulsos de crescimento pontuais, os quais, no seu somatório, contudo, podem vir a implicar no crescimento informal do conjunto urbano, auxiliado pelo já evidente colapso da capacidade e efetividade da fiscalização sobre a ocupação territorial do DF; questiona-se se esse crescimento informal, deixado a seu próprio desígnio, implicará em espaços públicos e privados que ensejem uma vida pública afluente e bem equipada; questiona-se se os custos sociais e financeiros necessários à manutenção desse padrão de crescimento majoritariamente informal (ao qual vimos chamando de formação da metrópole populista) serão suportáveis pela economia distrital.

Qual seria o caminho a tomar ? Haveria alternativa à formação da metrópole populista? Acreditamos que uma das práticas adotadas pelo governo do principal opositor a Roriz, Cristovam Buarque, referente ao debate participativo deveria necessariamente ser aprofundada, como forma de gerar soluções de um modo não-autoritário, que implicassem na participação ativa da população não apenas na tomada de decisões, mas em sua implementação e avaliação, num processo oposto ao politicamente alienante e ambientalmente impactante populismo que caracteriza a atual gestão democrática do território do DF. Num sentido profundo, o que se discute é a educação ambiental que permita novas ações e correlações de força entre comunidade, governo e a iniciativa privada nas transformações do território e do ambiente urbano de Brasília..

## A questão do projeto participativo

A abordagem que propomos discutir toma a avaliação continuada, pública e publicada, a longo prazo, dos projetos e dos espaços gerados pelo planejamento estatal ou pela inciativa privada como a mais importante base de orientação para o desenho urbano. A orientação pela avaliação é o paradigma, e não essa ou aquela grande solução de projeto. A avaliação deve estimular a formação de diversas teorias sobre a cidade, que exponham os nexos da constituição urbana desde os pontos de vista contraditórios que são colocados por diversos grupos sociais. Pode-se entender por processo participativo, no projeto urbanístico, os esforços de validação dos interesses que melhor representem as necessidades da comunidade, especialmente aqueles que são sub-representados na formação do ambiente construído, como no caso dos portadores de deficiências, dos idosos, das crianças e de outros grupos ambientalmente vulneráveis, envolvendo essencialmente o exercício do direito a um mínimo de qualidade de vida.

Em alguns casos de processos que envolvem a participação comunitária, é difícil compreender que o processo nominalmente participativo venha a atingir consistentemente alguns dos objetivos de projeto (face às necessidades de socialização e desenvolvimento individual, de formação da identidade, de elevação da segurança individual e dos grupos mais vulneráveis, de conforto ambiental etc.), se o projetista comporta-se de forma isolada formal e pontual, como um não-membro da comunidade da qual se extrai a participação legitimadora. Essa forma de alienação da comunidade, cuja participação é apenas legitimadora, pois não tem controle das forças de execução dos projetos feitos em seu nome e não é chamada a participar da gestão dos recursos ambientais criados à sua imagem, pode ter um custo ambiental (ou ambiental-comunitário) tão elevado quanto as soluções de projeto autoritário ou não-participativo. No presente enfoque, a participação da comunidade no projeto urbano ou, mais amplamente, na gestão ambiental também é legitimadora, mas é fundamentalmente um modo de conhecer problemas. Deve-se buscar a participação das pessoas não apenas porque elas dão um certo tipo de representatividade às elaboradas decisões da equipe de planejamento, mas porque a equipe de planejamento não conhece o conjunto de interinfluências em jogo nos problemas ambientais que forma a sua agenda de trabalho.

De um certo modo, o projeto embasado na participação comunitária como um novo paradigma de projetação também pode se transformar num novo modismo e mostrar-se tão ineficaz quanto o planejamento autoritário que caracteriza a gestão modernista do território, caso seja feito de modo superficial e não-avaliado, seja como um modo de geração de cenários, seja como forma de tomada de decisão em projetos urbanísticos (Hill, 1998).

Há uma questão de epistemologia do projeto envolvida: de um modo simples, o ambiente é algo que se sente, que se conhece, na pele. As equipes de planejamento, tal como as concebemos, buscam não se envolver com essa dimensão de *imergência* congênita à compreensão da questão ambiental, devido ao fundamentado temor de serem tragadas pela realidade das comunidades mais ameaçadas por desequilíbrios ambientais causados pela ação humana. O formalismo existente no nível do planejamento governamental provoca essa aporia ou aparente impossibilidade epistemológica, e mesmo que se tenha informação bem qualificada sobre os problemas ambientais desde o ponto de vista da comunidade, é provável que os setores de projeto simplesmente não consigam processar essas informações por meio de projetos que respondam a esses problemas.

A participação comunitária pode ser assim perfunctória e obedecer a apenas outro ritual burocrático, embora mais democrático na aparência. E parece não haver muitas saídas, pois a livre iniciativa na gestão territorial e urbana, na ausência dos departamentos governamentais de projeto urbanístico e controle do uso do solo, do poder estatal de controle e polícia, pode significar a emergência de situações em que o impacto ambiental (ou ambiental-comunitário) torna-se tão grave quanto o que resulta, a longo prazo, do planejamento governamental não-avaliado. Uma exemplificação disso é feita adiante, quando escrevemos sobre o não-projeto da cidade populista, no caso de Brasília.

Bonnes e Secchiaroli (1995) estudam modelos comportamentais aplicados à gestão ambiental que podem guiar estudos acerca das relações entre determinados atores, como os que vimos aludindo: a) os tomadores de decisão ambiental (institucionalmente em posição para decidir por meio da aprovação, promulgação, aplicação de normas, projetos e planos sobre o sistema ambiental em questão: são as autoridades locais – urbana, municipal, metropolitana, regional – ou nacionais); b) os técnicos ou expertos ambientais (que possuem competências ambientais específicas – pela preparação científico-disciplinar ou técnica: são os planejadores, arquitetos, engenheiros, pesquisadores e técnicos de várias ciências ambientais, geralmente chamados pelos tomadores-de-decisões para proverem de *know-how* e de propostas apropriadas que direcionem as decisões ambientais relacionadas); c) os usuários dos ambientes em questão (que ocupam o ambiente no sentido físico – vivem ou trabalham nele – ou num sentido normativo – são proprietários ou titulares do direito de uso).

Estudos já realizados sobre Brasília apontam, num passado recente, para a formação de abordagens da questão ambiental que enfatizam especialmente as relações entre tomadores de decisão e o estamento técnico (como Farret, 1985; Bicca, 1985) no ordenamento territorial ou na análise da natureza da ordem territorial subjacente à criação da nova capital. Apesar de a participação comunitária ter entrado em cena timidamente, como diretriz de formulação de algumas políticas e instrumentos decisórios públicos ao longo do período do governo de Cristovam Buarque (1994-1998) no Governo do Distrito Federal (GDF), temos que a gestão urbana de Brasília já envolve um painel de considerável complexidade face às suas abordagens de projeto urbanístico e quanto à acumulação de impactos ambientais sobre a qualidade de vida das comunidades urbanas.

Essas experiências de participação comunitária nas políticas ambientais num sentido amplo devem ser objeto de discussão mais aprofundada pois, ao atender aos seus papéis: a) legitimadores das políticas urbanas e b) fundamentadores dos conhecimentos necessários aos projetos e à gestão ambiental, também são um processo essencial para que ocorra a sustentação dos objetivos eventualmente atingidos, nas amplas plataformas de promoção da qualidade de vida urbana. E isso significa partilhamento de poder por instâncias representativas em níveis urbano, municipal, metropolitano e regional, em face das instâncias centralizadoras das decisões acerca da ordem ambiental no território.

## Conclusão

Devemos desenvolver uma nova teorização sobre Brasília, como experiência urbana modernista e, além, como forma urbana que pode vir a ser gerida democraticamente. Parece-nos que é crucial a contínua "reexplicação" da cidade, como informação essencial para sua gestão. Brasília é como uma tese de urbanismo em continuada defesa, sempre exigindo mais reflexão e novas referências, originada por uma abordagem inusitada, mas repleta de possibilidades de transformações positivas. Isso poderia se aplicar a muitas outras cidades, mas a questão é que a "tese inicial" desta cidade representou uma promessa de enorme avanço para o projeto das cidades, pelo menos para os estudiosos do urbanismo. Se, inicialmente, a explicação necessária se dedicasse a discutir como a cidade poderia ser transformada, como poderia manter níveis superiores de qualidade de vida urbana, precisaríamos agora de informações sobre como torná-la ambientalmente mais ajustada, envolvendo lado a lado a consideração de processos físicos e processos políticos de ação, mas do ponto de vista de seus cidadãos e usuários.

No nível da gestão territorial, as preocupações específicas da psicologia ambiental se confundem com as preocupações partilhadas pela geografia, pelo urbanismo, pela sociologia, pela economia e pela ciência política. Mas parece-nos especialmente importante a captura de explicações alternativas e complementares, aguçadas e baseadas na observação da realidade urbana, de modo a nos permitir ponderar e avaliar a qualidade ambiental segundo mais de uma ótica – ou pela ótica de todos os interessados. As medidas de maior importância para a cidade, neste ou em qualquer momento, deveriam considerar a gestão urbana como uma extraordinária oportunidade de educação ambiental, o que busca garantir, pelo menos, uma *tomada de consciência* ambiental. A situação ambiental gerada pela urbanização de Brasília contém fatores que não ocorrem nas demais cidades brasileiras, os quais guardam fortes contradições que afloram nos caminhos recentes de sua evolução urbana. Seus detratados princípios modernistas contêm, paradoxalmente, premissas ambientais de extraordinário valor as quais permitiriam a continuação do experimento modernista por meio de abordagens inovadoras de algumas notáveis diretrizes (como no tema das soluções do espaço de vizinhança, da liberação do solo, das radicais intervenções paisagísticas, entre outras). Mas o *experimento Brasília* nunca foi sistematizado e seus princípios de urbanismo não se tornaram parte da cultura popular, não existe um novo vernáculo brasiliense derivado do urbanismo modernista, e nem sua elite planejadora empreendeu um desenvolvimento renovado e atualizado dos fundamentos de projeto lançados pelo modernismo. E ressalve-se que os princípios modernistas de Lúcio Costa não continham o que hoje chamaríamos um modelo de relações entre o ambiente construído e o usuário do ambiente. No caso de Brasília, não há *resgate* a fazer de um tal modelo, pois ele não foi e nem está ainda formulado (seria esse o objetivo de nossa agenda). Aplicados de forma limitada, e circunscritos em suas mais originais e interessantes aplicações ao polígono consagrado do Plano Piloto de Lúcio Costa, esses princípios de urbanismo se tornaram dogmas de aplicação essencialmente burocrática pelo sistema oficial de planejamento urbano da cidade. O ambiente urbano assim gerado tem enorme impacto negativo, como espaços comunitários repletos de episódios de segregação de atividades e de populações. Contudo, há ainda várias oportunidades para novos pontos de partida no processo de requalificação e educação ambiental de sua comunidade, se um repertório brasiliense (mestiço de tradições populares e de tradições da vanguarda cosmopolita, como pode ser vista, num certo sentido, a linha de pesquisa exposta neste livro pelo arquiteto Luiz Alberto C. Gouvêa) puder adquirir espaço na prática de planejamento urbano da cidade. Nosso esforço de pesquisa aponta para o desenvolvimento de práticas participativas na projetação urbanística como forma de reduzir a distância entre o cidadão e o ambiente urbano em que ele vive, e criar um modelo de relações entre ambiente construído e usuário, de forma a dar uma nova direção ao *experimento Brasília* – hoje em franco processo de degradação.

## Referências bibliográficas

ALEXANDER, C. The city as a mechanism for sustaining human contact. *Transactions of the Bartlett Society*, [s. l.] 4, 1967, p. 50-61.

__________. *A pattern language. Towns. Buildings. Construction.* New York: Oxford University Press, 1977.

__________. "A City is Not a Tree". *In* JENCKS, Ch. e KROPF, K. (eds.). *Theories and manifestoes of contemporary architecture.* London: Academy Editions, 1997. (Originalmente, em Architectural Forum, abril de 1965).

BARKER, R. G. *Ecological psychology: concepts and methods for studying the environment of human behavior.* Stanford CA: Stanford U Press, 1968.

BARRETO, F. F. P. Dois urbanismos. *Ágora – Revista dos Servidores do Instituto de Planejamento Territorial e Urbano do Distrito Federal*, [s. l.]1, (1), 1997, p. 24-29.

BECHTEL, R. The paradigm of environmental psychology. *American Psychologist*, [s. l.], 1996, p. 1187–1188.

__________. *Environment and behavior: an introduction.* Thousand Oaks, CA: Sage, 1997.

Bell, P. A., et al. *Environmental psychology*. (4. ed.). New York: Harcourt Brace, 1996.

Bertone, L. F. "O estado e a urbanização do Distrito Federal". *In* Paviani, A. (org.). *Urbanização e metropolização: a gestão dos conflitos em Brasília*. Brasília: Editora da Universidade de Brasília, 1987.

Bicca, P. R. S. "Brasília: mitos e realidade". *In* Paviani, A. (org.), *Brasília: ideologia e realidade*. São Paulo: Projeto, 1985, p. 101–134.

Bonnes, M., Secchiaroli, G. *Environmental psychology: a psyco-social introduction*. London: Sage, 1995.

Broadbent, J. *Design in architecture: architecture and the human sciences*. London: Wiley, 1976.

Brunswik, E. Organismic achievement and environmental probability. *Psychological Review*, [s. l.], 50, 1943, p. 255–272.

Byrum, O. E. *Old problems in new times: urban strategies for the 1990s*. Chicago: Planners Press, 1992.

Canter, D. *Architectural psychology*. London: Royal Institute of British Architects, 1970.

Chein, I. The environment as a determinant of behavior. *Journal of Social Psychology*, [s. l.], 39, 1954, p. 115–127.

Cherulnik, P. *Applications or environment-behavior research: case studies and analysis*. New York: Cambridge U Press, 1993.

Cohen, S., Glass, D. C., e Singer, J. F. Apartment noise, auditory discrimination and reading habilities in children. *Journal of Experimental Social Psychology*, [s. l.], 9, 1973, p. 407–422.

Cohen, S. Environmental load and the allocation of attention. *In* Baum, A., Singer, J. E. e Valins, S. (eds.). *Advances in environmental psychology*. Hillsdale, NJ: Lawrence Erlbaum.

___________. After-effects of stress on human performance and social behavior: a review of research and theory. *Psychological Bulletin*, [s. l.], 88, 1980, p. 82–108.

COLEMAN, A. *Utopia on trial*. London: Hilary Shipman 1985.

COUSINS, M. Building an architect. *In* HILL, J. (ed.). *Occupying architecture: between the architect and the user*. New York: Routledge, 1998.

CRAIK, K. H. Environmental psychology: a core field within psychological science. *American Psychologist*, [s. l.], 51, 1996, p. 186-7.

CRAIK, K. H. "Environmental psychology". *New directions in Psychology* 4. New York: Holt, 1970, p. 1–120.

___________. "Environmental psychology". *Annual Review of Psychology*, [s. l.], 24, 1973, p. 403–422.

DARLEY, J. M., GILBERT, D. T. "Social psychological aspects of environmental psychology". *In* LINDZEY, G. e ARONSON, E. (eds.). *Handbook of social psychology*. (3 ed.). v. 2. New York: Random House, 1985, p. 949–991.

DOWNS, R. M. The cognitive structure of an urban shopping center. *Environment and Behavior*, [s. l.], 2, 1970, p. 13-39.

SILVA, M. L. F., ANDRADE, J. P. "A distribuição perversa de renda urbana do Distrito Federal". *In* PAVIANI, A. (org.). *Urbanização e metropolização: a gestão dos conflitos em Brasília*. Brasília: Editora Universidade de Brasília, 1987, p. 73–104.

FALUDI, A. *A reader in planning theory*. Oxford: Pergamon, 1973.

FARRET, R. L. "O Estado, a questão territorial e as bases de implantação de Brasília". *In* PAVIANI, A. (org.). *Brasília, ideologia e realidade: espaço urbano em questão*. São Paulo, SP: Projeto, 1985, p. 17–26.

FISHER, J. D., BELL, P. A., BAUM, A. *Environmental psychology*. (20. ed.) New York: Holt, Rinehart and Winston, 1984.

FODOR, E. *Better not bigger: how to take control of urban growth and improve your community*. Gabriola Islands, Canada: New Society Publishers, 1999.

FORESTER, J. *The deliberative practitioner: encouraging participatory planning processes*. Cambridge, MA.: MIT Press, 1999.

GIFFORD, R. *Environmental psychology: principals and practice*. Boston, MA: Allyn e Bacon, 1987.

___________. *Environmental psychology: principles and practice*. (2. ed.) Boston, MA: Allyn & Bacon, 1997.

GOFFMAN, E. *Behavior in public*. New York: Free Press, 1963.

GOLD, J. R. *An introduction to behavioural geography*. Oxford: Oxford U Press, 1980.

GÜNTHER, H., ROZESTRATEN, R. Psicologia ambiental: algumas considerações sobre sua área de pesquisa e ensino. *Psicologia: Teoria e Pesquisa*, [s. l.], 9, 1994, p. 107–122.

HALL, E. *The hidden dimension*. Garden City, NY: Doubleday, 1966.

HERSHBERGER, R. *Architectural programming and predesign manager*. New York: McGraw-Hill, 1999.

HILL, J. (ed.) *Occupying architecture: between the architect and the user*. New York: Routledge, 1998.

HOLAHAN, C. J. Environmental psychology. *Annual Review of Psychology*, [s. l.], 37, 1986, p. 381–407.

HOLANDA, F. R. B. "A morfologia interna da capital". *In* PAVIANI, A. (org.). *Brasília, ideologia e realidade: espaço urbano em questão*. São Paulo, SP: Projeto, 1985, p. 135–160.

ITTELSON, W. *Some factors influencing the design and functions of psychiatric facilities*. Progress Report. New York: Brooklin College, 1960.

JONES, C. *Design methods: seeds of human futures*. New York: Wiley, 1970.

KATES, R. W., WOHLWILL, J. F. (eds.). Man's response to the physical environment (Número especial). *Journal of Social Issues*, [s. l.], 22, 1966, p. 1–140.

KELLY, E. D., BECKER, B. *Community planning: an introduction to the comprehensive plan*. Washington, DC: Island Press, 2000.

KOFFKA. K. *Principles of gestalt psychology*. New York: Harcourt, Brace e World, 1953.

KOHLSDORF, M. E. As imagens de Brasília. *In* PAVIANI, A. (org.). *Brasília, ideologia e realidade: espaço urbano em questão*. São Paulo, SP: Projeto, 1985, p. 161–190.

___________. *A apreensão da forma da cidade*. Brasília: Editora Universidade de Brasília, 1996.

KOHLSDORF, G. R., CORDEIRO, L. A. Brasília: algumas especulações prospectivas. *In*. PAVIANI, A. (org.). *Brasília, ideologia e realidade: espaço urbano em questão*. São Paulo, SP: Projeto, 1985, p. 215–248.

KRETZMANN, J., MCKNIGHT, J. L. *Building communities form the inside out: a path toward finding and mobilizing a community assets*. Chicago: ACTA Publications / The Asset-Based Community Development Institute / Institute for Police Research of Northwestern University, 1993.

KUROKAWA, N., SHARP, D. (eds.) *From the age of the machine to the age of life*. Londres: BookArt, 1998.

LANG, J., *et al.* Emerging issues in architecture. *In* LANG, J. *et al* (orgs). *Designing for human behavior: architecture and the behavioral sciences*. Stroudsburg, PA: Dowden, Hutchinson e Ross, 1974, p. 3–14.

LAZARUS, R. R. *Psychological stress and the coping process*. New York: McGraw-Hill, 1966.

LEE, T. Urban neighbourhood as a socio-spatial scheme. *Human Relations*, [s. l.], 21, 1968, p. 241–267.

LEWIN, K. *Principles of topological psychology*. New York: McGraw-Hill, 1936.

___________. "Action research and minority problems". *In* LEWIN, K. (ed.). *Resolving social conflicts*. New York: Harper e Row, 1948.

___________. *Teoria de campo em ciências sociais*. São Paulo: Livraria Pioneira Editora, 1965. (Trabalho originalmente publicado em 1951).

LYNCH, K. *The image of the city*. Cambridge, MA: MIT Press, 1960.

MALLAGUTI, C. J. *Loteamentos clandestinos no DF: legalização ou exclusão?*. Programa de Mestrado em Arquitetura e Urbanismo da Universidade de Brasília/FAUUnB, Brasília, 1996.

MAYO, E. *The human problems of an industrial civilization*. New York: Macmillan, 1933.

MCANDREW, F. T. *Environmental psychology*. Pacific Grove, CA: Brooks Cole, 1993.

MURRAY, H. A. *Explorations in personality*. New York: Oxford U Press, 1938.

NEWMAN, O. *Defensible space: crime prevention through environmental design*. New York: Macmillan, 1972.

OKAMOTO, J. *Percepção ambiental e comportamento: visão holística da percepção ambiental na arquitetura e comunicação*. São Paulo, SP: IPSIS, 1997.

OLIVEIRA, M. L. P. "Contradições e conflitos no espaço de classes: centro versus periferia". *In* PAVIANI, A. (org.). *Urbanização e metropolização: a gestão dos conflitos em Brasília*. Brasília: Editora Universidade de Brasília, 1987, p. 125–144.

ORNSTEIN, S., ROMÉRO, M. *Avaliação pós-ocupação do ambiente construído*. São Paulo: Studio Nobel/EDUSP, 1992.

PAPANEK, V. *Design for the real world: human ecology and social change*. New York: Pantheon, 1971.

PAVIANI, A. "A metrópole terciária". *In* PAVIANI, A. (org.). *Brasília, ideologia e realidade: espaço urbano em questão*. São Paulo, SP: Projeto, 1985, p. 57–80.

__________. "Periferização urbana". *In* PAVIANI, A. (org.), *Urbanização e metropolização: a gestão dos conflitos em Brasília*. Brasília: Editora Universidade de Brasília, 1987, p. 33–50.

__________. "A realidade da metrópole: mudança ou transformação na cidade?". *In* PAVIANI, A. (org.). *Brasília: moradia e exclusão*. Brasília, DF: Editora Universidade de Brasília, 1996, p. 213–229.

RIO, V., OLIVEIRA, L. *Percepção ambiental: a experiência brasileira*. São Paulo, SP: Nobel, 1996.

ROWE, C., KOETTER, F. *Collage city*. Cambridge, MA: MIT Press, 1978.

RUSSEL, J. A., WARD, L. M. Environmental psychology. *Annual Review of Psychology*, [s. l.], 33, 1982, p. 651–688.

SAEGERT, S., WINKEL, G. H. Environmental psychology. *Annual Review of Psychology*, [s. l.], 41, 1990, p. 441–477.

SAARINEN, T. F., SEAMON, D., SELL, J. L. *Environmental perception and behaviour*. Research Paper 209. Department of Geography. University of Chicago. Chicago, 1984.

SOMMER, R. *Personal space: the behavioral basis of design*. Englewood Cliffs, NJ: Prentice-Hall, 1969.

___________. *Design awareness*. San Francisco, CA: Rinehart, 1972.

___________. "Action research". *In* STOKOLS, D. (ed.). *Perspectives on environment and behavior: theory, research and application*. New York: Plenum, 1997, p. 195–203.

___________. *Social design: creating buildings with people in mind*. Englewood Cliffs, NJ: Prentice Hall, 1983.

___________. An experimental investigation of the action research approach. *Journal of Applied Behavioral Science*, [s. l.], 23(2), 1987, p. 185–199.

STOKOLS, D. Environmental psychology. *Annual Review of Psychology*, [s. l.], 29, 1978, p. 253–295.

___________. The paradox of environmental psychology. *American Psychologist*, [s. l.], 50, 1995, p. 821–837.

STOKOLS, D., ALTMAN, I. (eds.). *Handbook of environmental psychology*. (2. v.). New York: Wiley, 1987.

SUDSTROM, E. *et al.* Environmental psychology, 1989 – 1994. *Annual Review of Psychology*, [s. l.], 47, 1996, p. 485–512.

TOLMAN, E. C. Cognitive maps in rats and men. *Psychological Review*, [s. l.], 55, 1948, p. 189–208.

TRANCIK, R. *Fiding lost space: theories of urban design*. New York: van Nostrand Reinhold, 1986.

TUAN, Y. F. Topophilia. *Landscape*, [s. l.], 11, 1961, p. 29–32.

___________. *Topophilia: a study in environmental perception, attitudes and values*. Englewood Cliffs, NJ: Prentice-Hall, 1974.

VEITCH, R., ARKKELIN, D. *Environmental psychology: an interdisciplinary perspective*. Englewood Cliffs, NJ: Prentice Hall, 1995.

WRIGHT, G. Terrae incognitae: the place of imagination in geography. *Annals of the Association of American Geographers*, [s. l.], 37, 1947, p. 1–15.

# Qualidade ambiental, imagem de cidade e práticas socioespaciais

Lúcia Cony Faria Cidade

O avanço do capitalismo na era da informação, longe de dissolver as tendências desse sistema ao desenvolvimento desigual, tornou-as ainda mais agudas. Ainda que não exclusivo das metrópoles contemporâneas, o contraste entre afluência e pobreza é uma de suas marcas mais visíveis. Esse estigma é ainda mais evidente nas grandes cidades do capitalismo periférico, onde a qualidade de vida é altamente diferenciada segundo os grupos sociais. Uma das formas de mascarar a extensão da desigualdade é veicular a idéia de que o ambiente urbano – como um conjunto de condições externas ao indivíduo, naturais ou construídas, no espaço da cidade –, por ser um bem público, é igualmente acessível a todos. Como representação coletiva das qualidades de uma cidade e de seu ambiente, a imagem pode ser construída e disseminada para alimentar uma ideologia igualitária, tornando-se veículo de uma consciência de aparente eqüidade. Em Brasília, denominação pela qual é conhecido o Distrito Federal (DF) brasileiro, também adotada neste texto, o uso da imagem como instrumento de gestão do território tem-se mostrado recorrente, reforçando essa prática de poder no espaço.

Ao longo de quatro décadas, representações da cidade criadas por atores hegemônicos sofreram modificações, mas sua eficácia na busca de legitimação de políticas públicas profundamente excludentes parece clara. O uso de imagens destacou-se desde os primeiros anos da implementação da cidade, assegurando apoio político para a transferência da capital; manteve-se atuante na fase de consolidação, apoiando o desenvolvimento do aglomerado nos moldes dualistas do capitalismo periférico; e aperfeiçoou-se na fase de expansão, facilitando a ocupação lucrativa de terras de baixo custo dentro e fora dos limites do DF.

Em Brasília, como em outras grandes cidades, no entanto, imagens construídas artificialmente tendem a confrontar-se dialeticamente com imagens do real, representado pelo cotidiano de seus habitantes. De fato, a população, em seu dia-a-dia, vivencia disputas inerentes à apropriação privada de lucros na expansão do tecido urbano em território valorizado por investimentos públicos. Assim, pode-se supor que a percepção da sociedade, longe de compartilhar de mistificações ideológicas de um ambiente urbano supostamente igualitário, capta conflitos reais. A imagem ambiental percebida seria assim capaz de reconhecer a contradição, dando margem a novos comportamentos sociais no território – novas práticas socioespaciais. Em que medida isso realmente ocorre é objeto desta discussão.

Algumas questões são básicas para aprofundar a compreensão da dinâmica em debate: Qual o papel da imagem de cidade na produção do espaço no DF? Qual a correspondência entre ações sobre o território e a imagem construída da organização espacial resultante? Qual a correspondência entre as imagens criadas e a percepção do ambiente vivido na cidade? Em que medida a imagem resultante de práticas socioespaciais reflete-se de volta para realimentar essas práticas? Observe-se no entanto que, como uma abordagem preliminar, a pesquisa que fundamenta esta discussão tencionou apenas propor uma reflexão sistemática sobre algumas inquietudes despertadas pelo tema.

Em uma perspectiva ampla, este trabalho pretende contribuir para a compreensão do papel da imagem na organização territorial urbana. De maneira mais específica, o estudo tem como objetivo analisar a congruência entre ações de gestão do território e imagens construídas para representar o ambiente urbano decorrente dessas ações. Avançando um pouco mais, o trabalho almeja identificar relações entre imagem ambiental urbana construída e imagem de fato percebida. A análise pretende também ajudar a compreender o papel da imagem percebida na conformação de práticas socioespaciais no DF.

A pesquisa utilizou informações disponíveis na ampla literatura sobre Brasília, organizando-se segundo períodos desde a construção da capital até os dias de hoje. Adota um quadro interpretativo que enfatiza, em cada período, o contexto socioeconômico relevante para a compreensão do processo abordado; ações de gestão do território e seu reforço por meio da criação de imagens; e resultados, sob a forma de imagens percebidas e sua relação com práticas socioespaciais dinâmicas.

Para apoiar a compreensão dos processos analisados, o texto inclui comentários teóricos sobre o uso da imagem em estudos urbanos. Procura, ainda, bases para o entendimento das relações entre percepção ambiental e comportamento, em seus aspectos sociais. Buscando incorporar a ótica do sistema explicativo delineado, o texto analisa, em seguida, aspectos da evolução urbana de Brasília evidenciando o papel da imagem de cidade enquanto instrumento de gestão do território. Em cada período, é possível identificar um padrão no qual a imagem criada pelo governo ou por grupos de interesse atinge atores externos mas apresenta-se diferente da imagem percebida por segmentos da população local. O trabalho procura, ainda, sugerir que, enquanto interesses privados definem modificações no uso da terra sem se submeter a uma regulação efetiva, a imagem percebida retroage sobre essas práticas. O processo pode estar reforçando uma organização territorial com elevados custos sociais e depredação ambiental.

Este texto, embora explicite processos socioespaciais que reproduzem a desigualdade, pretende evitar a expectativa ingênua de um Estado capitalista voltado para o bem comum que atenderia igualmente as demandas de diferentes grupos sociais. Naquela visão, o não preenchimento dessas demandas se daria principalmente em virtude das supostas disfunções da máquina governamental. Na visão aqui adotada, as políticas públicas articulam-se em graus variados a interesses de acumulação capitalista, buscando também a necessária legitimação junto às classes populares. O que se pretende explorar nesta análise são diferenças entre um discurso que, por vezes, adquire cunho ideológico e a prática das ações governamentais.

As práticas socioespaciais que delinearam o crescimento da metrópole se formaram sob a égide de um modernismo, para uns, inadequado em essência ou, para outros, não plenamente realizado, mas sempre original. Apesar dessa pretensão, torna-se cada vez mais evidente que processos aparentemente típicos do aglomerado brasiliense são comuns a outras grandes cidades do mundo subdesenvolvido. O que torna essa dinâmica particular é a convivência de um discurso e de uma imagem de cidade que pretendem promover uma ideologia igualitária, mesmo diante de uma prática claramente antagônica a essas pretensas aspirações. Para melhor compreender os processos envolvidos, segue a busca de modelos explicativos.

## Imagem ambiental, experiência de vida e práticas sociais: notas teóricas

Diversos estudos abordam o papel da imagem e suas implicações. Em 1956, em obra que se tornou referência sobre o tema, Kenneth Boulding estabeleceu bases para compreender a dinâmica de formação e o uso da imagem segundo diferentes perspectivas. O conceito de imagem adotado pelo autor aproximava-se da idéia de conhecimento sem, no entanto, implicações de validação ou de verdade. A imagem tomava as características de um conhecimento subjetivo (Boulding, 1969: 5-6).

A abordagem da imagem na perspectiva de sua relação com o espaço enriqueceu o pensamento fenomenológico. Em 1958, Gaston Bachelard publicou na França estudo sobre o tratamento do espaço na poesia, no qual fez extensivo uso da imagem, considerando-a como criação, uma cooperação entre "o real e o não-real" (Bachelard, 1972: 59). O filósofo acentuava a importância da imagem, afirmando que o "homem vive por imagens" (*op. cit.*: 109). Considerava que uma mente crítica não aceitaria imagens não condicionadas e um realista sentiria a necessidade de confrontá-las com a realidade (*op. cit.*: 117). Para Bachelard, no entanto, que privilegiava a divagação, o problema era discutir as imagens como uma pura e livre imaginação (*op. cit.*: 225).

Em 1960, Kevin Lynch apresentou trabalho que se tornou um marco, no qual considerou a imagem ambiental como um dos aspectos atinentes ao espaço urbano. Considerava que as imagens ambientais eram o resultado de um processo de duas mãos entre o observador e seu ambiente. O autor definiu imagens públicas como "as figuras mentais compartilhadas por amplo número dos habitantes de uma cidade: áreas de concordância cujo aparecimento pode ser esperado na interação de uma única realidade física, uma cultura comum e uma natureza fisiológica básica" (Lynch, 1971: 7). Considerou que uma imagem ambiental pode ser analisada segundo três componentes: identidade, estrutura e significado. A identidade seria a capacidade de identificação de um objeto em sua distinção de outras coisas, como uma entidade separada; a estrutura corresponderia à relação espacial ou de padrão do objeto para o observador e para outros objetos; o significado expressaria uma relação prática ou emocional entre o objeto e o observador (*op. cit.*: 8). Devido à complexidade de uma abordagem sobre o significado da imagem, o autor desenvolveu a pesquisa abordando os dois primeiros aspectos.

No Brasil, o papel da imagem ambiental urbana tem sido abordado por diferentes estudos, segundo variadas perspectivas (Kohlsdorf, 1985; Machado e Magalhães, 1985; T. Egler, 1995; Silva, 1995; Monteiro, 1996; García, 1996; García, 1997; Souza, 1997; Barreira, 1998; Cidade, 2000). Esses estudos sugerem, em maior ou menor grau, uma relação entre qualidade de vida e qualidade do ambiente. Mais do que isso, torna-se claro que a qualidade de vida está ligada não apenas aos atributos do ambiente, mas também à percepção que as pessoas têm dessas características.

A psicologia ambiental, área de conhecimento que busca relacionar comportamento e ambiente, apresenta linhas diferenciadas. Em um extremo, está a posição que considera que o comportamento é determinado por causas internas, basicamente por características herdadas, sofrendo pouca influência do ambiente. Em uma faixa intermediária, está o grupo que considera que o comportamento está sujeito a variações, sendo fruto de interações entre a personalidade do indivíduo e a situação imediata. Na outra ponta, está a linha que considera que causas exteriores influenciam de forma preponderante o comportamento. A situação ambiental imediata seria a influência mais importante no comportamento (Krasner, 1980: 27). Outras linhas acreditam em uma relação complexa entre ambiente e comportamento, sendo o processo interativo e não apenas unidirecional (Pomeranz,1980: 66).

Para a sociologia comportamental, a percepção serviria de veículo para a construção de uma imagem ambiental. Um dos pressupostos dessa linha de pensamento é o de que a imagem de um ambiente influencia o comportamento das pessoas relativo àquele ambiente. Da mesma forma, imagens compartilhadas influenciarão o comportamento e as práticas sociais (Ledrut, 1973: 21-22). Esses, por sua vez, produzem efeitos que se refletirão em uma nova imagem de cidade. O processo, por meio dessas alimentações e realimentações, seria então contínuo, produzindo modificações no ambiente e na própria sociedade.

Pressupõe-se, neste trabalho, que processo semelhante ocorre em um ambiente urbano, ligando qualidade de vida, qualidade do ambiente, imagem ambiental e comportamento. As condições que atuam na formação e percepção de uma imagem de cidade levariam a possíveis relações dessa imagem com o comportamento e também com práticas sociais. Assim, a percepção de que áreas públicas pertencem igualmente a todos os cidadãos e de que os equipamentos urbanos são igualmente acessíveis a todos levaria à formação de uma imagem de pertinência igualitária. Em linhas gerais, esse tipo de imagem contribuiria para a formação de práticas socioespaciais que privilegiassem o benefício público, refletindo a consciência de cidadania.

Por outro lado, a imagem ambiental pode ser construída com fins ideológicos, promovendo uma falsa consciência sobre ações de gestão do território cujas intenções não sejam visíveis de imediato. No entanto, quando há uma grande diferença entre discurso governamental e ações efetivamente praticadas, a população acaba percebendo. Possíveis dissonâncias com o real tendem a ser percebidas por camadas sociais que vivenciam a cidade e sua dinâmica de forma direta. Tende a estabelecer-se uma disjunção entre a imagem criada pelos centros de poder e a imagem percebida pela população. Essa ruptura poderia, por sua vez, contribuir para reforçar comportamentos individualistas. Assim, nas relações com o ambiente urbano, o interesse privado tenderia a prevalecer sobre o interesse público.

Diversos autores têm estudado Brasília utilizando diferentes divisões temporais (Anjos, 1995; Campos, 1988; Ferreira, 1985; Gouvêa, 1991; Paviani, 1985; Penna, 1991; Steinberger, 1999). A periodização adotada nesta pesquisa busca manter coerência com propostas anteriores, adaptando-as, no entanto, à perspectiva adotada. Refletindo mudanças de políticas públicas, inevitáveis com trocas de governantes, as fases escolhidas coincidem aproximadamente com o início e final de alguns mandatos presidenciais e de governantes locais. Observando também a dinâmica do desenvolvimento da capital, a análise se faz segundo os seguintes períodos: Implementação, de 1956 a 1969; Consolidação, de 1970 a 1985; e Expansão, de 1986 a 2000.

## Qualidade ambiental e imagem de cidade na fase de implementação de Brasília

O que marca todas as fases da evolução urbana de Brasília é a diferença entre discurso governamental e ações efetivas de gestão do território; é a dissonância entre imagem construída e imagem percebida pela população como decorrência de sua experiência vivida. A elevada qualidade de vida da população e a excelência do ambiente urbano têm sido divulgadas como ao mesmo tempo raras no país e características acessíveis a pessoas que vivem na capital brasileira. Os resultados aparecem sob a forma de uma organização territorial aparentemente planejada para o bem público e na prática executada sob a égide de interesses privados. A tensão entre o discurso e a prática surge ainda na fase de implementação, durante a construção da cidade, quando o uso da imagem tem papel importante. Inicia-se a dissonância entre a imagem criada pelo governo e a realidade percebida pela população.

### *Contexto econômico, social e político na fase de implementação*

A fase de implementação estendeu-se de 1956 a 1969. Seu início coincidiu com o início do mandato do presidente Kubitschek e com o aprofundamento da substituição de importações, base da implementação de um projeto desenvolvimentista para o país. Em 1964, iniciou-se o ciclo autoritário, que completou o aprofundamento da substituição de importações e a integração do país ao modelo fordista de produção e consumo (Cidade, 1999a: 226). O período caracterizou-se pela emergência da indústria e pela desestruturação das relações de produção no campo, tendo como conseqüência o aumento das migrações internas e a elevação do grau de urbanização do país.

Após a inauguração, o DF foi governado por prefeitos nomeados; o primeiro dos quais foi Israel Pinheiro (1960-1961) e o último Wadjô Gomide (1967-1969). As principais cidades do país localizavam-se ainda no litoral ou em suas proximidades. Enquanto isso, o interior era isolado da rede urbana principal, formando com a floresta amazônica um vasto território desocupado. A transferência da capital, do litorâneo Rio de Janeiro para o interior de Goiás, permitiria abrir o interior do país para a nova fase de desenvolvimento da economia.

Como a mudança contrariava interesses estabelecidos, Brasília, antes mesmo de ser construída, cercou-se de polêmica (Kubitschek, 1975: 5). Os obstáculos para a transferência da capital provocaram a necessidade de apoio político e popular. Articulando-se com base em alianças políticas, Kubitschek não só conseguiu construir a nova capital em tempo recorde, três anos e dez meses (*op. cit.*: 48), mas também inaugurá-la em 21 de abril de 1960 e transferir para ela o aparato governamental, de forma irreversível. Refletindo diferentes composições políticas, após 1961, o interesse dos governos subseqüentes em dar continuidade à implementação da capital não foi o mesmo. Ainda assim, o crescimento acelerado da população, constituído principalmente por migrantes à procura de trabalho na construção civil, foi característico dessa fase.

### *Ações de gestão do território e a imagem construída na fase de implementação*

Para cumprir seu papel de símbolo de um novo mundo, a nova capital obedeceu a um Plano Piloto, resultado de concurso público do qual o vencedor foi Lúcio Costa. A área que se tornou conhecida também como Plano Piloto foi projetada e construída em sintonia com parâmetros elevados de qualidade de vida e de qualidade ambiental. O Plano transformou-se em uma das faces mais conhecidas da aplicação do planejamento modernista. Privilegiando uma ótica racionalista, o urbanismo modernista carregava a pretensão utópica de que o desenho urbano poderia suscitar comportamentos sociais igualitários, em particular o acesso a serviços coletivos (Hall, 1988: 249).

O Estado foi o principal agente na estruturação do espaço na nova capital; seu papel era de "planejador, promotor, construtor, financiador e proprietário do solo urbano e rural". (Silveira, 1999: 147). Para assegurar o monopólio do Estado sobre a terra, foram iniciadas desapropriações. Em contraste com o racionalismo do Plano Piloto, destinado principalmente a funcionários públicos, a Companhia Urbanizadora da Nova Capital (Novacap), criada em 1956, assentou migrantes pobres em cidades-satélites, antes mesmo da inauguração da cidade.

A primeira ruptura com a racionalidade modernista utópica foi a expansão não planejada do tecido urbano, por meio da criação das cidades-satélites, para abrigar os migrantes pobres. Separado do Plano Piloto, o Núcleo Bandeirante recebeu trabalhadores da construção e pequenos comerciantes, antes mesmo da inauguração da capital. Kubitschek nota que, no início de 1957, seis meses após o início dos trabalhos de abertura do cerrado, a então chamada Cidade Livre já contava com 5 mil habitantes (Kubitschek, 1975: 76).

Uma vez que no Plano Piloto não havia espaço para favelados, Paviani e Barbosa apontam que, para dar conta do crescimento espontâneo, que havia fugido ao controle, a saída foi criar novos núcleos, como Taguatinga, em 1958 (Cf. Paviani, 1985: 65). Esses núcleos, cuja provisão habitacional era caracterizada pela autoconstrução, com o tempo receberam serviços públicos essenciais. Os padrões urbanísticos, contudo, não estavam à altura da suposta democracia desenvolvimentista que se pretendia inaugurar. O crescimento populacional acelerado que se seguiu aos primeiros anos contribuiu para o aumento das cidades-satélites e para a expansão periférica da capital. A criação de cidades-satélites resultou em níveis altamente diferenciados de qualidade de vida e de qualidade ambiental.

Em contraste com ações de gestão do território que se caracterizaram pela separação dos habitantes, segundo critérios institucionais e faixas de renda, a construção da cidade, em tempo mínimo, cercou-se de mitos que envolviam a igualdade entre os que nela trabalhavam, a eficiência e o compartilhar de um sonho. O presidente Kubitschek considerou que Brasília teve seu nascimento marcado pela "comunhão social", recebendo também a proteção divina. (Kubitschek, 1975: 79).

A imagem de cidade divulgada na época era a de uma capital modelar que representaria o ingresso do país em nova era de desenvolvimento. Os objetivos da construção da capital, explicitados por Kubitschek, estão em sintonia com essa imagem:

> unidade, eficiência administrativa, descentralização, aproximação das fronteiras continentais, desenvolvimento econômico e social do interior e exploração das vastas, desertas e férteis áreas de Goiás e Mato Grosso, onde amadurece o futuro da nacionalidade (*op. cit.*: 17).

A imagem associada a essas pretensões foi a de uma derradeira intervenção governamental em uma esfera que o povo teria hesitado em aventurar-se, o "pioneirismo" (*op. cit.*: 17). As conhecidas profecias de D. Bosco também foram invocadas, criando-se a imagem de "Grande Civilização" ainda por vir e de "Terra Prometida, onde correrá leite e mel" (*op. cit.*: 19). Segundo seu principal promotor, uma das imagens iniciais foi a de uma cidade que seria parte decisiva de um projeto de "integração nacional" (*op. cit.*: 13).

Para visitantes e pensadores ilustres, como André Malraux, a cidade evocava "audácia, energia, confiança," formulando a imagem que ficaria conhecida de Brasília como uma verdadeira "capital da esperança." Para o então ministro da Cultura do governo francês, a construção de Brasília em pleno regime democrático era intrigante; para ele, tal obra só seria possível em uma ditadura (*op. cit.*: 194-195).

A discussão sobre a fase de implementação da cidade sugeriu que as intenções percebidas no discurso pareciam buscar uma cidade ideal cuja organização do espaço permitisse modificar tendências sociais promotoras de grandes desigualdades. Na prática, as ações de gestão do território mostraram-se seletivas e excludentes. Em contraste, a imagem construída procurava promover a idéia de um espaço igualitário.

*Resultados: a imagem percebida e as práticas socioespaciais na fase de implementação*

Apesar da nítida diferença de qualidade ambiental entre a cidade planejada e a periferia, a imagem percebida pelos migrantes empobrecidos era a da nova capital como fonte de recursos. Brasília representava um grande canteiro de obras que teria emprego para todos, a cidade da oportunidade. Kubitschek indica:

> Divulgando-se a notícia de que havia trabalho para todos em Brasília, avolumavam-se cada semana as levas de trabalhadores que lá chegavam. Vinha gente de todas as regiões do país. Era uma verdadeira torrente humana, que os caminhões canalizavam para o Planalto. Pobres de todas as latitudes em busca da Terra da Promissão (*op. cit.*: 55).

A imagem percebida certamente ajudou a estimular a conhecida dinâmica de elevadas migrações para a capital, aumentando o crescimento periférico e o número de pessoas em busca de emprego. Os sertanejos transformados em operários da construção da capital passaram a ser conhecidos pela imagem de "candangos" (*op. cit.*: 146).

As práticas socioespaciais, que se estabeleceram na época, refletiram para uns a expectativa de emprego fácil; para outros, a possibilidade de lucros decorrentes da rápida valorização da terra urbana equipada pelo governo no Plano Piloto. Reservada a área bem equipada do Plano Piloto para constituir um ambiente urbano privilegiado, regulado segundo controles rígidos, o papel simbólico da capital estaria assegurado. À periferia estariam reservadas práticas semelhantes às adotadas em outras grandes cidades brasileiras.

Além das mudanças do plano inicial, promovidas pelo governo, interesses locais já começavam a dar seu cunho próprio ao uso da terra. Silveira nota que, desde 1956, grileiros já promoviam loteamentos irregulares no DF, dificultando as desapropriações que se processavam (Silveira, 1999: 156).

A imagem de um Estado provedor de empregos fez atrair grandes quantidades de pessoas para a cidade em construção. A inesperada dinâmica colocou em cheque as pretensões deterministas e supostamente igualitárias do plano. Na prática, as intenções utópicas de um espaço equilibrado foram, de imediato, superadas pelo desenvolvimento desigual, característico de economias de mercado. Em decorrência da dicotomia entre o centro privilegiado – o Plano Piloto – e a periferia empobrecida –, as cidades-satélites – a qualidade de vida em Brasília tornou-se logo diferenciada. As práticas socioespaciais e a organização do território resultante mostraram que a dinâmica do capitalismo desigual era suficientemente forte para se impor sobre o formalismo de um plano supostamente igualitário.

## Qualidade ambiental e imagem de cidade na fase de consolidação de Brasília

Nessa fase, o papel da imagem de Brasília como capital e sede do governo é importante como meio de reafirmação do poder central. A imagem da cidade em crescimento mantém-se como motivadora de migrações continuadas para a capital. Apesar do fato de os governadores do DF serem nomeados pela União, grupos locais articulam-se para promover seus interesses. A dissonância entre a imagem construída e a percebida começa a ficar mais nítida.

### *Contexto econômico, social e político na fase de consolidação*

A fase de consolidação estendeu-se de 1970 a 1985. Esse período foi marcado pelos governos autoritários e pelo que foi chamado de modernização conservadora. O início do período apresentou crescimento econômico expressivo, coincidindo com o final dos anos do "milagre" econômico, que durou aproximadamente de 1968 até 1974. Nessa fase, a economia brasileira passou por profunda reestruturação: a agricultura, tradicional base da economia, cedeu sua importância para a indústria, que se tornou conhecida como o motor do novo modelo de desenvolvimento. Também nesse período o setor financeiro passou por uma reorganização, enquanto a economia passou a depender mais de investimentos estrangeiros e da exportação de produtos fabricados por multinacionais.

Ao lado da diversificação da base produtiva e do crescimento do mercado interno pela incorporação da classe média, as classes populares, particularmente os trabalhadores não qualificados, sofreram uma contenção salarial bastante rígida. O país tornou-se conhecido pela elevada desigualdade de rendas. Sob a influência do significativo crescimento industrial, parte da agricultura passou por um processo de mecanização, enquanto a que não se modernizava estagnou-se. Ferreira mostra que, expulsos do campo por esse duplo processo, os trabalhadores rurais continuaram migrando para as cidades. Apesar de novas frentes de produção no Centro-Oeste, a extensiva mecanização do cerrado não conseguiu absorver os trabalhadores em busca de emprego, que se dirigiram às cidades-pólo da região, também sem condições de absorvê-los, o que ocasionou novas migrações (Ferreira, 1985: 56).

A partir dessa fase, o DF passou a ser dirigido por governadores nomeados. O mandato de Hélio Prates, o primeiro governador, foi de 1969 a 1974; o de Elmo Serejo, de 1974 a 1979; o de Aimé Lamaison, de 1979 a 1982, e o de José Ornellas, de 1982 a 1985. Diante de pressões migratórias originadas de uma dinâmica exógena, definida em escala nacional, diferentes políticas pouco puderam fazer para diminuir as pressões sobre a terra e os equipamentos urbanos no DF. Os efeitos sobre a qualidade de vida e a qualidade ambiental tornaram-se inevitáveis.

Ao longo dessa fase, Brasília transformou-se no que foi denominado de metrópole terciária polinucleada (Paviani, 1985: 63). Incluía o espectro completo: desde os serviços públicos e serviços privados especializados até os serviços pessoais e serviços não especializados, abrigando também variadas atividades do setor informal. Essa caracterização terciária torna-se mais aparente à medida que, nessa etapa, o ritmo de crescimento da construção civil sofreu uma desaceleração, enquanto outras indústrias assumiam um papel bastante limitado na economia local (Ferreira, 1985: 54). A ampla dependência do Estado, como centro dinâmico da economia terciária local, e a falta de uma base de acumulação baseada na produção industrial reforçaram a busca de ganhos no ramo imobiliário.

### *Ações de gestão do território e a imagem construída na fase de consolidação*

A organização do espaço no Plano Piloto, de modo geral, manteve-se em sintonia com o projeto original. Em 1977, diante do crescimento da cidade, o governo elaborou o Plano Estrutural de Organização Territorial (PEOT) de 1977, que pretendia estabelecer áreas de expansão, distribuir equipamentos urbanos e definir diretrizes paisagísticas (Paviani, 1985: 66). O estudo estabeleceu alternativas, que foram avaliadas segundo critérios técnicos, privilegiando a questão dos recursos hídricos. Foi escolhida a Alternativa 2, que reconhecia e recomendava o reforço ao crescimento na direção sudoeste, ao longo do eixo Taguatinga-Gama (Silveira, 1999: 155).

Nessa fase, o Estado continuou desempenhando um papel importante pois, como registram Paviani e Ferreira, em primeiro lugar, procurou tornar efetiva a fixação da capital, transferindo para ela as entidades governamentais, o funcionalismo público e as representações diplomáticas. Em segundo lugar, o Estado reforçou empresas estatais e paraestatais que se estabeleceram no DF e centralizou o aparelho administrativo da União aí localizado. Em terceiro lugar, o Estado participou ativamente na provisão de infra-estrutura e equipamentos urbanos, em particular no Plano Piloto (Cf. Ferreira, 1985: 53).

Não só o governo implantou serviços básicos, mas a iniciativa privada também investiu no Plano Piloto, levando a uma concentração de equipamentos de elevada qualidade e em número significativo (Paviani, 1985: 67). Ao mesmo tempo, Ferreira lembra que as cidades satélites, nessa fase, passaram a receber, do governo, equipamentos urbanos para elevar as condições de vida das populações locais (Ferreira, 1985: 54). Mesmo contando com equipamentos urbanos, esses núcleos não recebiam investimentos públicos proporcionais aos do Plano Piloto (Gonzalez, 1985: 84-88); isso, combinado ao diferencial de renda, resultou em níveis altamente diferenciados de qualidade de vida e de qualidade ambiental.

Análises sobre o crescimento de Brasília mostram de forma clara que, nesse período, o governo deu continuidade a ações de gestão do território que representavam uma ruptura em relação à utopia original, reforçando o crescimento periférico. Nessa fase, o Governo do Distrito Federal (GDF) instituiu a Campanha de Erradicação de Invasões (CEI), que transferiu várias favelas e criou Ceilândia, em 1970/71 (Paviani, 1985: 65). De forma semelhante, o governo criou assentamentos e várias cidades-satélites.

Gonzalez registra a importância desse período, notadamente entre 1970 e 1976, quando a Sociedade de Habitações de Interesse Social (SHIS) concentrou sua atuação para atender à crescente procura por trabalhadores de baixa renda e funcionários transferidos, e quando houve a consolidação das Penínsulas Norte e Sul, reservadas para a elite (Gonzalez, 1985: 82). Outra agência governamental que contribuiu para o modelo de ocupação da terra foi a Companhia Imobiliária do Distrito Federal (Terracap), sucessora da Novacap, que produzia terra residencial (Gonzalez, 1985: 83). A partir de 1977, no entanto, o governo Lamaison decidiu limitar a oferta de terrenos para projetos habitacionais (Galbinski, 1987: 174). Entre 1979 e 1983 efetivou-se uma política de não ofertar moradias. No entanto, já havia 85 mil favelados (Silveira, 1999: 155-156). Isso tendia a tornar a capital uma cidade igual às outras grandes cidades brasileiras.

Em contraste com a gestão do território dualizada, pode-se depreender que a imagem construída continuou promovendo Brasília como uma cidade ideal. Apesar de o Plano Piloto receber atenção preferencial do governo, as cidades-satélites, que abrigavam trabalhadores de baixa renda, também se beneficiavam, embora de forma limitada. Assim, a imagem criada de Brasília continuou a de um espaço privilegiado, onde os pobres eram atendidos pelo Estado. Refletindo a ideologia da utopia, a imagem criada de Brasília como símbolo de uma cidade moderna, dinâmica e igualitária ignorou a indesejada pobreza e manteve-se dominante. A imagem divulgada da capital continuou guardando referência com a de um Plano Piloto racional e organizado.

Assim, embora a gestão do território dessa fase reafirmasse contradições inerentes ao modelo social e econômico dominante, a imagem construída continuou a ser a de Brasília como uma cidade símbolo. As ações do governo sugerem que, tendo a transferência da capital se consubstanciado na fase anterior e se tornado praticamente irreversível, havia também o desejo de manter a imagem de Brasília como cidade monumento. A representação recorrente era a da capital do país, sede do poder centralizado que promovia a entrada do Brasil na era do desenvolvimento e permitia sua interiorização. Para isso, era necessário cultivar a imagem do Plano Piloto como representativa de toda a cidade; Brasília seria então vista como uma metrópole única: planejada, desenvolvida, com elevados padrões de qualidade de vida e qualidade ambiental.

### *Resultados: imagem percebida e práticas socioespaciais na fase de consolidação*

Enquanto a imagem construída procurava enfatizar a cidade ideal, para os trabalhadores migrantes havia a expectativa de conseguir emprego. À imagem de um lugar que permitiria a melhoria de vida, era acrescida – devido às políticas governamentais que facilitavam, em pelo menos parte do período, a possibilidade de obter acesso a um lote – a da desejada casa própria. Apesar de problemas semelhantes aos de outras grandes cidades, seria a imagem de Brasília a de uma cidade diferente das outras?

Em estudo específico, Machado e Magalhães pesquisaram imagens de Brasília segundo camadas médias e populares. Para a classe média, a representação do espaço da cidade apresentou-se definida pelo seu modo individualista de inserção no espaço urbano. O espaço urbano, de cunho instrumental, era o conjunto de equipamentos coletivos, disponível, que permitia o desenvolvimento individual e familiar. Nessa visão, o que faria de Brasília uma cidade distinta das demais seria a acessibilidade aos equipamentos urbanos, pela eficácia de seu espaço ao facilitar um modo de vida individualizado (Machado e Magalhães, 1989: 198-199). A classe média consideraria o Estado como "instituição a seu serviço" encarregado de atender as suas reivindicações e necessidades (*op. cit.*: 202). Da mesma forma, a acessibilidade restrita que outros enfrentariam era problema do Estado, ao qual competiria prover a população de equipamentos (*op. cit.*: 202).

A representação de Brasília pelas camadas populares residentes, por outro lado, era a de uma "cidade grande." Com um modelo de sociabilidade baseado em redes de parentesco e vizinhança (*op. cit.*: 203), esses segmentos realizavam seu modo de vivência nas cidades-satélites. A cidade, além da possibilidade de habitar e trabalhar, limitava-se ao que o Estado podia oferecer. Este era visto como responsável pela oferta de equipamentos e serviços, como os de educação e saúde, que acabavam identificados como urbanos. A cidade era valorizada por essa oferta. No entanto, o acesso aos recursos e equipamentos urbanos era um direito que não se estendia igualmente a todos, excluindo os mais pobres (*op. cit.*: 203). Na medida em que o Estado atendia pobres e ricos de forma desigual, Brasília era vista como a "cidade dos ricos e para os ricos", uma cidade segregada na qual os pobres deixavam de ser atendidos. A crítica focalizava a desigualdade (*op. cit.*: 204).

Para as camadas populares, que em sua maioria habitavam a periferia, portanto, as ambigüidades da gestão do território praticada pelo Estado começaram a tornar-se progressivamente mais claras. Para eles, Brasília era o Plano Piloto, morada dos ricos; as cidades-satélites eram a morada dos pobres. Gerou-se uma nova imagem de Brasília como uma cidade plena de contradições, que expressava claramente a tensão entre o ideal e o real. Revelando as dualidades desse contexto, a imagem percebida da cidade passou a ser de conflito.

Apesar da clara percepção da desigualdade pelos que viviam na periferia da capital, relações sociais, como as de parentesco, seguiram alimentando práticas espaciais, como a conhecida dinâmica de elevadas migrações e de crescimento periférico da capital. As cidades-satélites ampliavam-se em ritmo acelerado, reunindo, em 1970, 66% da população urbana do DF (Ferreira, 1985: 51). O crescimento populacional das cidades-satélites prosseguiu intenso, contando essas, em 1980, com 75% da população do aglomerado (*op. cit.*: 54). Devido à falta de empregos nas áreas periféricas, a população das cidades-satélites trabalhava no Plano Piloto, que atuava como centro do aglomerado urbano também para comércio e serviços especializados.

Outras práticas socioespaciais também atuaram na organização territorial da capital brasileira. Paviani esclarece que o aumento acelerado de novas localidades se deu não apenas devido à chegada de migrantes, mas também pela transferência compulsória dos favelados do Plano Piloto. Além disso, ocorreu o deslocamento de habitantes formais do Plano Piloto que, diante da valorização dos imóveis no centro, preferiram aproveitar a lucratividade e habitar na periferia (Paviani, 1985: 65). Ao longo desse processo, o Plano Piloto foi diminuindo seu peso relativo na população total. Algumas cidades-satélites, como Ceilândia e Taguatinga, contavam com uma população maior do que a do Plano Piloto.

As práticas socioespaciais foram se modificando e se estendendo para fora do território da capital. Ainda nessa fase, Ferreira registra a expansão periférica do DF, com o adensamento, a ocupação e a diversificação de atividades nas franjas do aglomerado e a mobilidade interna dentro do aglomerado. Havia também a localização de atividades de comércio e serviço informal e de camadas segregadas da população fora dos limites do DF. Nessa fase começou, nos municípios limítrofes, o parcelamento de áreas rurais para a construção de loteamentos urbanos, destinados a populações de baixa renda (Ferreira, 1985: 54-55; Paviani, 1985: 66). As cidades do Entorno passaram a depender do centro não apenas para conseguir empregos, mas também para equipamentos urbanos, causando uma sobrecarga (Ferreira, 1999: 141).

Novas práticas socioespaciais foram surgindo, envolvendo uma combinação de atores. Nessa fase, a classe média buscava uma solução para sua questão habitacional, em um período em que escasseava o apoio do governo, enquanto no Plano Piloto os imóveis se situavam fora de alcance, em razão dos elevados preços. Canalizando essa insatisfação e contando com a não fiscalização por parte do governo, alguns empreendedores privados começaram a oferecer parcelamentos não legalizados de terras rurais para fins urbanos. Malagutti aponta que, já em 1977, apresentavam-se os primeiros loteamentos clandestinos de terras rurais (Malagutti, 1999: 57). Essa tendência, então incipiente, tornar-se-ia uma das forças de estruturação do território no DF na fase seguinte, diante da ausência de uma regulação pública efetiva.

A imagem da capital como privilegiada pela ação do Estado na provisão de equipamentos urbanos foi um dos fatores da continuada atração populacional para Brasília. É fato conhecido que os padrões urbanísticos que qualificavam o ambiente no Plano Piloto e em áreas contíguas de alta renda continuaram entre os mais elevados do país. A análise sugeriu que, enquanto na maioria das cidades-satélites os padrões urbanísticos mantiveram-se baixos, nos assentamentos populares a qualidade ambiental era mais baixa ainda. O processo deixa claro que a prática social desigual, típica do capitalismo periférico, foi progressivamente impondo sua própria racionalidade e sua própria linguagem.

## Qualidade ambiental e imagem de cidade na fase de expansão de Brasília

Nessa fase, marcada pela redemocratização do país, o papel da imagem de Brasília como capital da República e sede de movimentos populares alimenta as expectativas democráticas que envolvem o final do período autoritário. A imagem de cidade que continua a expandir-se e dispõe de reservas ilimitadas de terra continua a motivar migrações continuadas para a capital. A escolha dos governadores por meio de eleições diretas traz à tona articulações de grupos de interesse atuantes na capital. A diferença entre a imagem construída e a percebida amplia-se ainda mais.

### *Contexto econômico, social e político na fase de expansão*

A fase de expansão vai de 1986 a 2000, passando-se esse corte por motivos práticos de desenvolvimento da pesquisa. Desde 1985, com o início do governo Sarney, o país havia restabelecido a ordem democrática, com a conseqüente necessidade de rearticulação de interesses. Com a Constituição de 1988, redefiniu-se o pacto federativo e formalizou-se um processo em direção à descentralização e à reforma do Estado. A economia não recuperou as taxas de crescimento dos anos do milagre, sofrendo oscilações em torno de um desempenho pouco aquecido. A integração da economia ao mercado internacional tem reforçado tendências históricas de um desenvolvimento econômico e social desigual e excludente. A modernização dos setores produtivos tem resultado na elevação do desemprego e do subemprego. Embora o Centro-Oeste tenha se tornado a nova fronteira agrícola do país, o modelo adotado privilegiou avanços tecnológicos e buscou a integração competitiva; não evitou o desemprego, a miséria e as migrações em direção às grandes cidades.

Nos primeiros anos desse período, o DF ainda era governado por governadores nomeados. O mandato de José Aparecido de Oliveira foi de 1985 a 1988; enquanto o primeiro mandato de Joaquim Roriz foi de 1988 a 1990. O primeiro governador eleito do DF foi também Joaquim Roriz, cujo mandato se estendeu de 1991 a 1994; seguiu-se Cristovam Buarque, de 1995 a 1998; o mandato seguinte foi novamente de Roriz, com início em 1999 e final em 2002.

As atividades econômicas continuam a depender fortemente do setor terciário, notadamente as atividades governamentais. A construção civil, tradicional absorvedora de mão-de-obra não qualificada, apesar da abertura de nichos como o de hotelaria, não tem a amplitude nem o dinamismo necessários para empregar a massa de pretendentes que aí buscam ocupação. Sua participação no setor produtivo do DF vem diminuindo progressivamente (Cidade, 1999b: 63). A combinação do forte poder da cidade na atração de migrantes e do perfil da economia brasiliense resultou em elevado número de desempregados no DF (Paviani, 1999: 215). A dependência do Estado, como propulsor da economia terciária, e a falta de um setor industrial forte continuaram marcantes.

A tentativa de obter ganhos especulativos por meio de parcelamentos irregulares de terra foi característica dessa fase.

*Ações de gestão do território e a imagem construída na fase de expansão*

O período caracterizou-se por um significativo crescimento e adensamento da área urbanizada, embora, como nota documento do governo (GDF, 1999: 9), o ritmo de crescimento populacional no DF não se mantenha o mesmo de outras décadas. A organização do espaço continuou a reforçar a ampliação da malha periférica. Na tentativa de enfrentar os inúmeros problemas que se apresentavam e de estabelecer uma organização territorial planejada, o governo agenciou diversos planos e estudos: o Plano de Ordenamento do Território (POT) 1985; Brasília Revisitada 1985-1987; o Plano de Ocupação e Uso do Solo do Distrito Federal (Pouso) 1986/1990; o Plano Diretor de Ordenamento Territorial (PDOT) 1992; e o Plano Diretor de Ordenamento Territorial e Urbano do Distrito Federal (PDOT) 1997.

O PDOT/97 reconheceu a conurbação entre núcleos periféricos que vinha se acelerando nos últimos anos, notadamente no eixo sudoeste, definindo-a como zona urbana de dinamização. O plano reconheceu também outras expansões não planejadas do tecido urbano, como o crescimento no eixo nordeste, onde se situava a maior parte dos loteamentos irregulares; e ampliou bastante as áreas urbanas de Sobradinho e Planaltina, esta última como zona urbana de uso controlado. Envolvendo o Plano Piloto na direção nordeste–sudeste, o plano estabeleceu uma zona urbana de uso controlado (Silveira, 1999: 160). Esse novo eixo de crescimento, na verdade com a forma de um arco, continua abrangendo área significativa do território do DF e atende, principalmente, o crescimento por meio de loteamentos irregulares de classe média.[1]

Nas últimas décadas, a população do DF continuou em crescimento. Não só Brasília se situa próxima a áreas de emissão de migrantes, como seu poder de atração é bastante elevado. Para isso contribui o fato de o Estado continuar como o grande provedor de terra para habitação e de equipamentos urbanos. Conforme Cidade nota, a qualidade de vida média continuou das mais elevadas entre as unidades da Federação no país (Cidade, 2000: 113).

O Plano Piloto continuou privilegiado por elevada qualidade ambiental, enquanto o crescimento populacional das cidades-satélites não foi acompanhado de equipamentos urbanos suficientes. Silveira nota que a elevada oferta de lotes semi-urbanizados para atender a uma necessidade legítima de grupos ex-

[1] Ver Anjos, Rafael Sanzio Araújo dos, Penna, Nelba Azevedo, nesta obra.

cluídos não se completou com recursos suficientes para a provisão de infra-estrutura e de equipamentos comunitários, resultando em baixa qualidade de vida (Silveira, 1999: 159).

A gestão do território, nessa fase, contribuiu para enfatizar a desigualdade entre centro e periferia. O continuado crescimento da cidade, associado a elevados índices de desemprego, agravou ainda mais a desigualdade existente. As diferenças na qualidade de vida e na qualidade ambiental entre o centro e a periferia continuaram grandes. Tal fato foi agravado, como mostra Gouvêa, por políticas excludentes de governos populistas (Gouvêa, 1999: 254-259). Além disso, a instituição da Região Integrada de Desenvolvimento do Distrito Federal e Entorno (RIDE), por Lei Complementar, em 1998, representou tentativa de enfrentar os graves problemas dos municípios vizinhos (Mendes, 2000: 4).

A imagem construída, apesar dos inúmeros problemas que se tornaram cada vez mais evidentes, continuou a corresponder à de Brasília como a capital do país, sediada no Plano Piloto e em bairros privilegiados: cidade de elevada qualidade de vida, população de alta renda, proximidade com o poder. A imagem divulgada nesse período tem sido a de Brasília como uma cidade dinâmica, ao mesmo tempo sede do poder e das principais articulações políticas em um país que se integra à economia competitiva mundial e espaço privilegiado para receber investimentos (GDF, 1996: 11-14 e GDF, s.d.). A imagem de Brasília como símbolo da arquitetura modernista é aos poucos modificada para introduzir majestosas edificações pós-modernas de prédios de escritórios e *shopping centers*.

### *Resultados: imagem percebida e práticas socioespaciais na fase de expansão*

Nessa fase, aprofundou-se a imagem percebida de Brasília como uma cidade plena de contradições, que expressa claramente a tensão entre o ideal e o real. Caracterizando a dualidade que marca a percepção interna do espaço da capital, Nunes parodia Machado ao afirmar que a "distância entre o Plano Piloto e as satélites não pode ser medida em quilômetros. Ela é de outra ordem. É ela que nos diz sobre uma aglomeração urbana de terceiro mundo" (Nunes, 1997: 15).

O Estado continua sendo visto como o grande provedor. Peluso, em entrevista, realizada em 1995, com moradores da cidade-satélite de Samambaia, apresenta a fala de um dos entrevistados: "Há um problema habitacional em Brasília porque as pessoas criaram a imagem de Brasília como um local onde se ganha um lote. Aqui há muita migração, o pessoal começa a invadir áreas do governo, pensando que vai ganhar lotes" (Peluso, 1999: 129). Entre migrantes que habitam nas ruas e vivem da catação de papel, a cidade é percebida também como um local onde é possível fugir da miséria e obter renda (Bursztyn e Araújo, 1997: 82)

As práticas socioespaciais refletem expectativas de apropriação individual de ganhos decorrentes da atuação governamental ou mesmo de sua conivência. A criação de condomínios, pelo parcelamento irregular de áreas rurais, privadas ou públicas, acentuou-se, sem que tenha havido regulação efetiva nem controle de seus efeitos. Silveira nota que a ação dos loteadores resulta em impactos sobre a organização espacial, estabelecendo um eixo de crescimento a nordeste da área consolidada, contrariamente ao recomendado. Além disso, as novas ocupações estendem-se sobre áreas de preservação ambiental e sobre áreas rurais isoladas das atividades urbanas. Os resultados desse crescimento sobre o ambiente incluem o comprometimento de ecossistemas e de mananciais de água, sem que se procedam às necessárias ações mitigadoras. Acrescente-se ainda a necessidade de elevados investimentos públicos para a provisão de equipamentos e serviços urbanos e para a recuperação de áreas degradadas (Silveira, 1999: 156-157).

Reforçando as preocupações com a degradação do ambiente em decorrência da ocupação territorial espontânea, Romero adverte que o quadro ambiental no DF é crítico, em particular em núcleos urbanos localizados em áreas mais frágeis. Onde, além da fragilidade, o desenho urbano é pouco adequado, a infra-estrutura é deficiente e há um processo continuado de degradação e alteração ambiental, o resultado claro é a redução da qualidade de vida (Romero, 1999: 86).

A discussão mostra que, nessa fase, embora ações de gestão do território continuassem promovendo um ambiente extremamente desigual, a imagem construída de Brasília continuou baseando-se no privilegiado Plano Piloto e em bairros de renda alta, como os Lagos Sul e Norte, e manteve-se como de qualidade ambiental elevada. Essa imagem, ligada à de abundância e à ação governamental na provisão de recursos e terra pode ter contribuído para induzir comportamentos como a continuada atração de migrantes. A imagem percebida de espaço contraditório, muito mais forte para definir a utilização do espaço metropolitano, pode estar induzindo transgressões como o crescimento periférico não planejado e a ocupação privada de espaços públicos.

## Conclusão

Este trabalho buscou estabelecer relações entre a imagem de cidade e o comportamento dos que nela habitam; entre imagem ambiental e práticas socioespaciais capazes de alterar a organização territorial da cidade e seu entorno. A análise acompanhou o desenvolvimento urbano do DF, seguindo etapas que marcam sua evolução. Procurou identificar, em cada etapa, o contexto social e econômico prevalecente; as ações desencadeadas localmente, que incluíram aspectos da gestão do território e uso de imagens construídas por parte do governo e órgãos de divulgação, muitas das quais se tornaram de domínio público; e, finalmente, resultados desse processo, expressos por imagens percebidas e práticas socioespaciais adotadas pela população. A hipótese subjacente foi de que as práticas socioespaciais seriam, em alguma medida, decorrentes da disjunção entre imagem construída e imagem percebida pela população.

O estágio atual do conhecimento sobre a relação entre imagem de cidade e comportamento em Brasília ainda é preliminar. Os resultados deste estudo não permitem determinar com rigor que as práticas socioespaciais que têm caracterizado a expansão metropolitana em Brasília sejam, de fato, causadas por uma imagem ambivalente de ambiente urbano. A discussão permitiu identificar, no entanto, tendências a uma dinâmica de realimentações progressivas.

Enquanto o planejamento tenta manter o racionalismo formal que o caracteriza, a prática da gestão, ao privilegiar o apoio à acumulação decorrente de investimentos públicos em áreas específicas e a renda da terra sem uma regulação coerente, contraria esse pressuposto. A população, ao tomar consciência dessa dicotomia, apressa-se em garantir a apropriação privada da terra pública e em ocupar áreas não previstas para expansão urbana. As rupturas com o racionalismo redefinem prioridades individuais relativas à qualidade ambiental. O domínio privado torna-se uma forma de proteção contra uma esfera pública no mínimo ambivalente. A imagem resultante é ainda mais contraditória e pode contribuir para realimentar o processo.

As tendências apontam para um ambiente urbano que se expande de forma cada vez mais desigual, caótica e depredadora, desafiando tentativas de estabelecer uma ordem planejada. A imagem ambiental a emergir dessa nova realidade já se antecipa, a partir de reações da sociedade que reforçam identidades voltadas para o ganho individual e imediato e para uma visão utilitária da natureza.

Soluções poderiam começar a ser vislumbradas a partir da construção de identidades coletivas transformadoras. Esse movimento poderia incluir a construção de identidades sociais e de imagens ambientais a partir da própria sociedade, evitando a submissão a imagens construídas externamente e alimentadoras da exclusão. A essas propostas poderiam acrescentar-se ações de educação ambiental combinada à educação para a cidadania e, ainda, o desenvolvimento de programas para promover comportamentos sociais em direção ao desenvolvimento sustentável, na acepção plena em que é largamente conhecido. Partidos políticos, organizações sociais e universidades seriam atores em condições de estabelecer bases para essas mudanças.

## Referências bibliográficas

ANJOS, Rafael Sanzio Araújo dos. "Monitoração da dinâmica urbana no Distrito Federal do Brasil: um processo de trabalho utilizando a cartografia temática convencional e recursos do geoprocessamento." *In* SANTOS, Milton *et al.* (orgs.) *O novo mapa do mundo*; *problemas geográficos de um mundo novo*. São Paulo: HUCITEC/ANPUR, 1995, p. 365-383.

BACHELARD, Gaston. *The poetics of space*. Boston: Beacon Press, 1972 (c. 1958).

BARREIRA, Irlys Alencar Firmo. A cidade em *close up* – imagens e apropriações do espaço em campanha eleitoral. *Sociedade e Estado*, Brasília; vol. XIII, (1), janeiro-julho 1998, p. 135-162.

BOULDING, Kenneth E. *The image*; *knowledge in life and society*. Ann Arbor: The University of Michigan Press, 1969 (c. 1956).

BURSZTYN, Marcel, ARAÚJO, Carlos Henrique. *Da utopia à exclusão*; *vivendo nas ruas de Brasília*. Rio de Janeiro: Brasília: Garamond/Codeplan, 1997.

CAMPOS, Neio. *A produção da segregação residencial em cidade planejada*. Dissertação de Mestrado. Brasília; UnB, 1988.

CIDADE, Lúcia Cony Faria. "Acumulação flexível e gestão do território no Distrito Federal." *In* PAVIANI, Aldo (org.) *Brasília – gestão urbana: conflitos e cidadania*. Brasília: Editora Universidade de Brasília, 1999a, p. 223-251.

___________. Espaço desigual, imagem de cidade e turismo em Brasília. *Espaço e Geografia*. Brasília: Programa de Pós-Graduação em Geografia, Departamento de Geografia, Instituto de Ciências Humanas, Universidade de Brasília, 3, (1); 2000, p. 107-117.

___________. Planejamento, desconcentração e produção social do espaço no Distrito Federal. *Espaço e Geografia*. Brasília: Programa de Pós-Graduação em Geografia, Departamento de Geografia, Instituto de Ciências Humanas, Universidade de Brasília, 2, (1); 1999b, p. 57-65.

EGLER, Tamara Tania Cohen. "A imagem do Rio de Janeiro na televisão." *In* SANTOS, Milton *et al.* (orgs.). *O novo mapa do mundo*; *problemas geográficos de um mundo novo*. São Paulo: HUCITEC/ANPUR, 1995, p. 110-119.

FERREIRA, Ignez Costa Barbosa. "Gestão do território e novas territorialidades." *In* PAVIANI, Aldo (org.). *Brasília – gestão urbana: conflitos e cidadania*. Brasília: Editora Universidade de Brasília, 1999, p. 23-53.

___________. O processo de urbanização e a produção do espaço metropolitano de Brasília. *In* PAVIANI, Aldo (org.). *Brasília, ideologia e realidade*; *espaço urbano em questão*. São Paulo: Projeto, 1985, p. 43-56.

GALBINSKI, José. "Competição espacial em Brasília." *In* PAVIANI, Aldo (org.). *Urbanização e metropolização*; *a gestão dos conflitos em Brasília*. Brasília: Editora Universidade de Brasília; Codeplan, 1987, p. 163-178.

GARCÍA, Fernanda Ester Sánchez. *Cidade espetáculo*; *política, planejamento e city marketing*. Curitiba: Palavra, 1997.

___________. "O *city marketing* de Curitiba: cultura e comunicação na construção da imagem urbana." *In* RIO, Vicente del e OLIVEIRA, Lívia de (orgs.). *Percepção ambiental* : *a experiência brasileira*. São Paulo/São Carlos, Studio Nobel/Ed. Universidade Federal de São Carlos, 1996, p. 83-96.

GOUVÊA, Luís Alberto de Campos. "A capital do controle e da segregação social." *In* PAVIANI, Aldo, (org.). *A conquista da cidade*: *movimentos populares em Brasília*. Brasília: Editora da Universidade de Brasília, 1991.

___________. "Uma política habitacional de interesse social para o Distrito Federal." *In* PAVIANI, Aldo (org.) *Brasília – gestão urbana: conflitos e cidadania*. Brasília: Editora Universidade de Brasília, 1999, p. 253-270.

GOVERNO DO DISTRITO FEDERAL (GDF). "Capital de bons negócios". Brasília: GDF. (Folheto de divulgação) [s.d.].

___________. Instituto de Planejamento Territorial e Urbano (IPDF). *Plano Diretor de Ordenamento Territorial do Distrito Federal*. Projeto de Lei Complementar. Brasília, maio/1996.

___________. *Perfil socioeconômico do Distrito Federal*: versão 1999. Coordenação Gilberto Sobral. Brasília: Secretaria de Desenvolvimento Econômico, 1999.

HALL, Peter. *Cidades do amanhã*: *uma história intelectual do planejamento e do projeto urbanos no século XX*. São Paulo: Perspectiva (c. 1988).

KOHLSDORF, Maria Elaine. "As imagens de Brasília." *In* PAVIANI, Aldo (org.). *Brasília, ideologia e realidade*; *espaço urbano em questão*. São Paulo: Projeto, 1985, p. 161-190.

KRASNER, Leonard. "Environmental design in perspective: theoretical model, general principles, and historical context". *In* KRASNER, Leonard (org.). *Environmental design and human behavior*. New York: Pergamon Press, 1980, p. 1-35.

KUBITSCHEK, Juscelino. *Por que construí Brasília*. Rio de Janeiro: Bloch Editores, 1975.

LEDRUT, Raymond. *Les images de la ville*. Paris: Antropos, 1973.

LYNCH, Kevin. *The image of the city*. Cambridge, MASS.: The M.I.T. Press, 1971 (c.1960).

MACHADO, Lia Zanotta, MAGALHÃES, Themis Quezado de . "Imagens do espaço: imagens de vida." *In* PAVIANI, Aldo (org.). *Brasília, ideologia e realidade*; *espaço urbano em questão*. São Paulo: Projeto, 1985, p. 191-214.

MALAGUTTI, Cecilia Juno. "Loteamentos clandestinos no Distrito Federal: caminhos para a sua aceitação." *In* PAVIANI, Aldo (org.). *Brasília – gestão urbana: conflitos e cidadania*. Brasília: Editora Universidade de Brasília, 1999, p. 55-84.

MENDES, Armando. Brasília, ano 2010. *Correio Braziliense*. 2/jan./2000, Caderno Cidades, p. 4-5.

MONTEIRO, Circe Maria Gama. "Representações sociais da cidade: do imaginário ao real". *In Encontro Nacional da ANPUR* (6.: 1995: Brasília) Modernidade, exclusão e a espacialidade do futuro: anais .../ organizado por Ricardo L. Farret – Brasília: ANPUR, 1996, p. 908-916.

NUNES, Brasilmar Ferreira. "Fragmentos para um discurso sociológico sobre Brasília." *In* NUNES, Brasilmar Ferreira (org.). *Brasília: a construção do cotidiano*. Brasília: Paralelo 15, 1997, p. 13-35 (Coleção Biblioteca Brasiliense).

PAVIANI, Aldo. "Gestão do território com exclusão socioespacial." *In* PAVIANI, Aldo (org.). *Brasília – gestão urbana: conflitos e cidadania*. Brasília: Editora Universidade de Brasília, 1999, p. 196-221.

__________. "A metrópole terciária." *In* Paviani, Aldo (org.). *Brasília, ideologia e realidade: espaço urbano em questão.* São Paulo: Projeto, 1985, p. 57-79.

Peluso, Marília Luiza. "O papel das representações sociais do 'comprar a casa' na identificação dos problemas habitacionais." *In* Paviani, Aldo (org.). *Brasília – gestão urbana: conflitos e cidadania.* Brasília: Editora Universidade de Brasília, 1999, p. 111-132.

Penna, Nelba. *Política urbana: a ação do Estado no Distrito Federal.* Dissertação de Mestrado. Brasília: UnB, 1991.

Pomeranz, David. "Environmental psychology". *In* Krasner, Leonard (org.). *Environmental design and human behavior.* New York: Pergamon Press, 1980, p. 66-78.

Romero, Marta Adriana Bustos. "Desempenho das constantes morfológicas. Índices de adequação ambiental da periferia do Distrito Federal." *In* Paviani, Aldo (org.). *Brasília – gestão urbana: conflitos e cidadania.* Brasília: Editora Universidade de Brasília, 1999, p. 85-109.

Silva, Armando. Capítulo 8. "Los imaginarios urbanos en America Latina." *In* Mesquita, Zilá e Brandão, Carlos Rodrigues (orgs.). *Territórios do cotidiano: uma introdução a novos olhares e experiências.* Porto Alegre e Santa Cruz do Sul, UFRGS/Ed. Universidade de Santa Cruz do Sul, 1995, p. 93-98.

Silveira, Denise Prudente de F. "Gestão territorial do Distrito Federal." *In* Paviani, Aldo (org.). *Brasília – gestão urbana: conflitos e cidadania.* Brasília: Editora Universidade de Brasília, 1999, p. 145-166.

Souza, Manoel Tibério de. "Iniciativa econômica local, imagem e territorialidade: os casos de Fortaleza e Recife". *In* Associação Nacional de Pós-Graduação e Pesquisa em Planejamento Urbano e Regional. Encontro Nacional da ANPUR (7: 1997: Recife, PE). *Anais do 7º Encontro Nacional da ANPUR* - Recife: UFPE, 1997, 3v, p. 1692-1708.

Steinberger, Marília. "Formação do aglomerado urbano de Brasília no contexto nacional e regional." *In* Paviani, Aldo (org.). *Brasília – gestão urbana: conflitos e cidadania.* Brasília: Editora Universidade de Brasília, 1999, p. 23-53.

# Reflexões sobre ambiente urbano e representações sociais

Marília Luiza Peluso

Um dos problemas mais sérios com que se defronta Brasília e o Distrito Federal (DF) como um todo[1] é a apropriação de terras públicas por particulares, cujo reverso da medalha é a destruição do meio ambiente. A magnitude da questão e a ausência, até o presente momento, de uma gestão satisfatória, que regule a controvertida ação dos atores e suas estratégias de apropriação do espaço levam a falar em "crise da cidade", com a conseqüente degradação e privatização desse importante patrimônio comum do DF: a natureza e a terra na qual se sustenta.

O comportamento predatório que caracteriza a ocupação territorial da capital do país não é algo aleatório nem característico, mas uma face do ímpeto destrutivo em relação à natureza que se tem acelerado grandemente, de tal maneira que as práticas sociais, em alguma escala, revelam-se predatórias. Nas grandes escalas territoriais, a requalificação dos espaços para atender aos "interesses dos atores hegemônicos" (Santos, 1997: 191), nos quais as próteses se impõem, cria "um verdadeiro tecnocosmo", um meio artificial sobre uma natureza recuante nesse período técnico-científico-informacional (*op. cit.*: 191). Nas pequenas escalas, o tecnocosmo se revela na expansão incontrolada e incontrolável do urbano pelo território, dando a impressão de que nada pode ser passível de preservação, conservação ou sustentabilidade.

A par da tecnosfera, que cria as condições para a desnaturalização, cria-se, também, uma "psicosfera, reino das idéias, crenças, paixões e lugar da produção de sentido, fornecendo regras à racionalidade ou estimulando o imaginário", que dá sustentação à primeira e permite seu funcionamento eficaz (*op.cit.*: 204).

---

[1] Considera-se que Brasília corresponde ao conjunto de núcleos urbanos composto pelas cidades-satélites e pela área central, o Plano Piloto, de Lúcio Costa, enquanto o Distrito Federal é a área de 5. 810 km$^2$, na qual se encontram essas áreas urbanas, assim como as áreas rurais.

Dessa maneira, o conjunto tecnosfera/psicosfera faz com que não só as ações humanas e, portanto, sociais desenvolvam sempre mais sua destrutividade, como a idéia de espaços livres, nos quais a natureza deve ser mantida, mas também se mostra incompatível com a noção de apropriação e de propriedade privada. Nesse sentido, Guimarães (1997: 26) chama a atenção para um ponto-chave, ao escrever:

> Um dos principais desafios da sustentabilidade resume-se, por conseguinte, à inexistência de um ator cuja razão de ser social sejam os recursos naturais, fundamento ao menos da sustentabilidade ecológica do desenvolvimento".

Assim, ao que parece, a natureza terminou excluída da totalidade social, que implanta uma tecnosfera que a repele enquanto "ser-em-nós", dotada de direito à conservação, enquanto uma psicosfera dá-lhe o sentido de "ser-outro", estimulando um imaginário em que a autoconservação do ser humano deriva de não conservação do que é natural ou não econômico.

Não é de estranhar, portanto, que nenhum ator tenha como razão de ser social a natureza, pois ela foi reduzida a recursos para o desenvolvimento do mercado competitivo e apenas se sustenta naquilo que o faz funcionar. Entretanto, como enfatiza Lefort (1990: 21-22), ao referir-se à obra de Marcel Mauss:

> sua preocupação constante não é explicar um fenômeno social partindo de outro fenômeno considerado como causa, mas ligar todos os traços econômicos, jurídicos, religiosos, artísticos de uma dada sociedade e de compreender como conspiram em um mesmo sentido".

O objetivo do presente capítulo será, então, procurar o desvendamento, numa primeira e provisória reflexão, de como foi possível gestar uma conspiração no sentido de produzir uma natureza útil como recurso e degradada na prática. O lugar dessa reflexão será Brasília e o DF, e o objeto, a construção simbólica da natureza como representação social, com a qual se procurará uma explicação para o que foi, até agora, uma gestão deficiente dos atores sociais em jogo pela apropriação territorial.

Considera-se que procurar a explicação da degradação da natureza por intermédio das Representações Sociais (RS) leva a um caminho instigante, pois a magnitude do processo de destruição e as dificuldades em revertê-lo necessitam, ou melhor diria, exigem a articulação dos processos psíquicos e dos processos sociais naquilo que Moscovici (1998: 8) denomina de "uma estrutura de coerções e de crenças eficazes". Ou seja, entender a problemática do meio ambiente utilizando-se das RS significa construí-la como decorrente de um imaginário dinâmico, enraizado socialmente, cujo jogo dirige o olhar e o conhecimento do sujeito sobre o mundo que o cerca. As RS pertencem ao domínio do senso comum e são gestadas e instrumentalizadas pelos grupos sociais, cujos atores lhes conferem utilidade e as predispõem à ação (Moscovici, 1978; Jodelet, 1985). As RS hegemônicas atravessam todos os grupos sociais, sem distinção, bem verdade que muitas vezes como verso e anverso da mesma medalha, mas todas derivam da mesma matriz econômica, social e cultural.

Duas das dinâmicas das RS são particularmente importantes para compreender o problema proposto: a ancoragem e a objetivação. A ancoragem incorpora as RS num sistema de pensamento preexistente, no que já está pensado, latente ou manifesto, num "universo conhecido de referências" (Jodelet, 1985: 490). A "familiarização do estranho" fará prevalecer as antigas referências, alienando-as no já conhecido.

> Compreender algo novo é também explicá-lo. O sistema de representações proporciona as referências através das quais a ancoragem classificará dentro do familiar e explicará de uma forma familiar" (*op. cit.*: 492).

É o processo pelo qual se torna familiar o que não é familiar, pelo qual se qualifica o não conhecido dentro da linguagem de cada um e constroem-se "tipos" que classificam novos dados.

A objetivação "faz com que se torne real um esquema conceitual" (Moscovici, 1978: 110). Na objetivação, o conceito abstrato é coisificado, ou seja, as idéias convertem-se em coisas, e naturalizado (*op. cit.*: 112-113). Coisificados e naturalizados, os elementos do mundo material são classificados e recortados com a finalidade de introduzir uma ordem que se adapte à ordem preexistente. A classificação é uma maneira de conhecer e dominar elementos desconhecidos, situá-los num domínio conhecido e "num sistema de valores e de sistemas de categorias disponíveis", reproduzindo a realidade de maneira seletiva (*op. cit.*: 122). Ao penetrar no meio social como expressão do "real", tornou-se, por isso mesmo, "natural", como se proviesse diretamente da realidade. "É isso que permite à representação se tornar um quadro cognitivo estável e orientar as percepções, ou os juízos formulados, ou as relações interindividuais" (*op. cit.*: 127).

Parte-se do pressuposto de que a contradição entre o público e o privado em nossa sociedade é produzida por RS, a partir das quais se transformam as terras em territórios a serem apropriados, o que estende caoticamente o espaço urbano, além de destruir recursos indispensáveis para a qualidade de vida da cidade. Decorre daí que a disponibilidade dos espaços livres para todos, na cidade ou fora dela, seja como áreas verdes, de lazer, de preservação e conservação ou para o crescimento futuro da cidade, vai desaparecendo. As conseqüências são visíveis como uma relação sociedade/natureza deteriorada, com os problemas ambientais que a capital do país já conhece, apesar de toda a legislação e de todos os instrumentos de planejamento de que dispõe.

Primeiramente, vai-se refletir sobre natureza e meio ambiente em geral e, em aproximações sucessivas, trabalhar com as contradições e RS que os degradam em Brasília e no DF, para, finalmente, esboçar algumas conclusões sobre as reflexões realizadas, tendo em vista uma gestão mais satisfatória do patrimônio comum da cidade.

## Natureza e meio ambiente urbano

A construção da relação entre a sociedade e a natureza foi gestada num longo movimento de afastamento do não humano e de instituição da identidade humana, no qual "(...) se figura uma ordem social em ruptura com a ordem da natureza" (Lefort, 1990: 17). A construção dessa relação, entretanto, não pode ser pensada fora das relações dos homens entre si e do desenvolvimento das forças produtivas. Como escreve Duarte (1986: 41), "tal relação não pode ser dissociada do modo pelo qual se dá o conjunto das relações entre os homens". Decorre daí que as relações sociedade/natureza são histórico-sociais e implicam em práticas produtoras de sentido. Spink e Medrado assinalam que a produção de sentidos não é uma atividade cognitiva intra-individual, na qual se reproduzem modelos predeterminados, mas "uma prática social", visto que

> O sentido é uma construção social, um empreendimento coletivo, mais precisamente interativo, por meio do qual as pessoas – na dinâmica das relações sociais historicamente datadas e culturalmente localizadas – constroem os termos a partir dos quais compreendem e lidam com as situações e fenômenos a sua volta" (Spink e Medrado, 1999: 41).

Dois processos interpenetram-se no movimento de separar-se da natureza e instituir-se como ser humano, dando à primeira cada vez mais o sentido de algo externo aos grupos sociais. Em um primeiro, o homem passa a designar-se por atributos que o distinguem daqueles que não são homens, como outros animais, vegetais e objetos inanimados. É um princípio de identidade que já permite uma diferenciação em oposição a outros, que não homens. Entre os povos "que se agenciam sob o poder da Tradição" (Lefort, 1990: 18), se essa diferenciação era feita, não o era no sentido de intercomunicabilidade, pois os elementos da natureza se comunicavam entre si e com os seres humanos.

Escreve Turner (1990: 12) que a marca registrada desses povos com seus *habitats* era a expressão de sentimentos "de parentesco com os animais e até com árvores, pedras e águas". Os mitos dão conta da comunicação do homem com a natureza mas, para Turner (*op. cit.*: 21), são, também, um indício de que o homem já rompeu com o resto da criação e de que a unidade primal foi perdida. Os povos agenciados pela Tradição ainda se encontravam submetidos pela baixa eficácia das técnicas, mas já ocorreu a separação simbólica e a magia lhes permite conjurar os perigos e mistérios com que se defrontam, formando o que Duarte (1986: 15) denomina de "força produtiva auxiliar".

Outro processo concomitante, o estabelecimento da ordem social, institui a separação em mais uma esfera, não só da natureza, mas dos outros homens. Na interpretação de Lefort (1990) sobre o intercâmbio de dádivas e o *potlatch,* mesmo nas sociedades agenciadas pela Tradição, os homens procuram firmar-se como separados da natureza ao mostrarem que não são as coisas, mas algo diferente delas. Escreve ele (Lefort, *op. cit.*: 26), sobre a relação antitética do sujeito e de outrem, "que o intercâmbio supõe seres separados: se dou ao outro é porque 'ponho' o outro como *outro* e esta coisa como *minha para o outro*". E é por meio do outro que o homem se descobre enquanto tal, em oposição à natureza.

A par da afirmação de si e da diferença do outro, encontram-se a separação e a subjugação da natureza, como Lefort interpreta o *potlatch,* no qual

> não é somente a afirmação de si para o doador, é a negação das coisas, destruição das riquezas "oferecidas" (...) Ou então, retomando a terminologia hegeliana que se impõe evidentemente, a confrontação com outrem se efetua pela confrontação com a natureza (...) pois o objetivo perseguido não é apenas a submissão de outrem, mas a submissão da natureza, o que está sempre por ser reefetuada. (*op. cit.*: 32).

A divisão espacial do trabalho entre campo e cidade mais acentuou o distanciamento entre o homem e a natureza. O gesto de retorno deve não só confirmar a subjetividade humana, mas também diminuir e até eliminar a diferença entre o que é humano e o que não é. O mito de Enkidu é exemplar, pois mostra como a separação da natureza institui o humano. O mito conta como Enkidu, um homem em estado natural, é descoberto nas proximidades de Uruk e como Gilgamesh, o rei da cidade, separa-o dos animais, fazendo-o descobrir sua humanidade. Entretanto, esse era, ainda, um mundo de baixa eficácia técnica, ancorado em forças da natureza deificadas e antropomorfizadas, onde a magia e a religião davam sentido ao universo e reefetuavam continuamente o domínio do homem sobre a natureza.

Os gregos produziram novo sentido para as relações com a natureza, quando se instalaram novas relações de produção baseadas no comércio, em oligopólios mercantis e no surgimento da *polis* como "um novo estágio de controle técnico da natureza, que a permitirá manifestar-se como ser-outro" (Duarte, 1986: 21). Filósofos iniciaram uma demarcação de caráter secular e objetivo no conhecimento da natureza. Com os gregos reconhece-se a especificidade de uma substância própria do homem que não é natureza, separam-se os fenômenos naturais dos humanos e, ao buscarem as leis da causalidade, procuraram servir-se cientificamente da natureza para o benefício dos homens (*op.cit.*: 1986).

Inauguram-se, portanto, novas relações entre os homens, a par de novas relações com os elementos naturais, em que a natureza é objetivada segundo novos recortes e classificações, de modo a introduzir uma ordem humana e urbana no mundo. Como corolário, ela se torna cada vez mais externa ao homem ou, dito de outra maneira, o homem deixa sempre mais de pertencer ao reino da natureza, representação que se completa nos séculos XVI e XVII (Casseti, 1995, 1998). Nesse período, a síntese entre ciência e técnica torna o saber teórico imprescindível ao fazer técnico, inaugurando-se a ciência como uma nova força produtiva.

O personagem que encarna bem o ideal de dominação da natureza, no século XVIII, articulando ciência e técnica é o Fausto, de Goethe. Berman (1994: 61), em seu ensaio sobre essa obra, focaliza a atenção sobre a raiva de Fausto frente a uma natureza que sempre foi natureza: "por que os homens têm que deixar as coisas continuarem sendo como sempre têm sido? Não é o momento do homem afirmar-se contra a arrogante tirania da natureza, de enfrentar as forças naturais em nome do 'livre espírito que protege todos os direitos?", pergunta ele. Fausto se lança ao grande empreendimento de dominar a natureza, humanizá-la, torná-la útil para o homem, e realiza a tarefa proposta, sem medir esforços nem obstáculos. A paisagem natural se transforma em represas, canais de irrigação, terras de cultura, cidades.

O espírito fáustico tem dominado as relações do indivíduo com a natureza no que Berman (*op. cit.*: 71), citando Lukács, chama de "tragédia do desenvolvimento capitalista". Nesse tipo de desenvolvimento, em que todos estamos imersos, o qual é o paradigma do desenvolvimento globalizante, a natureza deixa de ser um dos momentos da totalidade para se tornar um objeto de exploração e de afirmação da ordem hegemônica, e essa é toda a tragédia com a qual nos defrontamos.

E quando a união entre técnica e ciência se dá sob o domínio do mercado globalizado do período técnico-científico-informacional (Santos, 1997), e sob a égide da propriedade privada da terra, completa-se a exteriorização da natureza, e ela passa a circundar o homem, passa a ser o que lhe está em volta, o meio ambiente.

Reigota apresenta algumas definições de meio ambiente, nas quais fica clara a idéia de algo que está em volta do homem. Destaque-se a seguinte, em que o meio ambiente é:

> o que circunda um indivíduo ou um grupo. A noção de meio ambiente engloba, ao mesmo tempo, o meio cósmico, geográfico, físico e o meio social, com suas instituições, sua cultura, seus valores. Esse conjunto constitui um sistema de forças que se exerce sobre o indivíduo e nas quais ele reage de forma particular, segundo seus interesses e suas capacidades (Silliamy *apud* Reigota, 1994: 14).

O sistema capitalista, com novas relações dos homens entre si e com o desenvolvimento das forças produtivas baseadas na propriedade privada dos meios de produção e da terra, institui nova objetivação: o meio ambiente como recurso mercantilizado para a produção e o consumo. A natureza é instrumentalizada não só como externa, como meio ambiente, mas como recurso para a produção, recortado em riquezas naturais e seu suporte, a terra, instrumentalizada para o mercado imobiliário e para o exercício do poder.

Entretanto, homem e natureza se unem, contraditoriamente, na problemática do meio ambiente urbano. Se a natureza era um risco para os grupamentos humanos, a externalização da natureza para melhor dominá-la, unida às técnicas de que a sociedade dispõe e à rapidez com que espacializa suas atividades e seu "habitat", coloca o que é natural em risco.

É nesse longo movimento de afastar-se da natureza e novamente acercar-se dela que se constroem as RS hegemônicas com que nossa sociedade produz o sentido de meio ambiente, permitindo-lhe compreender e lidar com o espaço e o território. A seguir, em mais uma aproximação, vai-se buscar como, no Brasil, ocorreu esse processo, a partir das contradições que lhe são próprias.

## Natureza e meio ambiente no Brasil

Em nosso país, as relações contraditórias entre sociedade e natureza passam, também, pelas contradições entre o público e o privado. Público se refere àquilo que é destinado ao povo, à coletividade. Assim, as terras públicas se destinam à coletividade e ao uso comum. Nesse sentido é um bem comum. Encontram-se sob a responsabilidade do Estado para que as administre e cumpram essa função. Privado é o contrário. Assim, as terras privadas são aquelas que se encontram sob domínio particular. A nossa sociedade, então, pensa o público não como

> o que pode ser de todos, mas como o que pode ser privatizado, porque está liberto da condição de ser propriedade de alguém. Ou seja, submetida à lógica da propriedade, a sociedade vê o público não como o que é passível de apropriação por todos, mas como aquilo que pode ser privatizado para alguns" (Sposito, 1999: 25).

Para compreender essa contradição, o caminho será a busca do sentido histórico da apropriação do território brasileiro, que encontra suas raízes nas representações do "Novo Mundo" descoberto pelos colonizadores europeus, nas contradições dessas representações, em suas ancoragens e objetivações. O público e o privado, com toda a problemática que levantam, devem ser buscados na maneira como se moldou a consciência coletiva nacional, herdada do colonizador português, defrontado com a abundância tropical em terras e paisagens, impulsionado, de um lado, pelo exótico luxuriante do desconhecido e, de outro, pela busca de riquezas.

As contradições iniciam-se na descoberta do Novo Mundo, entre a construção imaginária e simbólica dos viajantes, evangelizadores e filósofos e os conceitos geopolítico, militar e econômico dos conquistadores (Chauí, 2000), entre fantasia e projeto comercial europeus (Arruda, 1998). A primeira representação ancorou-se na busca do Paraíso Terrestre, identificada com as novas terras, em que o mundo parecia regenerar-se, "vestido de verde imutável, banhado numa perene primavera, alheio à variedade e aos rigores das estações, como se estivesse verdadeiramente restituído à glória dos dias da Criação" (Chauí, 2000: 9).

A segunda representação ancorava-se no projeto de expansão territorial português, na busca de novos povos, terras e riquezas de um mundo que já iniciava o desencantamento da natureza e a considerava como fonte de apropriação e recursos. Bacon escreveria pouco depois da descoberta da América, anunciando a dominação da natureza: "Hoje apenas presumimos dominar a natureza, mas, de fato, estamos submetidos à sua necessidade; se contudo nos deixássemos guiar por ela na invenção, nós a comandaríamos na prática" (*apud* Adorno e Horkheimer, 1991: 20).

O jogo entre as duas representações conduziu à visão de terras edênicas, inesgotáveis em riquezas à disposição do conquistador. Chauí (2000: 10) chama a atenção para a naturalização que se encontra na bandeira brasileira, que "não exprime a política nem a história. É um símbolo da Natureza: floresta, ouro, céu, estrela e ordem", na qual "o gigante está 'deitado eternamente em berço esplêndido'". A contradição entre as duas ordens de representações está presente, também, no nome pelo qual a colônia se tornou conhecida. "Brasil" refere-se tanto à terra da promissão em ilha situada a oeste da Europa como à riqueza extrativa da madeira destruída nas primeiras décadas de apropriação do território (Arruda, 1998).

A visão edênica portava, porém, o seu contrário, na visão do oposto ao paraíso. A colônia também foi vista como lugar assustador, povoado de animais ferozes e nativos canibais (as gravuras de Hans Staden são bom exemplo dessa visão), de difícil domínio e de sofrimento. As falências nos empreendimentos da colonização mostraram que nem sempre se fazia fortuna. Em resumo, o embate entre a fantasia e a realidade produziu representações contraditórias. "A colônia" – escreve Arruda (*op. cit.*: 23) – "parecia facilitar a polarização entre o bom e o ruim, o céu e o inferno". A população autóctone, a princípio descrita como ingênua e sem maldade, passa a ser demonizada por sua proximidade com a natureza, assim como o negro escravo é denominado de bruto pelo mesmo motivo, mas ambos eram necessários para a tarefa de desbravamento, de exploração e de trabalho no Novo Mundo.

O tripé, segundo Arruda (*op. cit.*: 24), com que o Velho Mundo investiu o Brasil por três séculos repousa sobre: "natureza edênica (porém ameaçadora), humanidade demonizada (mas também sedutora) e colônia – purgatório (onde também se enriquece)". Nos processos sociais engendrados por esse tripé, a objetivação classificou e recortou os elementos do Novo Mundo para orientar os que melhor se prestavam ao projeto colonial, naturalizando o poder e o domínio das classes dominantes como se pertencessem, nas palavras de Chauí (2000: 11), ao plano divino realizado. Se tudo podia ser apropriado pelo projeto colonial, a objetivação também classificou e selecionou os atores que podiam se apropriar do Éden, do bom que nele havia – as terras nas quais se encontravam as benesses da natureza (os "homens bons" traduzem essa classificação e seleção). Aos outros, os excluídos da apropriação, os "residentes vadios", pois não podiam se fixar nas terras já apropriadas – brancos pobres, índios, negros, mestiços –, estava reservado o trabalho árduo da colônia, o mau que persistia no Éden.

Numa sociedade que engendrou esses tipos de RS e na qual a conquista territorial assegurava a obtenção do "bom" da colônia:

> A apropriação de novos lugares, com suas populações, riquezas e recursos naturais, era o móvel básico da colonização. Isso imprime uma marca na sociedade gestada na colônia, uma sociedade que tinha na conquista territorial um forte elemento de identidade. Assim, uma ótica dilapidadora comanda o processo de instalação do colonizador, a qual se expressa num padrão extensivo (do ponto de vista do espaço) e intensivo (do ponto de vista dos recursos naturais) de uso do solo. Neste quadro, as populações (autóctones ou transplantadas) são vistas como apenas um meio de se retirar a riqueza natural. É esta – o valor contido na natureza das terras americanas – que estimula a ação das metrópoles (Moraes, 1997: 13-14).

A referência para a construção do aparelho de Estado é o domínio do território e não o bem-estar do povo, e o Estado Patrimonial que se gesta é um aparelho político dos proprietários de terras (*op. cit.*: 15). Completando a idéia de Moraes, e considerando que o poder foi naturalizado como proveniente da divindade, enfatiza Chauí (2000:11) que "(...) o governante, portanto, não representa os governados, e sim a fonte transcendente do poder (Deus), e governar é realizar ou distribuir favores." A marca do poder do governante é sua vontade pessoal, absoluta, divina, em que a

> "res publica" se transforma em 'dominium' e 'patrimonium' do governante e a terra e os fundos públicos se transformam no corpo do governante e se tornam patrimônio privado que se transmite aos descendentes e pode ser distribuído sob a forma de favor e da clientela (*op. cit.*: 11).

O poder se associa à propriedade fundiária e não há limites claros entre o público e o privado, e os governos tratam a coisa pública como se fosse coisa privada (Moraes, 1997).

## As contradições entre o público e o privado em Brasília

Brasília nasce como um projeto fáustico, civilizatório, um grande empreendimento de apropriação do território, que deveria dominar a natureza, humanizá-la, torná-la útil para o homem. Nesse projeto ancoram-se as contradições das duas ordens das representações coloniais. De um lado, seria a terra da promissão, destinada a redimir o Centro-Oeste e o homem brasileiro e, de outro, a redenção estaria assentada na prática do conquistador colonial. Os discursos de Juscelino Kubitschek expressam RS contraditórias e não devem ser considerados como meras manifestações políticas destinadas a convencer os adversários do projeto, mas como a síntese de um tipo de pensamento e de um tipo de prática enraizados no imaginário nacional, em que o novo da construção da capital se ancorou em antigas referências. Escreve Kubitschek:

> O grande desafio da nossa História estava ali: seria forçar-se o deslocamento do eixo de desenvolvimento nacional. Ao invés do litoral (....) povoar-se o Planalto Central. O núcleo populacional criado naquela longínqua região espraiar-se-ia como uma mancha de óleo, fazendo com que todo o interior abrisse os olhos para o futuro grandioso do país. Assim, o brasileiro poderia tomar posse do seu imenso território. E a mudança da capital seria o veículo. O instrumento. O fator que iria desencadear novo ciclo bandeirante (Kubitschek de Oliveira, 1974: 8)

A busca da identificação dos fundadores da nova cidade com o passado colonial leva o presidente a apoiar-se diretamente num personagem histórico cuja marca foi a conquista territorial:

> (...) não há que ocultar a realidade: o papel histórico que o meu governo está representando com o prosseguimento da viagem da nacionalidade até Brasília. O que se está fazendo, o que tenho a honra de influir para que seja executado nesta hora, é continuar o feito de vossas bandeiras, retomando o caminho heroicamente percorrido pelos vossos desbravadores É estender o Brasil, com o poder da técnica do mundo de hoje, até onde o conduziu vosso Anhanguera. (Kubitschek de Oliveira, 1957: 2).

Nos discursos, introduzem-se, pelo menos, três registros, segundo os quais as RS são objetivadas, ao naturalizar-se um processo social e econômico, predispondo à ação de construir a nova capital: o primeiro é a idéia de uma natureza desconsiderada, "terra vazia", tantas vezes comparada a um deserto de homens e atividades; o segundo é que nas terras longínquas não haveria identidade nacional, que o projeto civilizatório haveria de trazer, e o terceiro, as técnicas modernas são as coadjuvantes do processo civilizatório no trabalho de trazer uma região desabitada para o projeto hegemônico e capitalista nacional.

A descontextualização é um elemento-chave das RS que permite a naturalização do projeto hegemônico de construção da nova capital. Contra todas as evidências, ele é colocado num deserto de homens e atividades, quando a própria desapropriação das terras do quadrilátero do DF já mostra o inverso, ou seja, que havia homens e atividades econômicas. Desfez-se, estrategicamente, no espaço e no tempo, todo o ciclo do ouro, já há muito decadente, e a Marcha para o Oeste tornou-se o novo movimento de integração do Centro-Oeste às áreas hegemônicas.

O Centro-Oeste, articulado ao conjunto nacional pela pecuária extensiva e pela agricultura de subsistência, vivia momentos de euforia com o novo momento de inserção à economia hegemônica, no qual o mercado imobiliário de terras rurais e urbanas levara à apropriação do patrimônio natural e o transformara em propriedade privada. Goodmann (1966: 315) fala da intensa "grilagem" de terras no período, e Waibel (1979) mostra a valorização das terras e o ativo comércio imobiliário como o substrato do comércio de mercadorias e da ocupação das terras. De maneira que o projeto de construção da nova capital, por mais moderno e descomprometido com as condições anteriores da ocupação territorial brasileira que pretendesse ser, haveria de delinear-se de acordo com elas e utilizá-las para se tornar realidade.

Assim, a implantação do novo projeto civilizatório já nasceu como um empreendimento imobiliário, em que a venda das terras haveria de financiar a construção da cidade, ou pelo menos assim se esperava. A Lei nº 2.874, que criou a Companhia Urbanizadora da Nova Capital (Novacap), permitiu ao novo órgão complementar os recursos com os quais fora dotado com a emissão das Letras Imobiliárias Brasília, vendidas para todo o Brasil e para o exterior. Dessa maneira, as terras que eram públicas, pois haviam sido desapropriadas, foram passando para mãos privadas. A justiça social que alguns imaginaram um dia não se concretizou. Seguindo nossa tradição patrimonialista, o predomínio dos interesses individuais sobre os coletivos transformaria, paulatinamente, os espaços públicos em territórios privados, e o que deveria estar disponível para todos, seja como áreas de lazer, como áreas de preservação e conservação para as gerações futuras, nas quais a biota se manteria a salvo de ações predatórias, ou como áreas reservadas para um crescimento harmonioso da cidade, foi alvo de constante ataque de interesses particulares, que não se detém, ao que parece, frente a nada.

Se a ocupação do território de Brasília, a nova capital da República, ocorreu sob a égide desse Estado Patrimonial, deveria romper com ele. Ernesto Silva, um dos pioneiros de Brasília, em seu livro *História de Brasília*, apresenta relatório da comissão destinada a apresentar sugestões sobre a política territorial e fundiária a ser adotada no DF. Essa comissão, em 1956, já mostrava os problemas que adviriam para a cidade e seu território com a especulação imobiliária, propondo para a terra uma função social, na qual os moradores da cidade não teriam a propriedade da terra, mas somente o uso, pagando uma taxa por ela. Pretendiam, com suas propostas, o barateamento do solo, sua acessibilidade para todos e justiça social.

Se a realidade construiu-se ao contrário das propostas da comissão, grande parte das terras urbanas e rurais do DF é, ainda, detida pelo governo como espaços públicos, que deveriam ser colocados em uso paulatinamente, à medida que a demanda da população ou a expansão dos serviços públicos assim o exigisse. As preocupações ambientais, cada vez mais importantes nesse fim de século, levaram, também, à preservação e conservação de expressivas quantidades de áreas do território do DF. Cerca de 42% do território do DF é destinado à preservação ou conservação ambiental, com usos restritos. Os espaços rurais ainda são arrendados, e não vendidos, aos agricultores, para evitar mudanças de uso da terra e sua transformação em espaços urbanos.[2]

Se, com todas as ações empreendidas para evitar o caos das grandes cidades, esperava-se um desenvolvimento diferente e menos predatório do DF, as esperanças não se concretizaram. Muito pelo contrário, o que se observa em todos os lugares é a apropriação individual do que seria o bem "terra", e a depredação do patrimônio natural e social é uma constante em todos os lugares para os quais nossa vista se volte.

O caos que se volta contra os espaços públicos tem muitas faces. Os órgãos públicos que deveriam geri-los mantêm em suas mãos as terras, até que

[2] Apesar de que já está tramitando lei, na Câmara Distrital , permitindo a venda das terras rurais.

atinjam um preço de mercado excludente. Os mais ricos, ao verem os espaços abundantes que os cercam, não resistem à tentação em transformá-los em dinheiro, vendendo o que não lhes pertence ou comprando aquilo que sabem ter origem dúbia. Os mais pobres, os que não pertencem aos grupos patrimonialistas, também invadem terras, impelidos pelo padrão extensivo, hierarquizado e excludente do uso da terra. Para eles, espaços vazios são igualmente para serem apropriados, como maneira de atender à urgência de suas demandas reprimidas em termos de moradia e trabalho. Assim, as áreas públicas da cidade são invadidas por bares, restaurantes, lojas, carrocinhas de cachorro-quente, estabelecimentos precários de venda de bebidas e alimentos. Áreas verdes transformam-se em estacionamentos de veículos; áreas públicas, parques e as APAs são invadidos e todos os usos proibidos se tornam permitidos.

É a mentalidade do Estado Patrimonialista em ação, com seu verso e anverso. O projeto fundiário no qual terminou se assentando a ocupação territorial do DF é excludente, hierarquizado e violento, exatamente como foi exposto anteriormente, tratando das condições gerais da colonização brasileira. Aqui, mais do que em outros lugares, toda a vida social flui para a órbita estatal, justamente pela situação fundiária ainda existente. Aqui estamos diante da luz difusa em que a ótica dilapidadora que comandou o processo de instalação do colonizador, expressa no padrão extensivo (do ponto de vista do espaço) e intensivo (do ponto de vista dos recursos naturais) de uso da terra, manifesta-se, sem que haja uma vontade de todos para que tal não aconteça. A idéia de que há terra suficiente, representação do Éden advinda do período de conquista colonial, perpassa todas as mentes e se supõe que o tanto que cada um conquistou não interfere com a deterioração do meio ambiente.

Essa "territorialidade latente" da formação brasileira se antagoniza com iniciativas tendentes a restringir a ocupação dos espaços. Essa é uma das tragédias do planejamento em Brasília, que aos poucos desfaz a idéia de uma cidade planejada, pois tecnosfera e psicosfera se unem para promover o caos. Assim, a terra deixa de constituir bem comum a par do bem privado, e toda a terra passa a ser um bem cuja apropriação constitui a diferença social. Quanto mais terras são adicionadas ao patrimônio privado, mais poderoso é seu proprietário.

## Conclusão provisória

O movimento de volta à natureza, em que a terra se caracterizava como o laboratório natural do trabalho humano, é utópico. A urbanização acelerada nas grandes e nas pequenas escalas territoriais é um fato consumado e é nesse horizonte que se deve propor uma gestão mais satisfatória dos atores sociais envolvidos na questão da cidade e seu meio ambiente. Em primeiro lugar, deve-se resgatar a relação sociedade/natureza como construída historicamente e, como tal, passível de mudanças, pois ela se dá objetivamente e subjetivamente, ou seja, à ação objetiva de degradação ou conservação se encontram RS que lhe dão sentido e utilidade.

Considerar que os problemas ambientais urbanos se restringem a questões de poluição do ar, saneamento básico, preservação dos espaços verdes ou deterioração das condições de vida é promover a fantasia citadina de que relações sociais se processam apenas com o ambiente construído, que passa a se constituir em todo o "ambiente mundo". Na realidade, esses problemas dizem respeito a todo um processo em que a natureza é separada da sociedade, e o homem separado de si mesmo como natureza, processo mediado pela propriedade privada que, em nossa sociedade, passa pelas contradições entre o público e o privado e pelas RS que lhe dão suporte.

Se a problemática do ambiente urbano não for pensada dessa maneira ampla, em que o objetivo da materialidade do território e o subjetivo das RS formam uma totalidade, dificilmente se fará a passagem das questões técnicas e jurídicas para as práticas de gestão. Isso é evidente no DF, onde todas as questões técnicas e jurídicas que preservariam o meio ambiente se têm mostrado insuficientes pela intervenção dos diferentes atores e suas estratégias.

## Referências bibliográficas

ADORNO, Theodor W., HORKHEIMER, Max. *A dialética do esclarecimento.* Rio de Janeiro: Jorge Zahar, 1991.

ARRUDA, Angela. "O ambiente natural e seus habitantes no imaginário brasileiro". *In* ARRUDA, A. (org.). *Representando a alteridade.* Petrópolis: Vozes, 1998, p. 17-46.

BERMAN, Marshal. *Tudo o que é sólido desmancha no ar.* São Paulo: Companhia das Letras, 1994.

CASSETI, Valter. *Ambiente e apropriação do relevo.* São Paulo: Contexto, 1995.
__________. *Contra a correnteza.* Goiânia: Kelsps, 1999.

CHAUÍ, Marilena. O mito fundador do Brasil. *Folha de S. Paulo*; 26/mar./2000. Caderno *Mais*, p. 4-11.

DUARTE, Rodrigo A de Paiva. *Marx e a natureza em o Capital*. São Paulo: Loyola, 1986.

GOODMANN, David. "Expansão da fronteira e colonização rural: recente política de desenvolvimento do Centro-Oeste do Brasil". *In* BAER, W. (org.). *Dimensões do desenvolvimento brasileiro*. Rio de Janeiro: Campus, 1976, p. 45-72.

GUIMARÃES, Roberto Pereira. "Desenvolvimento sustentável: da retórica à formulação de políticas públicas". *In* BECKER, Berta K., MIRANDA, Mariana (orgs.). *A geografia política do desenvolvimento sustentável*. Rio de Janeiro: Editora UFRJ, p. 13-44.

JODELET, Denise. "La representación social: fenómenos, concepto y teoria". *In* MOSCOVICI, S. (org.). *Psicologia social*. Paidós, 1985, p. 469-493.

LEFORT, Claude. *As formas de história*. São Paulo: Brasiliense, 1990.

MORAIS, Antônio Carlos Robert. *Meio ambiente e ciências humanas*. São Paulo: Hucitec, 1997.

MOSCOVICI, Serge. *A representação social da psicanálise*. Rio de Janeiro: Zahar Editores, 1978.

____________. "Apresentação". *In* ARRUDA, A. (org.). *Representando a alteridade*. Petrópolis: Vozes, 1998, p. 7-9.

OLIVEIRA, Juscelino Kubitschek de. *Por que construí Brasília*. Rio de Janeiro: Bloch Editores, 1974.

____________. A fundação de Brasília é a fundação do equilíbrio da nação brasileira. *Revista Brasília*, ano 1, n. 3, mar./1957.

REIGOTA, Marcos. *Meio ambiente e representação social*. São Paulo: Cortez, 1994.

SANTOS, Milton. *A natureza do espaço. Técnica e tempo/razão e emoção*. São Paulo: Hucitec, 1997.

SILVA, Ernesto. *História de Brasília*. Brasília: Coordenada Editora, 1971.

SPINK, Mary Jane, MEDRADO, Benedito. "Produção de sentidos no cotidiano: uma abordagem teórico-metodológica para análise das práticas discursivas".

*In* Spink, M. J. (org.). *Práticas discursivas e produção de sentidos no cotidiano*. São Paulo: Cortez, 1999, p. 41-61.

Sposito, Maria Encarnação B. "Espaços urbanos: territorialidades e representações". *In* Sposito, E. (org.). *Dinâmica econômica; poder e novas territorialidades*. Presidente Prudente: UNESP/FCT/GASPERR, 1999, p. 13-29.

Turner, Frederick. *O espírito ocidental contra a natureza*. Rio de Janeiro: Campus, 1990.

Weibel, Leo. *Capítulos de geografia tropical e do Brasil*. Rio de Janeiro: FIBGE, 1979.

# Parte III

# Ecologia ambiental urbana

# Estruturas básicas da dinâmica territorial no DF

Rafael Sanzio Araújo dos Anjos

A maioria das cidades brasileiras exibe problemas parecidos e apresenta diferenças no grau e na intensidade dos processos espaciais. A expansão das periferias urbanas e o conseqüente "inchaço" das cidades são, sem dúvida, os processos mais evidentes na maioria das cidades de médio e grande porte tomando dimensões variadas a partir de mecanismos econômicos, políticos e sociais que operam no espaço urbano. Nesse sentido, os tipos de agentes com interferências na estruturação e na dinâmica da mancha urbana assumem características locais, com especificidades próprias as quais tornam o seu entendimento uma tarefa mais complexa.

Por outro lado, a revolução dos sistemas de informação territorial tem presenciado uma forte difusão de dados e tem tornado acessíveis novas possibilidades de representação da informação geográfica. As modelagens gráficas do território constituem uma cartografia de síntese e são um desses instrumentos relevantes. Elas possibilitam revelar graficamente o que acontece na dinâmica do espaço e se tornam cada vez mais imprescindíveis, por constituírem uma ponte entre os níveis de observação da realidade e a simplificação, redução, explicação e pistas para a tomada de decisões e soluções dos problemas. Não podemos perder de vista que um mapa não é o território, mas nos produtos da cartografia estão as melhores possibilidades de representação do que aconteceu, do que está acontecendo e do que pode acontecer no território.

Essa forma de representação da dinâmica territorial busca a reduzir os sistemas complexos que ocorrem no espaço geográfico, em sistemas mais simplificados. A premissa é possibilitar, com recursos gráficos, a leitura e a interpretação dos principais processos espaciais atuantes na urbanização, principalmente o crescimento urbano, um dos principais agentes causadores das transformações no território.

Este trabalho busca trazer mais elementos para ampliar a discussão e fornecer dados para a interpretação da dinâmica territorial urbana atual do Distrito Federal (DF), utilizando-se das referências de uma modelagem gráfica. No espaço do DF vem desenvolvendo-se um processo de urbanização marcado, principalmente, pela descontinuidade da mancha urbana, ou seja, a existência de grandes espaços intersticiais na sua configuração espacial, que se intercomunicam e se agregam por grandes corredores de transporte. Todavia, novos conjuntos urbanos estão se formando e se consolidando no território, revelando alterações substanciais na sua estrutura de polinucleamento clássica. Diferentemente de outras metrópoles brasileiras, o conjunto urbano de Brasília não se adensou do centro para o seu entorno, mas com densidades que são crescentes a partir desse centro.

Dessa forma, por causa da maneira fragmentária como se processa a discussão sobre os agentes operantes na formação dos fatos geográficos urbanos no DF, o objetivo central deste estudo é abordar de maneira mais globalizada os principais componentes espaciais estimuladores e dinamizadores da expansão na Grande Brasília e revelar, também, as estruturas espaciais inibidoras e conflitantes no processo de urbanização. Dessa maneira, esse modelo reduzido da realidade é uma tentativa de compreender e explicar, nesse momento histórico, como se configuram e se instauram os principais componentes da "trama" na dinâmica territorial nesse espaço.

Como ponto inicial do desenvolvimento desta pesquisa, abordamos brevemente os pressupostos instrumentais e metodológicos utilizados para operacionalizar os registros das estruturas básicas da dinâmica territorial no DF. A seguir, apresentamos a modelagem gráfica dos processos dinamizadores e dos inibidores da urbanização nesse território. Finalmente são feitas algumas considerações finais.

Com essa estruturação, o trabalho busca contribuir efetivamernte para a ampliação do conhecimento sobre a dinâmica territorial no DF, apontando e caracterizando as suas estruturas básicas que têm interferência no processo de expansão do conjunto urbano, principal componente das transformações espaciais.

## A modelagem gráfica do território

A expressão "modelo" tem uma conotação genérica e normalmente está associada a uma representação simplificada ou complexa da realidade. O mundo real mostra-se tão complexo que é impossível reproduzir todas as suas características, as suas relações funcionais e todo o conjunto de interdependências. Uma característica que nos parece muito relevante ao tratarmos da elaboração de um modelo é que este pode ser estruturado de forma que os aspectos importantes selecionados do mundo real sejam manipulados, relacionados e explorados, visando a uma representação, uma simplificação. Nesse sentido, a atitude de seleção em relação às informações é mais um componente fundamental para que o modelo seja uma "aproximação seletiva" da realidade. Em termos geográficos, o mapa é uma forma de representação espacial óbvia deste processo de abstração e simplificação (Grigg, 1974).

Uma modelagem gráfica do que acontece no território não é um esquema. Ela tem princípios básicos de funcionamento (Théry, 1988) e referências estruturais da semiologia gráfica (Le Sann, 1983). A partir de um tipo de simbologia geométrica e abstrata, tem como característica fundamental apresentar estruturas espaciais simples para explicar sistemas mais complexos. Dessa forma, constatamos que as modelagens gráficas territoriais perdem em generalização da informação geográfica representada, mas ganham em aproximação da realidade interpretada.

A premissa básica para representação gráfica das estruturas básicas da dinâmica no território do DF foi elaborar um conjunto de documentos cartográficos com um tipo de simbologia simplificada, de forma a expressar as estruturas elementares a partir de um modelo gráfico, ou seja, uma modelagem gráfica da dinâmica territorial. Esses mapas temáticos foram elaborados em uma base cartográfica do DF na escala de 1:150.000. Essa escala foi selecionada em razão da possibilidade de correlações e superposições com outros documentos cartográficos temáticos publicados no DF, como o Mapa Imagem Multitemporal (Anjos, 1998), o Mapa Ambiental da Secretaria do Meio Ambiente e Recursos Hídricos (Semarh, 2000) e o Mapa Rodoviário do Governo do Distrito Federal (DER, 1994).

A tentativa de representação da realidade territorial numa modelagem gráfica possui duas vantagens que achamos relevantes: por um lado, ela ajuda na comunicação de idéias e, por outro, possibilita testar essas idéias com a dinâmica real. Nesse sentido, associamos a essa modelagem gráfica a idéia de uma representação que interpreta espacialmente as estruturas territoriais básicas da dinâmica urbana no DF, caracterizando-se por ser uma modelagem aberta, usando principalmente a intuição; e, também, princípios lógicos, não como uma máquina, pois não teria novidade, mas concebemos o sistema lógico com uma perspectiva de compreender melhor como se instauram os componentes do "jogo" espacial do processo de urbanização.

A forma como o território do DF vem sendo ocupado é o resultado do comportamento de diferentes processos espaciais. Dessa maneira, uma das possibilidades de investigar a compreensão da "ordem urbana" no espaço geográfico se dá por intermédio da análise das peças que compõem a organização espacial, em suas múltiplas relações. Não podemos perder de vista que os fatos geográficos estão, de certa forma, todos no território; cabe-nos fazer a identificação das relações que os definem (Anjos, 1995).

A investigação dos processos que formam a dinâmica territorial atual no DF se baseou numa interpretação dos fatos geográficos mais relevantes e responsáveis pela conformação e pela ordenação do espaço, mediante a identificação dos fatores com interferências estimuladoras do crescimento urbano, principal componente das transformações territoriais, assim como dos espaços com função mais estabilizadora e inibidora da expansão no conjunto urbano.

O processo de leitura das estruturas territoriais básicas que dinamizam o espaço urbano do DF possibilitou a distinção de dois grupos de agentes que se ligam ou não ao poder público. Um conjunto apresenta uma função mais de dinamizadores da urbanização, que agem como estimuladores, e existe, também, um outro grupo de estruturas espaciais que apresenta uma função de inibidor do processo de expansão urbana, que funciona como estabilizador do crescimento urbano. Com esse procedimento foi possível, a partir do conjunto das estruturas espaciais simples, explicar um sistema territorial complexo.

Na parte a seguir, tratamos das estruturas espaciais dinamizadoras e suas expressões territoriais.

## Estruturas territoriais dinamizadoras da urbanização no DF

Os processos espaciais que estimulam o crescimento urbano estão representados por quatro conjuntos de estruturas territoriais. Esses espaços estão caracterizados a seguir:

1. Pólo principal e pólo complementar. Existem e são identificáveis as novas relações na organização espacial do DF ao longo da década de 1990, principalmente na polarização dos espaços urbanos. As estruturas principais estão definidas por dois pólos dinamizadores da urbanização, um centralizador, o Plano Piloto de Brasília (ver Figura 1), mais importante núcleo de atração e geração de postos de trabalho no DF, e outro complementar, formado pelas localidades de Taguatinga, Ceilândia e Samambaia. Essas três cidades juntas constituem uma conurbação espacial, apresentam uma população em torno de um milhão de habitantes e se caracteriza nesse conjunto urbano uma forte atividade comercial e de serviços. Verificamos, também, a existência de outros centros dinamizadores do espaço urbano com uma função mais secundária. Uma dessas estruturas polarizadoras está localizada no sul do DF, formada pelas localidades do Gama e de Santa Maria. Próximas, mas não conurbadas, essas localida-

FIGURA 1
**Carta imagem do plano piloto de Brasília e seu entorno imediato**

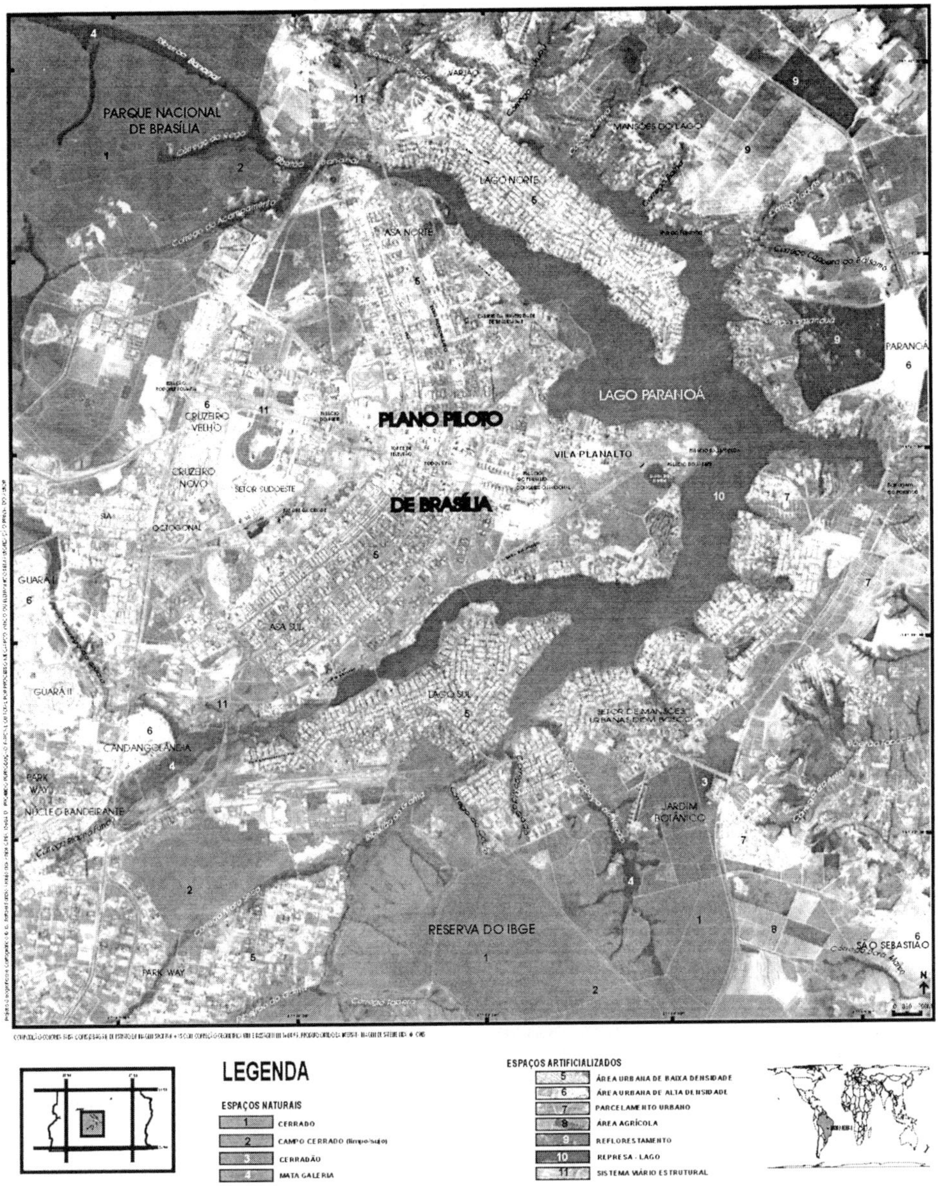


© Projeto Cartográfico by Geog. Rafael Sanzio Araújo dos Anjos. DF - Brasil E-mail:mappas@unb.br

des constituem um núcleo estratégico do território por estar insertas no vetor principal de crescimento urbano do DF (comentado a seguir) e ser fronteiriças a Goiás, e polarizar um conjunto de localidades de relevante expansão de parcelamentos populares nesse estado. Na direção norte, constatamos dois núcleos próximos espacialmente (Sobradinho e Planaltina), mas com influências territoriais independentes. Esses estão caracterizados pelo envoltório de parcelamentos privados em estágio avançado de consolidação e de variada tipologia habitacional (observar na Figura 2 a representação gráfica dessa polarização territorial no DF).

2. Anel semi-radial formado por parcelamentos com vários padrões urbanísticos. Outra estrutura espacial importante na dinâmica da urbanização no DF é o anel semi-radial envolvendo o Plano Piloto de Brasília, constituído por manchas de parcelamentos urbanos privados de vários padrões urbanísticos, portanto, atendendo a várias classes sociais. As pequenas empresas imobiliárias, responsáveis pela implementação da maioria desses empreendimentos, atuam num contexto de déficit habitacional, que atinge várias classes sociais no DF, sem perspectiva concreta de solução pelo governo. A Figura 1 mostra, na sua margem direita, grandes extensões de parcelamentos, onde é possível verificar a desconsideração dos empreendedores com a morfologia acidentada do terreno, sobretudo o avanço pela drenagem natural e densa, nos divisores de águas e nas vertentes íngremes. Um outro componente básico desse processo espacial é que, quase sempre, estes empreendedores desconsideram as legislações em vigor. É importante destacar, também, o papel das Unidades de Conservação Permanente (Parque Nacional de Brasília e Reserva do IBGE), como espaços que impedem que a configuração radial se mostre fechada em torno do Plano Piloto. A expressão espacial da área do referido anel pode ser visualizada na Figura 2.
3. Vetor de crescimento principal e secundário. O vetor de expansão principal é entendido como uma extensão territorial com progressivo crescimento urbano e com tendências marcantes de continuação no futuro próximo. O condutor principal desse vetor é o sistema viário estrutural, que apresenta um fluxo de cenário regional, interligando o centro do país às regiões Sudeste e Sul. Nesse contexto espacial estão as localidades do Plano Piloto, Taguatinga, Samambaia, Ceilândia e Gama. Alguns desses espaços correspondem às maiores extensões urbanas do DF (a Figura 3 mostra a estrutura espacial das localidades de maiores extensões no DF). A Figura 2 mostra esse vetor, que expressa o dinamismo urbano na direção sul do DF, estimulado, também, pelo eixo de conurbação do Novo Gama até Luziânia no Estado de Goiás. Referente aos vetores secundários,

FIGURA 2

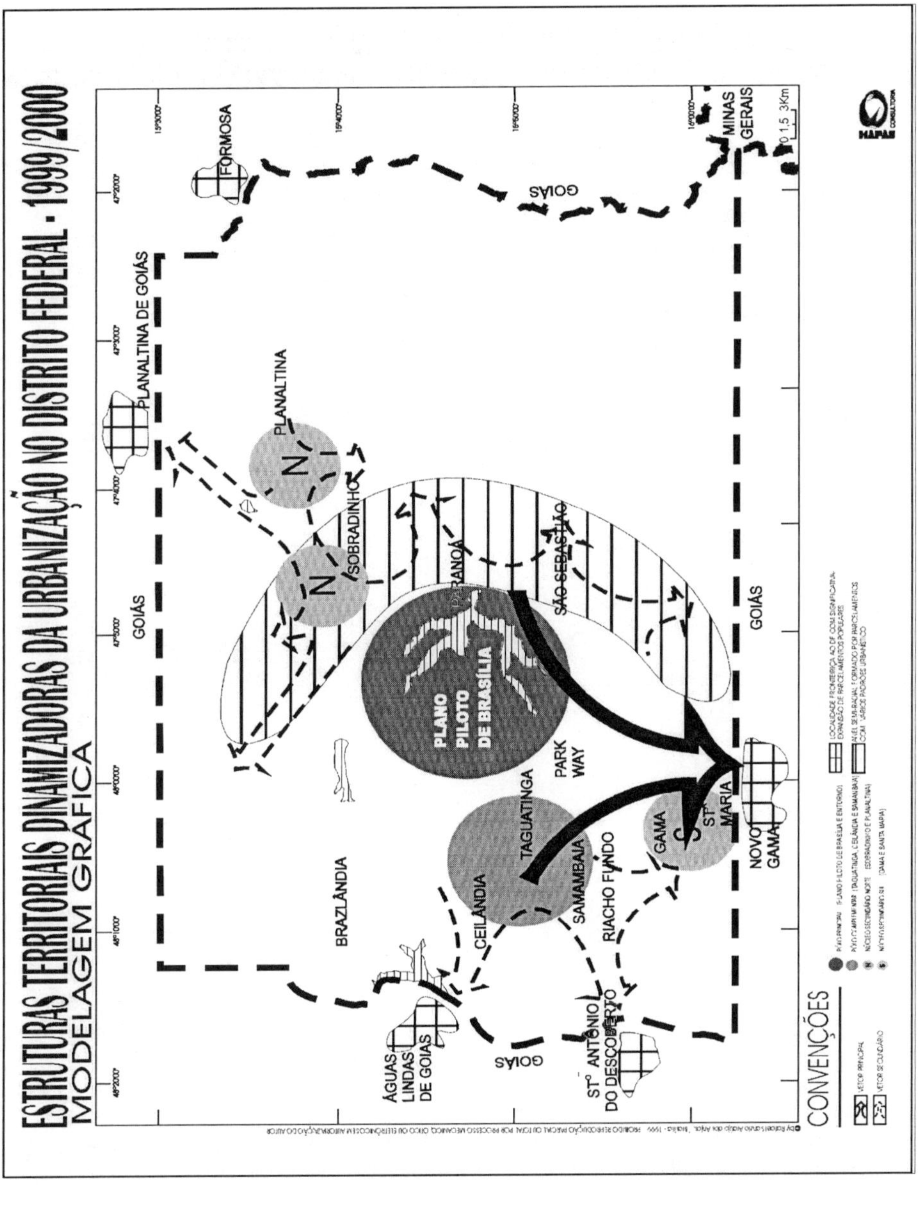
ESTRUTURAS TERRITORIAIS DINAMIZADORAS DA URBANIZAÇÃO NO DISTRITO FEDERAL - 1999/2000
MODELAGEM GRÁFICA
PLANALTINA DE GOIÁS
FORMOSA
GOIÁS
MINAS GERAIS
PLANALTINA
SOBRADINHO
PARANOÁ
SÃO SEBASTIÃO
PLANO PILOTO DE BRASÍLIA
PARK WAY
TAGUATINGA
CEILÂNDIA
SAMAMBAIA
RIACHO FUNDO
GAMA
STª MARIA
NOVO GAMA
BRAZLÂNDIA
ÁGUAS LINDAS DE GOIAS
STº ANTÔNIO DO DESCOBERTO
CONVENÇÕES

FIGURA 3

**Localidade com maiores extensões urbanas no Distrito Federal – 2000**

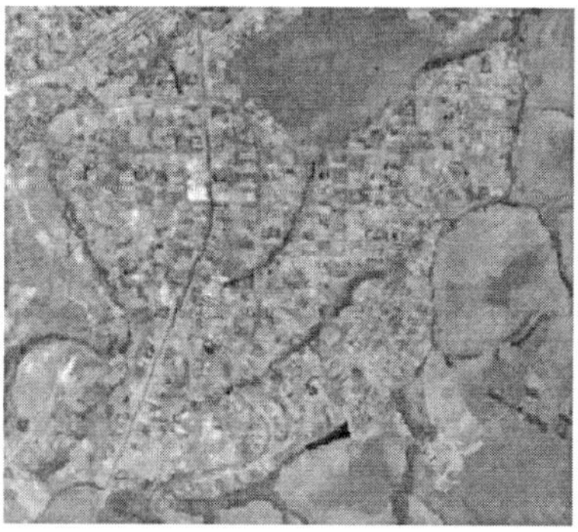

PARK WAY
ÁREA: 41,26 km2

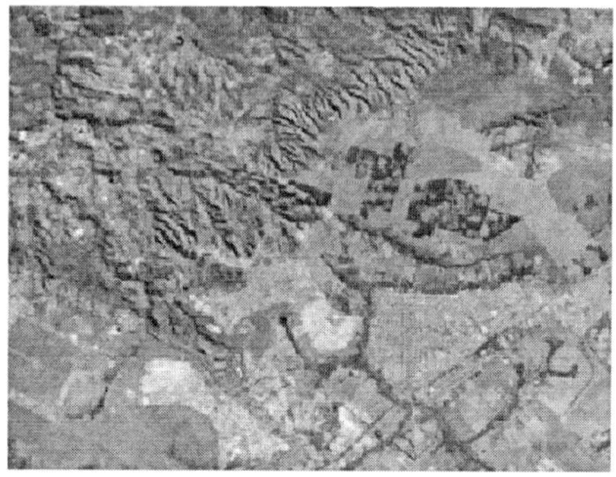

SOBRADINHO
ÁREA: 38,48 km2

SAMAMBAIA
ÁREA: 34,69 km2

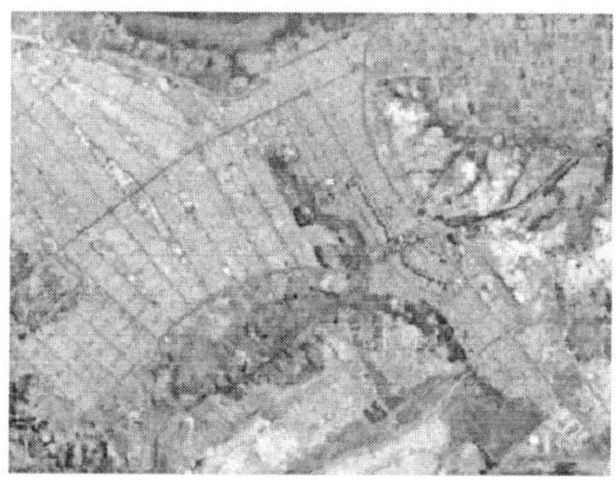

TAGUATINGA
ÁREA: 30,18 km2

CEILÂNDIA
ÁREA: 29,1 km2

PLANO PILOTO DE BRASÍLIA
ÁREA: 26,31 km2

Fonte: CODEPLAN/SITURB - GDF - 1996

FIGURA 4

**Localidades do entorno imediato do Distrito Federal – 2000**

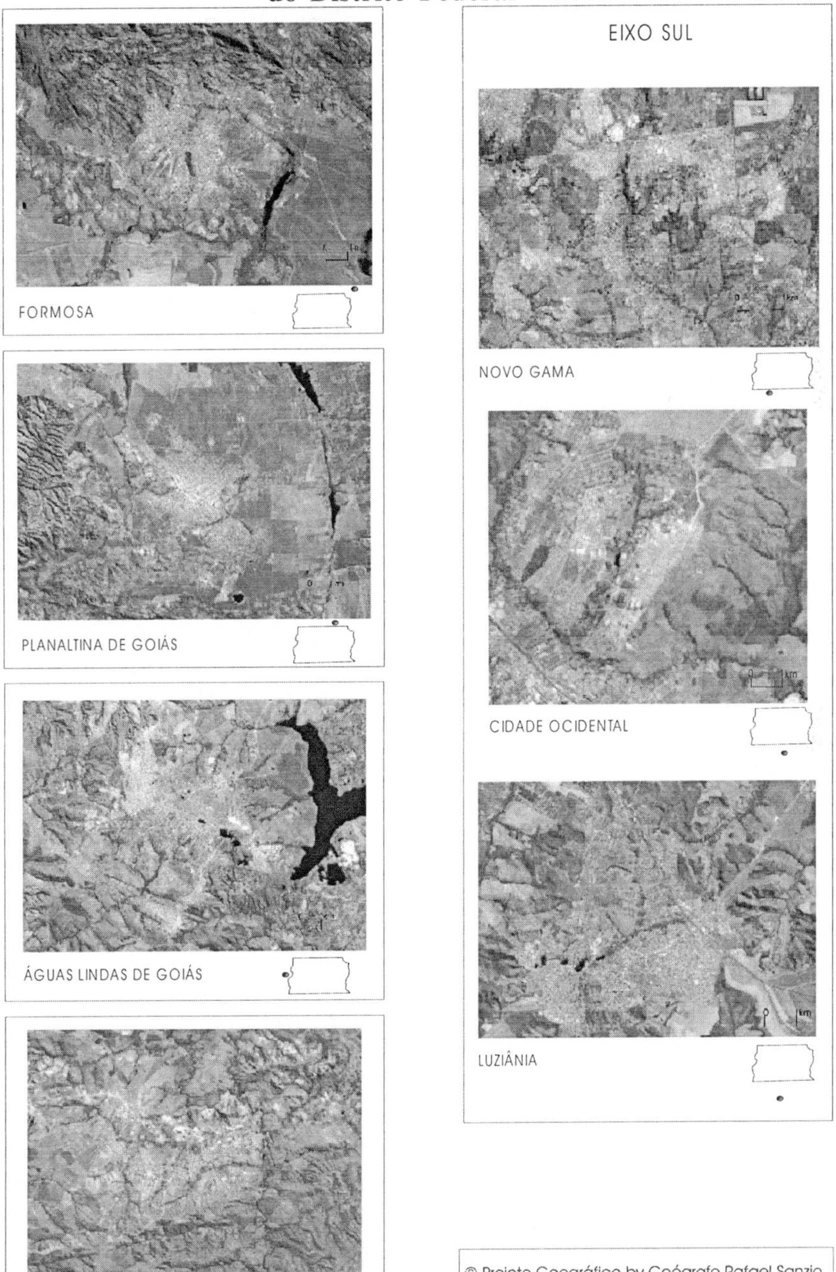


© Projeto Geográfico by Geógrafo Rafael Sanzio Araújo dos Anjos. 2000 E-mail:mappas@unb.br

© Imagem de satélite by LANDSAT - USA - 1997

a partir do monitoramento espacial dos parcelamentos urbanos privados, foi possível perceber os deslocamentos dos seus fluxos espaciais e, por sua vez, mensurar o movimento dos vetores de expansão em desenvolvimento. A expressão, nesses vetores secundários, do processo de urbanização representa as tendências capturadas de um processo histórico espacializado. Esses vetores de crescimento apresentam duas direções básicas no DF. A primeira, e mais importante no sentido da bacia do São Bartolomeu, abrange a porção norte-sul central do território do DF e está habitada por uma população estimada em torno de 60 mil habitantes (*Correio Braziliense*, 2000).

4. Localidade fronteiriça ao DF com significativa expansão de parcelamentos populares. As cidades de Santo Antônio do Descoberto, Águas Lindas de Goiás, Planaltina de Goiás (Brasilinha), Formosa, Novo Gama e adjacências formam o conjunto de localidades de Goiás fronteiriças ao DF (ver Figura 4). Essas localidades estão caracterizadas pela disseminação de loteamentos populares, fato que favorece o aumento do fluxo nos corredores de transporte e reforça a relação pendular dessas cidades com o "core" da estrutura urbana, o Plano Piloto de Brasília (observar a Figura 2).

Na parte a seguir, tratamos das estruturas espaciais inibidoras e suas expressões territoriais.

## Estruturas territoriais inibidoras da urbanização no DF

Os espaços da dinâmica territorial que inibem e estabilizam a urbanização são constituídos por quatro estruturas espaciais, comentadas a seguir:

1. Espaço de grandes culturas, com predomínio de hortifrutigranjeiros e de reflorestamentos de preservação. As áreas ocupadas por grandes culturas estão na extensão territorial a leste do DF, cuja vocação principal é a agropecuária e a principal atividade é a soja. Pinto (1990) lembra que nessa paisagem a forte utilização antrópica altera os recursos biológicos, na qual a vegetação natural foi substituída por culturas, o solo recebe calcário e agrotóxicos e a água é drenada para irrigação. Essa é uma área que se caracteriza, também, por ser um território que "segura" a urbanização na direção do vale do rio São Bartolomeu (ver a Figura 5). A estrutura espacial localizada no alto curso do rio Descoberto apresenta uma forte atividade de hortifrutigranjeiros e encontra-se "pressionada" pela dinâmica do pólo complementar formado por Taguatinga, Ceilândia e Samambaia. As manchas de silvicultura, anteriormente destinadas à produção de celulose, atualmente são importantes manchas de vegetação para proteger as áreas de

recarga do lençol freático e, também, inibir o crescimento urbano. Esses territórios agrícolas têm um importante papel como estabilizadores da pressão causada por estarem, em muitos casos, próximos de áreas de forte urbanização.

Figura 5

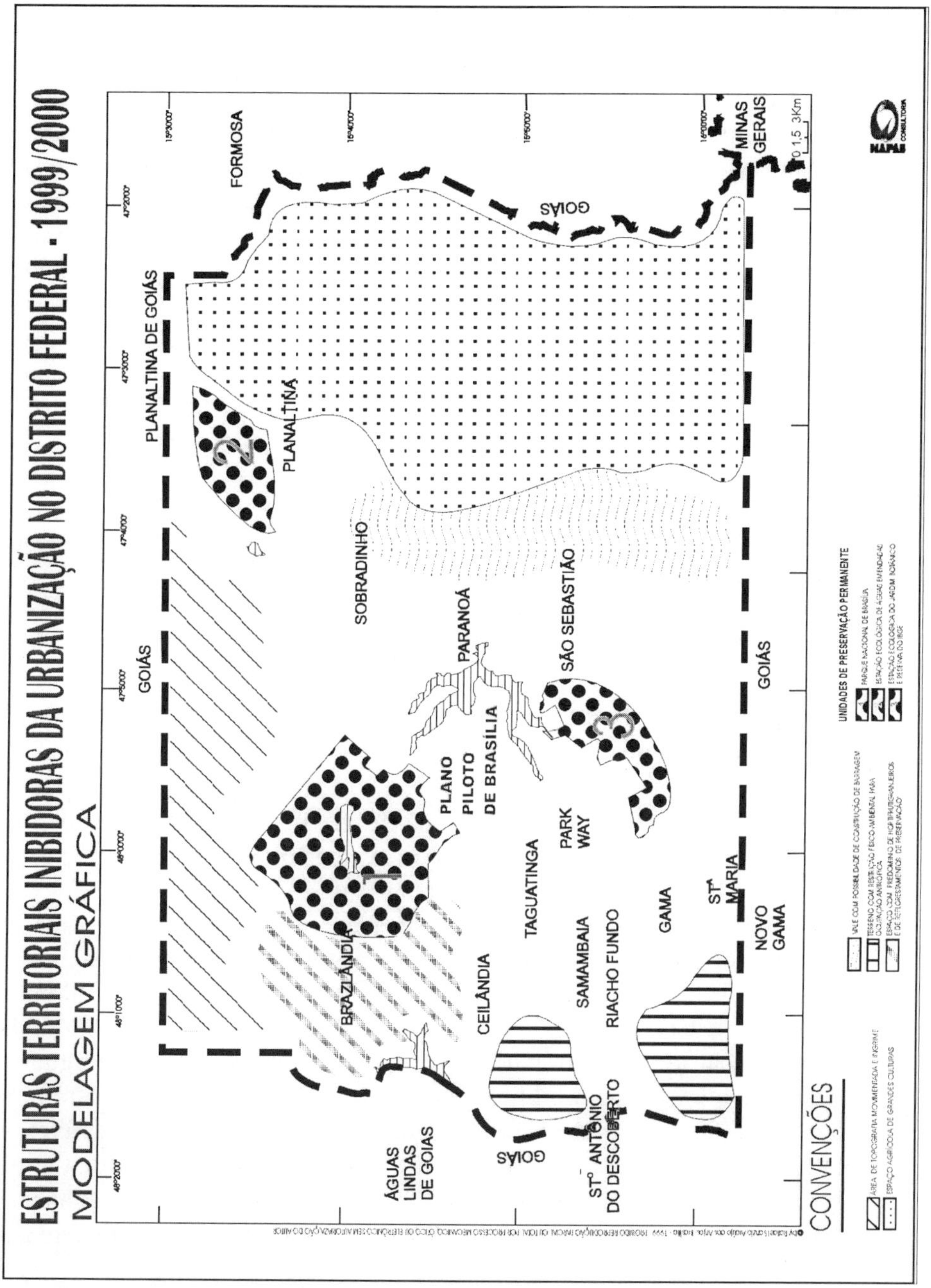

2. Unidades de preservação permanente. Os espaços expressos na Figura 5 constituem unidades que dificultam a formação de um anel radial fechado em torno do Plano Piloto de Brasília. Isso porque as estações ecológicas (Águas Emendadas, Jardim Botânico e a da Universidade de Brasília) são áreas de grande importância para a preservação dos ecossistemas naturais no interesse da pesquisa científica, sendo, portanto, territórios de visitas controladas e geralmente fechadas ao público. O Parque Nacional de Brasília é uma Unidade Ambiental Federal de relevante importância na preservação do bioma do cerrado, sobretudo de espécies em extinção. Um aspecto relevante da sua existência é a qualidade do lago artificial de Santa Maria lá situado, que abastece parte do DF, além de garantir a qualidade da água dos córregos Torto e Bananal, contribuintes importantes do Lago Paranoá. Essas unidades ambientais são, portanto, fundamentais pela não existência de uma estrutura urbana radial "fechada" em torno do "core" do conjunto urbano de Brasília.
3. Área de topografia movimentada e de terrenos com restrição físico-ambiental. A estrutura espacial localizada no eixo norte-noroeste do DF constitui uma área de topografia movimentada, com densidade de nascentes, com "ilhas" de vegetação do cerrado em excelente estado de preservação e uma concentração significativa de grutas e cachoeiras (observar a Figura 5). Em virtude das condições fisiográficas desfavoráveis para a expansão urbana, esse território de vocação para o ecoturismo tem funcionado como um inibidor da dinâmica da urbanização nessas direções. Na porção territorial abaixo da represa do Descoberto, há áreas com manchas de solos do tipo cambissolos, os quais se caracterizam por ser pouco desenvolvidos em razão do relevo movimentado (Haridasan, 1990), por apresentar terrenos cascalheiros e ser susceptíveis a processos erosivos. Existem dois núcleos que formam essa estrutura espacial: um próximo a Ceilândia e Samambaia e outro no sudoeste do DF. Ambos estão separados devido aos vetores de expansão de parcelamentos urbanos privados existentes nessa região.
4. Vale com possibilidade de construção de barragem. Essa estrutura espacial funciona como um agente inibidor do processo de expansão urbana, principalmente. Trata-se de uma área ao longo do vale do rio São Bartolomeu, com um projeto antigo da Companhia de Água e Esgoto de Brasília (CAESB) de construção de uma grande barragem para abastecimento de água do DF. Entretanto, várias modificações já foram feitas nesse projeto (alterações nas cotas de inundação, por exemplo) em razão da significativa expansão de parcelamentos urbanos nesse vale (observar a Figura 5). Outros aspectos relevantes são a poluição e a diminuição da vazão dos mananciais verificadas nesse espaço, causadas pela intensidade da agricultura irrigada.

O registro desse conjunto de fatos geográficos, nesse modelo de abstração e simplificação da realidade do DF, pode ser verificado na Figura 6, que traz a síntese dos processos formadores da dinâmica territorial na região. Mesmo reconhecendo que os mapas constroem um imaginário do que acontece no espaço geográfico, temos a clareza de que um documento cartográfico não é o território, mas é uma das melhores possibilidades de representar e de refletir sobre o espaço histórico e dinâmico que nele acontece.

Essas estruturas espaciais serviram de referências básicas para a definição de parte do macrozoneamento de revisão do Plano Diretor de Ordenamento Territorial do Distrito Federal (PDOT), concluído em 1997, e cujo objetivo básico é ser um instrumento da política territorial e de orientação aos agentes públicos e privados que atuam na produção e gestão das cidades e do território do DF. Os principais espaços que tiveram a contribuição desse estudo são os seguintes:

- Zona Urbana de Consolidação – Esse espaço consolida o Plano Piloto como centro de caráter regional e nacional e induz à ocupação de áreas ociosas e com disponibilidade de infra-estrutura;
- Zona Urbana de Dinamização – Corresponde aos espaços localizados no eixo oeste/sudoeste do DF. Estimula o caráter regional do conjunto urbano de Taguatinga, Ceilândia e Samambaia, promove a diversificação, a flexibilização dos usos e a ocupação das áreas urbanas ociosas e induz à transformação do uso da terra ao longo da linha do metrô e nas suas proximidades. Nesse espaço está proposta a criação da Área do Centro Regional na cidade de Taguatinga;
- Área do Centro Regional – A configuração desse centro constituirá fator de indução ao desenvolvimento do quadrante sudoeste do DF, ampliando as possibilidades de expansão das atividades econômicas, sociais e de lazer;
- Zona Urbana de Uso Controlado – Corresponde às áreas de ocorrência dos parcelamentos urbanos privados que deverão estar sujeitas a critérios específicos de ocupação em virtude das restrições ambientais, principalmente a capacidade de suporte dos recursos hídricos desses territórios;
- Área de Monitoramento Prioritário – Por causa das restrições ambientais necessárias para a Zona Urbana de Uso Controlado, esse espaço será fruto de um processo de observação e fiscalização territorial sistemático, de acordo com o programa preestabelecido entre os organismos envolvidos com a questão e utilizando tecnologias modernas de acompanhamento e transformação dos usos da terra;
- Zona Rural de Uso Controlado – Corresponde à área localizada no norte/noroeste do DF que apresenta necessidade de preservação dos seus mananciais e pelo seu grau de sensibilidade ambiental, em decorrência, principalmente, da ocorrência de uma topografia movimentada nessa região.

FIGURA 6

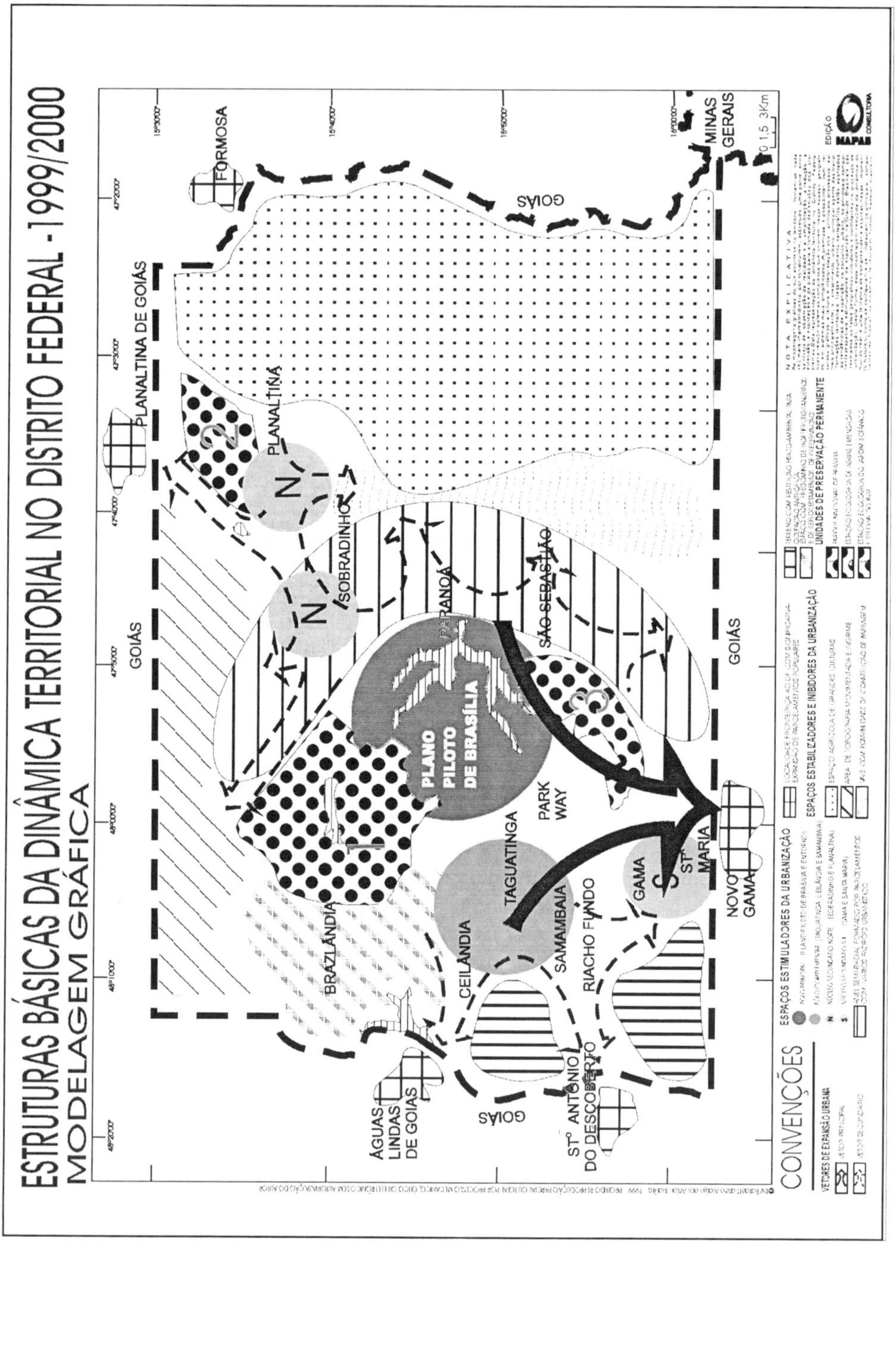
ESTRUTURAS BÁSICAS DA DINÂMICA TERRITORIAL NO DISTRITO FEDERAL - 1999/2000
MODELAGEM GRÁFICA
FORMOSA
PLANALTINA DE GOIÁS
PLANALTINA
SOBRADINHO
PARANOÁ
SÃO SEBASTIÃO
PLANO PILOTO DE BRASÍLIA
PARK WAY
TAGUATINGA
CEILÂNDIA
SAMAMBAIA
RIACHO FUNDO
GAMA
STª MARIA
NOVO GAMA
BRAZLÂNDIA
ÁGUAS LINDAS DE GOIÁS
STº ANTÔNIO DO DESCOBERTO
GOIÁS
MINAS GERAIS
CONVENÇÕES
VETORES DE EXPANSÃO URBANA
ESPAÇOS ESTIMULADORES DA URBANIZAÇÃO
ESPAÇOS ESTABILIZADORES E INIBIDORES DA URBANIZAÇÃO
UNIDADES DE PRESERVAÇÃO PERMANENTE
NOTA EXPLICATIVA
0 1,5 3Km
EDIÇÃO
MAPAS CONSULTORIA

Dessa forma, com a definição das estruturas básicas da dinâmica territorial no DF, criou-se uma possibilidade de contribuição real para o setor decisório, assim como as entidades preocupadas com a gestão do território. É importante lembrar que o conhecimento e aprofundamento das questões do que está acontecendo de fato no espaço do DF é um processo permanente. Entretanto, não podemos perder de vista as caracterizações e construções teóricas já realizadas. Isso porque as informações por si sós não significam conhecimento.

## Considerações finais

O processo de trabalho desenvolvido conduz a alguns aspectos conclusivos, considerando-se que as construções analíticas e as especulações não se esgotaram:

1. Inicialmente, frisar a importância dos documentos cartográficos construídos com princípios da modelagem gráfica como ferramentas com condições concretas de representar graficamente a dinâmica dos agentes condutores da dinâmica no território, assim como apontar tendências espaciais. A linguagem gráfica utilizada no Mapa das Estruturas Territoriais do Distrito Federal estimula a observação e a interpretação do que aconteceu e do que ocorre atualmente no território do DF e qual a sua tendência para o futuro próximo.
2. O processo de leitura das estruturas territoriais, que dinamizam o espaço urbano do DF, caracterizou dois conjuntos de agentes que se ligam ou não ao poder público. Um grupo de atores tem uma função de dinamizadores da urbanização, que agem como estimuladores. Uma atenção especial deve ser dada, pelos organismos responsáveis do processo de planejamento territorial do DF, ao monitoramento espacial da expansão e consolidação dos parcelamentos urbanos distribuídos no anel semi-radial e nos seus vetores de expansão internos. A ocupação de áreas de risco e a degradação ambiental causada pelo desmatamento são conseqüências com evidências fortes de crescimento nessa extensão e, por isso mesmo, há a necessidade de acompanhamento territorial. É relevante lembrar, também, a força das cidades do Estado de Goiás fronteiriças ao DF, que assumem taxas de crescimento urbano elevadas, fato que aponta para uma ampliação da desfiguração territorial sem critérios. A pista concreta de solução é uma gestão efetiva das prefeituras da Região do Entorno em parceria com o governo do DF, particularmente os dirigentes das Regiões Administrativas fronteiriças.

3. O outro conjunto de estruturas espaciais que apresentam a dupla função de inibidoras e de estabilizadoras do processo de crescimento urbano apresenta uma relevância estratégica, principalmente pelas possibilidades de sobrevivência e manutenção dos espaços de preservação ambiental, de produção de alimentos e das áreas sensíveis a transformações de uso. Dessa forma, recomendamos uma atenção mais efetiva às Zonas Nucleares da Reserva da Biosfera – Fase 1, que correspondem às três unidades ambientais da modelagem gráfica que não permitem que a estrutura urbana seja uma radial completa em torno do Plano Piloto de Brasília, o "core" do conjunto urbano do DF e sua Região do Entorno. Quanto às áreas com restrições físico-ambientais, existem propostas concretas no zoneamento do PDOT que merecem ser implementadas, isso significa inicialmente fazer uma gestão efetiva com a população dessas áreas, que pode ter como principal condutor um programa de educação ambiental.
4. O interesse demonstrado e a utilização dos produtos cartográficos das pesquisas por professores da rede pública e privada, em vários níveis de ensino, principalmente da disciplina de Geografia, têm apontado várias possibilidades de uso no processo de ensino-aprendizagem e são um indicativo das contribuições educacionais e da popularização da informação territorial abordada no estudo. Preconizamos que a informação sobre o que acontece no território tem ficado restrita a seletos grupos, e a vinculação dos produtos desse trabalho em programas de educação é um indicador de que a população, num futuro próximo, poderá ter uma participação mais efetiva na gestão do território.
5. O uso dos conteúdos da pesquisa no processo de revisão do Plano Diretor de Ordenamento Territorial do Distrito Federal (PDOT) e o fato de este já se mostrar incorporado na sua versão final de 1997, aprovado pela Câmara Distrital do DF, confirmam a possibilidade concreta de utilização da ferramenta da modelagem gráfica para o processo de planejamento e gestão territoriais.

## Referências bibliográficas

ANJOS, R. S. A. *Monitoramento da expansão urbana no Distrito Federal e sua Região do Entorno Imediato (1964-1990)*. Coleção Textos Universitários. Brasília: Editora Universidade de Brasília, 1991.

__________. Crescimento urbano horizontal do Distrito Federal. *Revista Humanidades Brasília*, 8 (3), 1992, p. 407-415.

__________. "Modelagem dos processos formadores da dinâmica espacial urbana no Distrito Federal do Brasil". Tese de Doutorado em Informações Espaciais. Escola Politécnica da Universidade de São Paulo. São Paulo,1995.

__________. Mapa imagem multitemporal do Distrito Federal do Brasil. 1987-1998. Escala 1:150.000, impresso, Edição do Autor. Acompanha o Mapa dos Processos Formadores da Dinâmica Territorial no Distrito Federal – 1998. Escala 1:150.000. Brasília,1998

__________. Carta Imagem do Uso da Terra do Plano Piloto de Brasília e seu Entorno Imediato – 1998. Escala 1:35.000, impresso, Edição do Autor. Acompanha a Carta Imagem Institucional do Plano Piloto de Brasília – 1998. Escala 1:25.000. Brasília, 1998

Correio Braziliense. Tarde demais para remediar. Caderno Tema do Dia, Brasília, 17/12/2000.

Grigg, D. "Regiões, modelos e classes". *In* Haggett, P. e Chorley, R. J.(orgs.). *Modelos integrados em Geografia*. Rio de Janeiro: Editora Universidade de São Paulo/Livros Técnicos e Científicos Editora, 1974, p. 23-66.

Haridasan, M. "Solos do Distrito Federal". *In* Pinto, M. N. *Cerrado – caracterização, ocupação e perspectivas*. Brasília: Editora Universidade de Brasília, 1990, p. 309-330.

IPDF. Plano Diretor de Ordenamento Territorial do Distrito Federal – Documento técnico. GDF – Séc. de Obras, Brasília, 1996, p. 159.

Pinto, M. N. "Paisagens do cerrado no Distrito Federal". *In* Pinto, M. N. *Cerrado – caracterização, ocupação e perspectivas*. Brasília: Editora Universidade de Brasília, 1990, p. 489-515.

SEMATEC. Mapa de uso e ocupação do solo do Distrito Federal – 1994. Escala 1:100.000. Relatório técnico. GDF - IEMA, 1994.

Semarh. Mapa ambiental do Distrito Federal – 2000. Escala 1:150.000. GDF, 2000.

Le Sann, J. G. Documento cartográfico: considerações gerais. *Revista Geografia e Ensino*, Belo Horizonte: UFMG,1 (3), 1983, p. 3-7.

Théry, H. Modélisation graphique et analyse régionale. Une méthode et un exemple. *Cahiers de Géographie du Québec*, 32 (86), 1988, p. 135-150.

# Políticas públicas e consumo do meio ambiente urbano

Neli Aparecida de Mello[1]

Esta pesquisa aborda alguns elementos que evidenciam a transformação do meio ambiente urbano de Brasília, espaço contemplado em inúmeras experiências de planejamento. Embora em Brasília o planejamento e o ordenamento territoriais tenham tido papéis significativos, as contradições da sociedade brasileira se refletiram nas desigualdades dos espaços, cuja qualidade ambiental está estreitamente ligada aos níveis socioeconômicos de seus habitantes, colocando, ao lado de áreas bem tratadas com disponibilidade de equipamentos urbanos, áreas verdes e áreas legalmente protegidas, espaços sem vegetação, marcados por erosões, assoreamentos e até mesmo com altos índices de poluição hídrica.

A abordagem adotada expressa-se por meio da interpretação dos instrumentos e dos indicadores que caracterizam a política ambiental urbana. A partir daí, tratar-se-á de analisar como o veloz consumo do meio ambiente, pelas cidades, resulta em comprometimentos de áreas urbanas. Se tais limites não estiverem inteiramente ultrapassados, há tempo para deter os processos irrecuperáveis de degradação, dependendo da rapidez com que as intervenções se realizem. A "sub-bacia" do ribeirão Riacho Fundo é apresentada como exemplo de inter-relações meio natural-meio construído. Busca-se também mostrar aspectos da vulnerabilidade dessa região, ressaltando a relação entre o processo de conurbação em franco desenvolvimento entre as cidades-satélites e o recuo das áreas protegidas.

Para finalizar de maneira prospectiva, procurar-se-á considerar como recentes investimentos na região podem ser propulsores de novos focos urbanos

---

[1] A autora agradece pelas contribuições recebidas de Ignez Izquierdo, Leonor Ferreira Bertone, Hervé Théry e dos colegas da coletânea, especialmente Rafael dos Anjos e Brasilmar Ferreira, na discussão dos novos conceitos utilizados neste trabalho, cujo estudo de caso foi resultado de pesquisa desenvolvida no mestrado em Planejamento Urbano da UnB.

aliados à intensificação dos índices de migração, ainda elevados no DF. Tais ocorrências podem reforçar tendências e cenários futuros que indiquem a intensificação de conseqüências ambientais.

Brasília suscita imagens contraditórias: da ilha de prosperidade num país de desigualdades, da capital do poder e de barganhas políticas, totalmente isolada do país, à imagem de ter sido, finalmente, apropriada pelos cidadãos brasileiros nas inúmeras manifestações recentes que transformou a Esplanada dos Ministérios no espaço de reivindicação política. Para os candangos e brasilienses, essas imagens reproduzem-se parcialmente, às quais se agregam outras: a da cidade que vem perdendo dois dos seus principais atributos – a qualidade de vida e a qualidade ambiental, antes invejáveis; a da cidade que ainda cresce aceleradamente e sofre com os mesmos problemas urbanos das grandes metrópoles; a da cidade que expulsa os jovens e pessoas não-qualificadas do mercado de trabalho formal e não abre novas oportunidades. Problemas que parecem quase infindáveis.

Nesse contexto de cidade – laboratório, local da experiência de planos e projetos públicos, de regulações e controles ao lado de dinâmicas sociais coletivas e privadas, alguns aspectos que consideramos importantes serão ressaltados, tanto para compreender como o ambiente urbano da capital brasileira hoje se apresenta como para detectar como o mesmo é percebido, sobretudo por seus governantes e cidadãos.

Essas múltiplas questões sugerem que o crescimento e a gestão da cidade assumiram trajetórias distintas ao longo dos seus 42 anos. Para entendê-las, é preciso destacar algumas referências fundamentais.

## Princípios básicos

As múltiplas visões de cidade podem ser complementares ou mesmo contraditórias. Pode-se relembrar que a cidade já foi vista como *locus* da produção, transformação e criação de bens econômicos e foco de difusão de inovações científicas, técnicas e tecnológicas (Becker, 1992); como fonte de produção de bens materiais e geradora de empregos ou multidimensional, como o local da construção de alternativas sociais (Milton Santos, 1981, 2000); como somatório de problemas e de soluções setoriais e pontuais (Mello, 1995); ecossistema urbano, um organismo que consome energia e produz resíduos (Dias, 1989); ou ainda o *locus* do consumo de bens ambientais (Metzger, 1994).

O espaço urbano, primado da ação humana, é um ambiente eminentemente construído, resultante da transformação e da inserção de novos elementos advindos do desenvolvimento técnico e tecnológico e dos meios de produção da sociedade.

Em seu processo evolutivo, novos temas surgiram como referenciais capazes de respaldar seu ordenamento, sua gestão. O enfoque ambiental adquire importância dentro do processo de gestão da cidade quando se pensa em gerações futuras. O meio ambiente urbano constitui-se como um novo campo temático, onde as imprecisões conceituais ainda se fazem presentes. Procurar compreendê-lo implica ter uma visão integrada, articulada de presente e futuro.

Para Peltre e Metzger (1994), *meio ambiente urbano* envolve um "sistema de objetos que evoluem no tempo e no espaço, de políticas de gerenciamento, de consumos e usos e de funcionamento de sistemas materiais (naturais, artificiais ou técnicos) e de noções de um espaço que é resultado de processo histórico territorial, resultantes tanto das maneiras de produzir (fabricar, tornar consumível) e de consumir (utilizar, transformar, degradar) as 'coisas' (os recursos naturais, mas também técnicos, sociais, jurídicos e culturais)". Para a compreensão e abordagem desse meio ambiente urbano, esses autores propuseram tratá-lo como um *bem*, "ao qual todos os cidadãos têm direito e que é necessário restaurar e preservar para transmitir às gerações futuras". Cunharam a noção de "bem comum" como uma nova categoria mental, que irá provocar mudanças na forma de gestão da cidade, a qual implica em revisão de regras e em procedimentos para garantir a toda a sociedade o acesso aos bens coletivos.

Outro conceito importante para a compreensão do meio ambiente urbano relaciona-se ao *comprometimento ambiental* que deriva do que Novaes (1993) e Balassiano (1993) trataram como a alteração do equilíbrio do ecossistema num limite ainda inferior à degradação, isto é, a relativa perda de sua capacidade natural de recuperação, a qual é agravada pela inexistência ou deficiência de infra-estrutura. Assim, intensifica as baixas condições de vida de amplos segmentos sociais e fragiliza as próprias condições ecossistêmicas. No estudo de caso da sub-bacia do Riacho Fundo, avaliamos o *comprometimento* do equilíbrio por meio dos riscos ambientais e dos seus efeitos sobre a qualidade da água, do ar e do solo e também em decorrência dos níveis de criticidade (75% ou mais) encontrados em um determinado segmento urbano.

Outras referências conceituais se relacionam à qualidade ambiental e à qualidade de vida, sendo a primeira considerada como uma parte constituinte da segunda. Seus fatores determinantes são habitação, saúde, educação, saneamento; além desses, uma política de uso dos espaços com suas manifestações de prejuízo ambiental. Acrescem-se a essa preocupação com qualidade ambiental as normatizações oriundas da ISO 14.000, voltada aos processos produtivos nas empresas e à vida útil dos produtos, consistindo no atendimento aos requisitos de natureza física, química, biológica, social, econômica e tecnológica, de maneira a assegurar a estabilidade das relações ambientais no ecossistema no qual se inserem as atividades das empresas. Um aspecto que poderá contribuir para a gestão urbana.

Por outro lado, gerenciar um espaço urbano é tomar decisões, a princípio, para beneficiar a coletividade, elegendo prioridades num universo de conflitos, problemas e perspectivas. Em geral, os problemas urbanos brasileiros se referem à escassez e ao desperdício, tanto para grandes como para pequenas cidades: carências de saneamento, de abastecimento de água tratada, de limpeza urbana; ou da "sobrexploração" dos recursos naturais como a água, ar e solos, provocadora dos diversos tipos de poluição; de lixões a céu aberto, nocivos à saúde; de elevado consumo de energia. Problemas estes que atingem o conjunto urbano de Brasília de maneira bastante desigual, tendo maiores expressão e conseqüências para determinados segmentos sociais e cidades-satélites.

## Existe uma política ambiental urbana?

À medida que surgem problemas e pressões para solucioná-los, normalmente mecanismos são instituídos nas políticas públicas e colocados em uso. Nossa questão torna-se, portanto, pertinente.

Para respondê-la podemos resgatar algumas leis e decretos surgidos no Brasil a partir do momento em que a poluição industrial começou a se tornar um grande problema para a população e exigiu providências por parte do poder público.

A primeira lei, de 1980, tratou das diretrizes básicas para o zoneamento industrial nas áreas críticas de poluição (Lei nº 6.803, de 2/7/1980), quando se passou a exigir a *avaliação de impactos ambientais*, instrumento que foi posteriormente incorporado na Lei de Política Nacional do Meio Ambiente (6.938/81). A exigência do *licenciamento* e a *revisão de atividades efetivas ou potencialmente poluidoras* foram o segundo passo e estabeleceram um corpo normativo que constituiu o Sistema de Licenciamento Ambiental (SLAP). Embora alguns Estados já dispusessem de mecanismos de controle e proteção, esse novo aparato jurídico e institucional nacional foi colocado em funcionamento visando à proteção do meio ambiente.

Gradativamente, várias resoluções foram sendo aprovadas no Conselho Nacional de Meio Ambiente (CONAMA), com o objetivo de reduzir a poluição, definindo o limite máximo de emissões e os padrões ambientais. Esses padrões ambientais tratam do uso da terra, do uso da água, da qualidade do ar e pode-se dizer que os limites estabelecidos hoje, ao nível nacional, são comparáveis aos padrões estabelecidos em países mais exigentes com as questões ambientais e onde o controle social se faz mais presente. No entanto, o reduzido poder governamental e a falta de prioridade de caráter ambiental completam o restrito interesse da sociedade, transformando uma legislação avançada em "letra morta".

Os instrumentos da política ambiental foram, portanto, fundados na necessidade de controle em áreas urbanas. À época foram instrumentos avançados, sobretudo porque procuraram mostrar a necessidade de se estabelecer limites ao consumo dos recursos ambientais. Mas, ainda hoje, o caminho a percorrer é longo: há interpretações diversas acerca das resoluções, há aumento de custos para os empreendedores, há desinteresses nítidos daqueles que são obrigados a atender tais requisitos e, normalmente, quando se tratam de atividades implantadas pelo próprio governo, o cumprimento, quando se faz, é de maneira "pró-forma". Por outro lado, quando há controle social, ele é focalizado, pontual, estando distante dos focos de atenção e das reivindicações dos movimentos sociais, os quais estão mais voltados a garantir o direito ao teto, à moradia, ao aumento de oportunidades de trabalho.

Não se pode negar, entretanto, que há um "embrião" de política ambiental para as cidades brasileiras, embora sejam políticas compartimentadas que abordem questões específicas.

No Distrito Federal, podemos exemplificar com a Lei de Política Ambiental (Lei nº 041/89) e com leis que tratam da política urbana, dos planos diretores (Leis nº 208; nº 212/91 e nº 353/92) e seus instrumentos e mecanismos tributários, jurídicos e administrativos, entre eles o macrozoneamento, as diretrizes de uso e ocupação e o estabelecimento de conselhos locais.

Dois aspectos acerca desses mecanismos valem ser mencionados: a fragilidade de cumprir o objetivo de proteção ambiental e o direcionamento, *grosso modo*, para atender ações convencionais de controle e licenciamento ambiental de grande porte. Há, ainda, outros aspectos nos quais é preciso investir fortemente: "contra-argumentar" setores que trabalham sistematicamente na difusão da idéia de que há excesso de regulamentação; aumentar a importância política do setor ambiental no quadro de governo; superar dificuldades em razão das competências concorrentes entre os níveis de governo federal, estadual e municipal; "ecologizar" seus instrumentos.

Por isso, se quisermos pensar em um ambiente urbano mais equilibrado, é preciso introduzir e ampliar ações preventivas e tornar mais ecológicos o Plano Diretor, a Lei de Uso do Solo, as leis de limpeza urbana, condicionando a ocupação e produção do espaço com os limites do meio físico, integrando as disponibilidades e a oferta de áreas verdes urbanas, evitando conflitos de arborização com as redes elétricas e tubulação subterrânea e investindo na mudança de valores do cidadão com educação ambiental urbana. É preciso também investir em transporte de massa e tornar a gestão local como resultado da mediação governo/sociedade, em que os interesses diversos dos inúmeros segmentos sociais foram negociados publicamente.

Apesar de a Constituição Federal ter inovado com o capítulo que trata do meio ambiente, a questão do federalismo e das competências concorrentes ainda gera vácuos. A área que foi mais atingida nesse processo é a de licenciamento: como algumas leis dão margem a interpretações diversas, ocupa-se um tempo precioso em discussões entre as instituições e abrem-se brechas para que ocorram fatos que se tornam irreversíveis, facilitando que pressões de interesses econômicos se exerçam e fortaleçam os meios de resistência ao controle.

Os governos federal e distrital, representados pelo Instituto Brasileiro de Meio Ambiente e Recursos Naturais Renováveis (IBAMA) e a Secretaria de Meio Ambiente, Ciência e Tecnologia/Instituto do Meio Ambiente, não conseguiram desfazer o imbróglio institucional de maneira a acompanhar o desordenado processo de ocupação das Áreas de Proteção Ambiental (APAs), deixando que se transformassem em espaços urbanos comprometidos ambientalmente. O reduzido apelo do tema proteção frente à especulação imobiliária, sobretudo após a classificação do Plano Piloto como Patrimônio da Humanidade, não encontrou barreiras sociais ou jurídicas que impedissem a sua ação degradadora.

As APAs das bacias do São Bartolomeu e do Descoberto, que poderiam servir como laboratório do planejamento ambiental, orientando, pelo zoneamento, o uso e a ocupação do solo, conservando áreas de risco, de sensibilidade ambiental e com a proteção da diversidade da fauna e flora locais, acabaram sendo palco da proliferação dos *condomínios rurais,* enquanto se discutiam modificações nas leis que as instituíram e na responsabilidade da gestão. Todos os projetos em ambas as APAs, incluídos os loteamentos urbanos, deveriam ser analisados e licenciados pelo órgão de meio ambiente do governo federal, o IBAMA. Para a APA do rio São Bartolomeu, estudos foram realizados resultando em um Plano de Manejo (1987), o qual previa um conjunto de zonas e atividades apropriadas, incluindo áreas mais protegidas para acesso apenas a pesquisadores, áreas para recreação e educação ambiental, áreas para uso e ocupação mais intensos.

Em 1987, com a criação da Secretaria de Meio Ambiente, Ciência e Tecnologia do Distrito Federal, iniciam-se discussões e negociações para o repasse das responsabilidades de licenciamento e monitoramento ambiental dessas APAs ao poder local. Isso originou um vácuo de responsabilidades que habilmente empresas imobiliárias privadas souberam aproveitar, negociando áreas rurais na bacia do rio São Bartolomeu e transformando-as em *condomínios* que se proliferaram largamente, os quais foram ofertados a segmentos sociais distintos. O próprio governo local aprovou expansões urbanas em Brazlândia e assentamentos públicos próximos à represa do rio Descoberto. O quadro caótico de hoje resulta das ocupações em locais de risco tanto para o abastecimento de água como na intensificação de fortes erosões que assoream os rios e o próprio Lago. Somente a partir de 1997, com a Resolução Conama 237, reconheceu-se expressamente que cabe aos órgãos ambientais estaduais a decisão sobre os estudos ambientais necessários ao processo de licenciamento (Gouvêa, 1998).

Todavia a política ambiental urbana não cabe apenas ao Executivo federal ou ao distrital. Há outros organismos que têm o poder de agir e participar de decisões sobre o uso do território e dos recursos ambientais: o Ministério Público, as Organizações Não Governamentais (ONGs), a imprensa e os conselhos locais. O Ministério Público local tem sido pró-ativo e vem procurando servir-se de estudos e pesquisas realizados na Universidade de Brasília para fundamentar sua ação. A Rede do Cerrado, constituída por várias organizações, tem trabalhado constantemente visando a aumentar a mobilização, e a imprensa tem reforçado a difusão e cobrança acerca da qualidade e da proteção ambiental de uma maneira geral, sem se deter a um ou outro problema existente. É lamentável, porém, que a atuação dos Conselhos Locais de Meio Ambiente, existentes para cada região administrativa do DF com participação governo-sociedade, venha ocorrendo sem nenhuma expressão, sem força.

## O comprometimento ambiental, apesar dos instrumentos... Um estudo de caso

A ocupação humana é o fator principal de intensificação das transformações do meio ambiente natural no DF. Anjos (1996) apontava que no ano 2000, para abrigar uma população de 2.018.167 habitantes, a mancha urbana iria se expandir para 98.230 hectares, quase o dobro dos 55.630 hectares destinados à ocupação urbana em 1995 (IEMA,[2] 1995). Mas, a estas áreas devem ser agregadas outras onde há perda da qualidade ambiental: as áreas degradadas pela exploração de materiais para construção civil como cascalheiras e saibreiras e pela localização de manchas urbanas sobre Áreas de Sensibilidade Ambiental.[3]

Aos problemas decorrentes das limitações ambientais se juntam aqueles relacionados à deficiência de infra-estrutura e serviços urbanos, sobretudo nas novas cidades-satélites, novas áreas urbanas no eixo oeste e sudoeste do DF e nos condomínios urbanos de alto e médio padrões. Os danos e comprometimentos ambientais são caracterizados pela alteração dos solos com resíduos e contaminações, pela redução da cobertura vegetal e aumento das áreas impermeabilizadas, pelo aumento das erosões nas encostas das chapadas e assoreamento dos cursos d'água e do Lago.

No eixo mais urbanizado do DF, na Chapada do Rodeador, onde se situam as cidades-satélites de Ceilândia, Taguatinga, Samambaia e Recanto das Emas I e II, a ocupação das encostas é responsável pela intensificação dos processos

[2] Instituto de Meio Ambiente do Distrito Federal.

[3] Estas áreas são consideradas de alta sensibilidade ambiental e possuem restrição ao uso, mas não possuem nenhuma lei de proteção específica. Apresentam altos riscos de erosão advindos das condições geológicas e geomorfológicas ou a impermeabilização das cabeceiras de drenagem, fenômenos agravados pela perda continuada de áreas de vegetação natural. *Grosso modo*, todas essas áreas estão concentradas nas porções centro-sul e noroeste do DF, coincidindo com as proximidades dos reservatórios de abastecimento de água, bordas de chapadas e outros trechos de topografia levemente acidentada, porém associada a solos extremamente sensíveis à erosão.

erosivos e pelo desmatamento de nascentes e matas-galeria. No eixo sudoeste, localizados na Depressão do Paranoá, Candangolândia, Núcleo Bandeirante, Riacho Fundo I e II e Telebrasília encontram-se, também, rodeados pelas erosões, áreas de solos expostos (geralmente cascalheiras), cursos d'água poluídos e assoreados e poluição do ar por partículas em suspensão. No eixo nordeste, situado ao longo da cumieira que contorna a Depressão do Lago Paranoá, *condomínios* se espraiam pelo local, subindo encostas e ocupando nascentes. Esses condomínios são completamente independentes uns dos outros, normalmente fechados por grandes muros, grades ou cercas. Seus sistemas viários internos são dimensionados apenas para áreas residenciais e não se integram com os condomínios vizinhos. O sistema de abastecimento de água ainda se faz por poços artesianos e os esgotos são lançados em fossas sépticas ou em cursos d'água. As Unidades de Conservação e as áreas de preservação permanente estão sendo consumidas pelas bordas, ao mesmo tempo em que a diversidade animal e vegetal, que antes existia, encontra-se cada dia mais empobrecida.

Essas transformações da paisagem, marcadas pelo intenso processo de urbanização, ocorrem sempre em velocidade inversamente proporcional à capacidade natural de renovação dos ecossistemas.

As etapas desse processo de *comprometimento ambiental* na sub-bacia do ribeirão Riacho Fundo foram identificadas por meio de interpretação de fotos aéreas dos anos 1964 e 1995 (Mapas 1 e 2). O tratamento das informações[4] realizou-se por meio da análise dos seguintes parâmetros referenciais:

- vegetação (índices de modificação da cobertura original e atual e de proteção ao solo);
- declividades (classes de declividade e usos em áreas de encostas e áreas íngremes);
- usos do solo (urbano e rural);
- os elementos urbanos (lagoas de estabilização, metrô, estrada de ferro, áreas de expansão);
- áreas de preservação permanente ou áreas protegidas (margens dos córregos, ribeirões e o Lago Paranoá, as nascentes, bordas de chapadas, as áreas definidas pelo poder público);
- as áreas de solos expostos, de movimentação de terra e cascalheiras.

Como resultado da fotointerpretação e do tratamento desses parâmetros, as modificações no ambiente natural foram ressaltadas nos Mapas 1 e 2 e no Quadro 1:

[4] Para se descrever as alterações identificadas, baseou-se numa adaptação da metodologia de Diagnóstico Físico Conservacionista (DFC) (Beltrame, 1994) que dividiu a bacia hidrográfica em setores (alto, médio e baixo), condição muito apropriada para o estudo de bacias hidrográficas com uso predominantemente rural e reduzido uso urbano.

# As transformações das paisagens no Distrito Federal: o caso da sub-bacia do Riacho Fundo

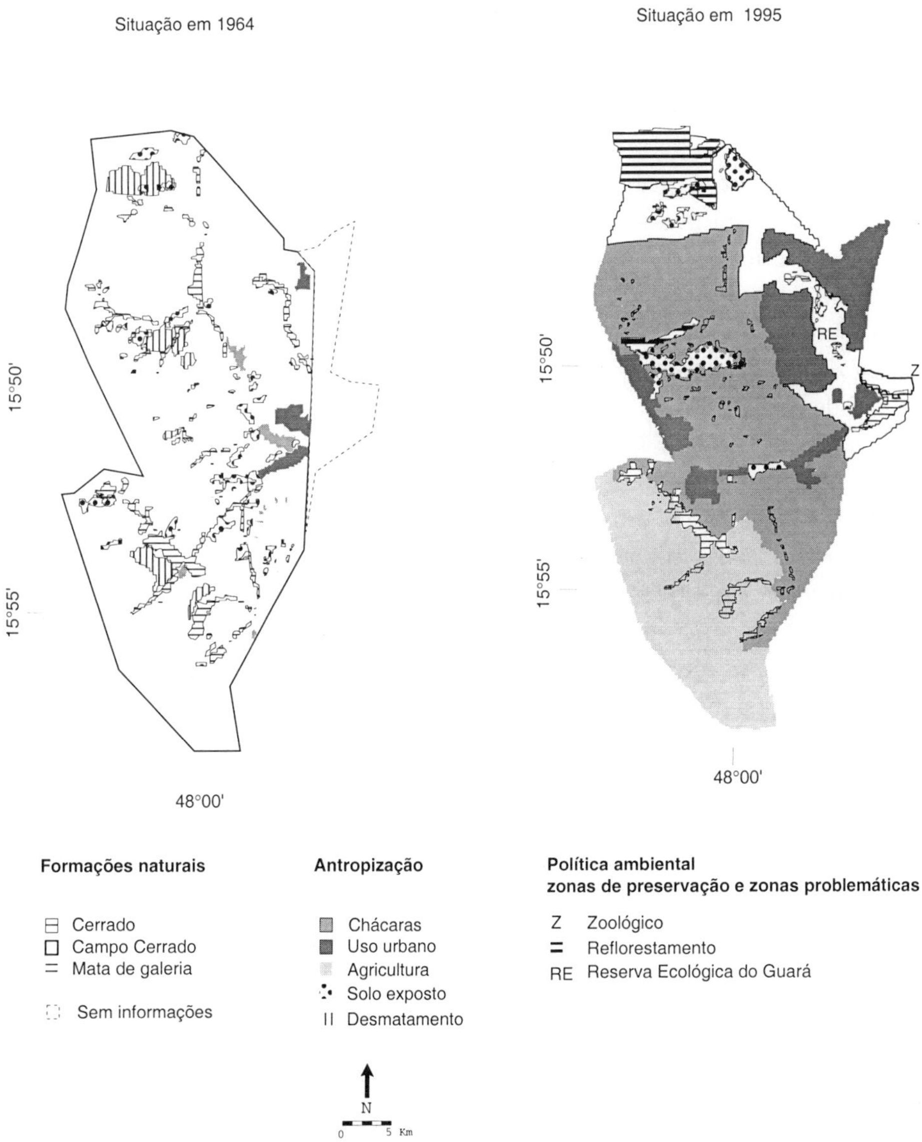

A vegetação típica foi radicalmente substituída: de uma cobertura vegetal original que cobria uma área aproximada de 166,97 km$^2$ em 1964, foi reduzida para 40,51 km$^2$ em 1995. Tal situação remete-nos à relação campo-cidade e à desigual contribuição dos ambientes nesse processo: o crescimento do urbano que se faz em detrimento do rural; a rapidez da transformação da paisagem rural se faz à base do desperdício dos recursos naturais, reforçando o argumento de que, a partir do aumento da velocidade da construção da cidade, aumenta também a ocorrência de comprometimentos ambientais. Estaríamos de fato ante a inexorável destruição do meio em que surgem as cidades, num mundo urbano futuro, ou existem alternativas para novos modelos de cidades?

A situação da sub-bacia do Riacho Fundo pode nos servir para reflexão sobre o processo. A legislação ambiental foi cumprida, mas é importante destacar o cumprimento "pró-forma". O Relatório de Impacto Ambiental (RIMA) (Sena, 1990) da sub-bacia foi realizado para a implantação do Núcleo Habitacional do Riacho Fundo. Segundo este RIMA, as características geotécnicas das rochas da região não apresentavam restrições à edificação e os aqüíferos não apresentavam nenhum comprometimento sanitário aparente; mas já havia alta susceptibilidade à erosão na faixa situada à margem esquerda do ribeirão Riacho Fundo e nas margens da rodovia BR-060; já eram observadas voçorocas profundas (de até 4,0 m).

O uso do solo em 1990 caracterizava-se por extensas áreas com hortifruticulturas nas margens dos córregos Vicente Pires, Ipê e Riacho Fundo, culturas extensivas de milho-doce, trigo e pastagens pertencentes à Empresa Brasileira de Pesquisa Agropecuária (Embrapa), e nas duas vilas agrícolas, o Combinado Agrourbano I e II, onde viviam 160 famílias. Essas culturas foram substituídas por habitações cujo padrão é o da classe média de Brasília.

O programa de mitigação de impactos recomendava a elaboração do plano de controle de erosões, com a implantação de um sistema de águas pluviais para evitar a intensificação dos processos erosivos; e, no plano urbanístico, a necessidade de respeitar as várias formas topográficas, definindo cada tipo de restrição de uso. As medidas se baseavam no monitoramento da qualidade da água, dos níveis de erosão e em um programa de educação ambiental e de conservação de áreas naturais. Entretanto, a intensificação da ocupação urbana sobre áreas de risco e em solos susceptíveis contribuiu para a situação erosão-assoreamento existente no ribeirão.

O Riacho Fundo durante muito tempo foi utilizado como receptor de despejos industriais dos matadouros Bandeirantes, Modelo e domésticos. Os córregos Vicente Pires e Guará foram também utilizados para despejo dos esgotos domésticos e do Setor de Indústria e Abastecimento. As lagoas de estabilização do Guará I e II, desativadas em 1992, contribuíram para a deterioração da qualidade da água dos córregos por terem sido mal dimensionadas. Em 1992, a CAESB fez a ligação dessas cidades à Estação de Tratamento de Esgoto Brasília Sul (ETE/SUL), por meio de um emissário que corre paralelamente aos cursos d'água. A cidade de Riacho Fundo passou a ser atendida pela estação de tratamento em 1998. O sistema de monitoramento da CAESB, atualmente com uma periodicidade semanal, tem detectado que houve redução do lançamento de dejetos domésticos *in natura* nos córregos Vicente Pires, Guará e Riacho Fundo, mas ainda permanece o problema de ligações clandestinas.

Porém, no fim dos anos 1980 e início dos 1990, a situação era extremamente grave, forçando a CAESB a desenvolver um programa de despoluição da bacia do Lago Paranoá, com resultados positivos na redução das cargas de fósforo de 160 kg/Pt/dia, em 1991, para 15 kg/Pt/dia em 1996. Apesar da desativação de inúmeros pontos de esgoto doméstico e dos postos de gasolina, a turbidez e a quantidade de sujeira no ribeirão demonstram o total comprometimento da qualidade daquele corpo d'água, que é ainda mais agravado pela erosão do solo na área da bacia e o uso de defensivos agrícolas ao longo de seu curso. Os resultados do monitoramento que vem sendo realizado pela CAESB permitem a avaliação constante do Índice Gerencial de Qualidade da Água para Corpos Receptores (ICR), utilizando parâmetros de oxigênio dissolvido, DQO, DBO, coliformes fecais, sólidos suspensos, amônia e fósforo total para identificar as classes excelente, bom, regular, insatisfatório, previstas pela Resolução 20, do CONAMA. No caso específico da bacia do Lago Paranoá, apesar da evolução da qualidade da água, é ainda o ribeirão Riacho Fundo o maior contribuinte para a poluição do Lago Paranoá.

No que se refere às áreas de sensibilidade ambiental das matas ciliares, córregos e ribeirões da sub-bacia do ribeirão Riacho Fundo, elas estão insertas nas classes mais elevadas de risco. O conhecimento desse quadro levou o IEMA, desde 1988, a propor a formação de um conjunto ecológico integrado, protegido por lei, procurando unir as matas ciliares dos afluentes formadores do Riacho Fundo, ao norte com a área contida no perímetro de 10 $km^2$ de proteção do entorno do Parque Nacional de Brasília; formando, a seguir, um corredor, que integra a Reserva Ecológica do Guará, o Zoológico e a Área de Relevante Interesse Ambiental do Santuário de Vida Silvestre do Riacho Fundo, prosseguindo até encontrar com a confluência entre o ribeirão Riacho Fundo e o Lago Paranoá, onde se localiza a APA do Lago Paranoá. O que se encontra hoje é uma situação de conflitos estabelecidos.

Podemos assim sintetizar, no Quadro 1, as transformações de 1964-1995:

| | **Condições hidrográficas e matas-galeria** |
|---|---|
| 1964 | Mata-galeria exuberante e diversificada nos cursos d'água Riacho Fundo, Ipê, Capão, Guará, Vicente Pires e Samambaia |
| 1995 | As matas-galeria são reduzidas a resquícios nas nascentes do Guará, na ARIE do Riacho Fundo bem como a montante e nascentes deste ribeirão. A diversidade de espécies vegetais é baixa e os assoreamentos já são generalizados. A turbidez e a quantidade de sujeira no ribeirão demonstram o comprometimento da qualidade daquele corpo d'água |

| | **Vegetação natural** |
|---|---|
| 1964 | Predominância de *campo cerrado* |
| 1995 | Restam somente algumas pequeníssimas manchas do *cerrado* típico |

| | **Utilização dos solos (urbano/rural)** |
|---|---|
| 1964 | Único núcleo urbano: Núcleo Bandeirante; predomínio de uso rural |
| 1995 | Aumento da densidade e formação de um *continuum* urbano entre *chácaras* de Mansões Park Way e Núcleo Bandeirante, Vila Metropolitana, Divinéia, Parque das Mercês, Telebrasília e Riacho Fundo; consolidação do Guará e Águas Claras. |

| | **Solos expostos, cascalheiras e movimento de terra** |
|---|---|
| 1964 | Grandes zonas de solos expostos |
| 1995 | Cascalheiras entre os córregos Ipê, Capão, médio curso do Riacho Fundo, Cana do Reino e Samambaia |

| | **Elementos urbanos** |
|---|---|
| 1964 | |
| 1995 | Setores de *chácaras* densamente povoados, expansão das áreas urbanas, reflorestamento, aparecimento do Lixão e Estrutural |

| | **Áreas de preservação permanente e protegidas** |
|---|---|
| 1964 | Matas-galeria ao longo dos cursos d'água |
| 1995 | Conflitos: redução da reserva ecológica do Guará e da ARIE do Riacho Fundo; as matas-galerias se reduzem a pequeninas manchas, perda da biodiversidade |

| | **Usos em declividades e áreas íngremes** |
|---|---|
| 1964 | |
| 1995 | O Setor de Mansões Park Way, o Setor de Áreas Públicas, as áreas de expansão do Guará e Candangolândia, Riacho Fundo, Placa das Mercês se desenvolvem sobre as margens do Vicente Pires, do Samambaia, Ipê e do ribeirão Riacho Fundo. |

| | **Áreas de riscos** |
|---|---|
| 1964 | Nascentes dos córregos Samambaia, Arniqueira, Ipê, Riacho Fundo e seus interflúvios |
| 1995 | Setor de Mansões Park Way, às margens do corrego Ipê, e a encosta situada entre Telebrasília e Núcleo Bandeirante. Erosão nas bordas das chapadas e nos vales dos cursos d'água. Ampliam-se áreas de lixo e de entulhos em locais inapropriados |

Com base na fotointerpretação e na caracterização dos fatores analisados e modificados pela ocupação humana a partir de 1964, nessa sub-bacia, foi elaborado o mapa do comprometimento ambiental em 1997, em que foram analisados os problemas ambientais, seu grau de criticidade e os processos de agressão às áreas preservadas e protegidas.

**O Mapa 3 ressalta o comprometimento da sub-bacia: o comprometimento ambiental na sub-bacia do ribeirão Riacho Fundo**

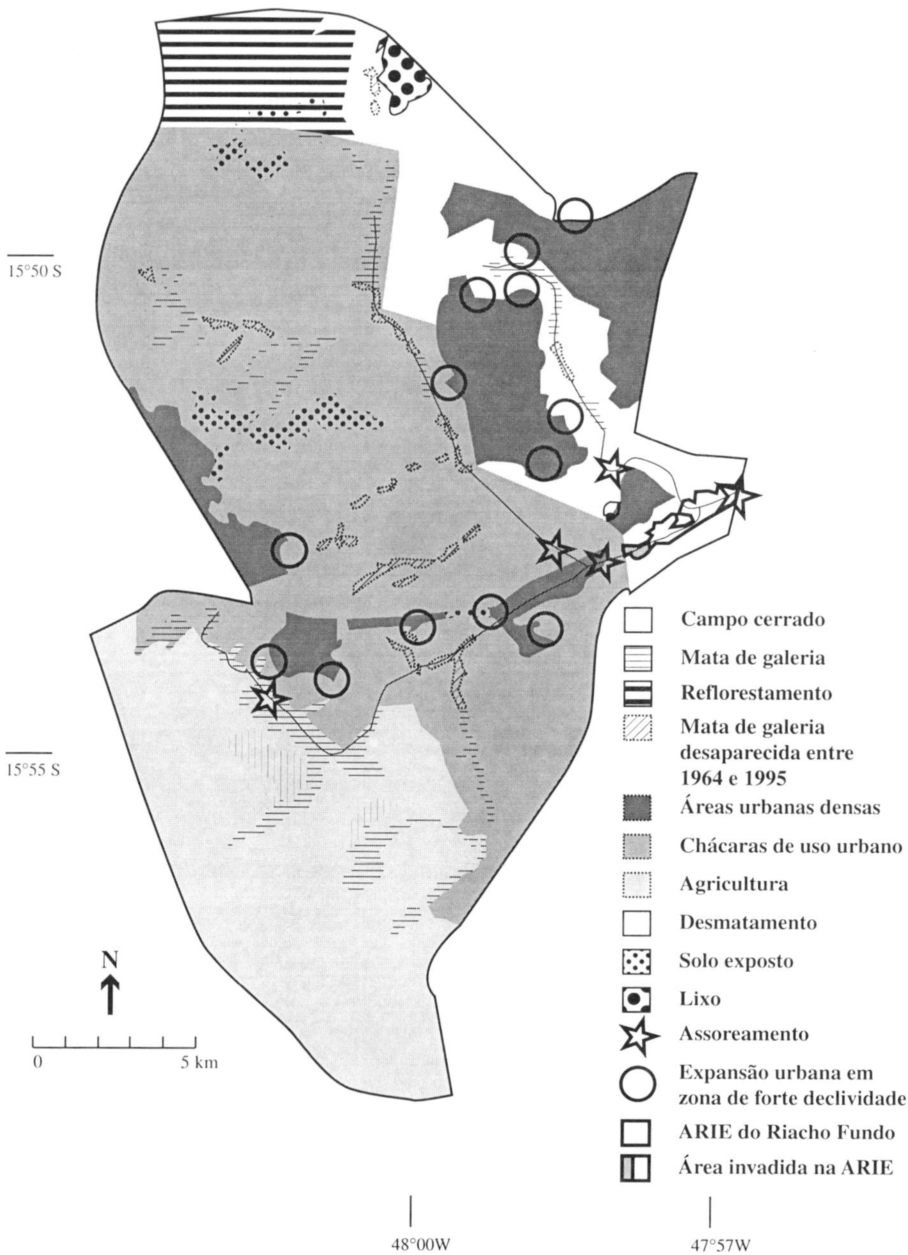

Complementando a pesquisa desenvolvida anteriormente, procuramos reinterpretar o recente trabalho realizado por Le Tourneau (2000), que se deteve sobre as alterações ocorridas no tecido urbano de Brasília entre 1992 e 1999. Baseado na interpretação de imagens de radar, Le Tourneau identifica uma infinidade de novas e imensas ocupações em 1999, classificando-as por:

a) o primeiro conjunto: *setores surgidos entre 1992 e 1999*:

- localizados fora do DF, no Estado de Goiás, a oeste, uma nova cidade – Águas Lindas – surge "da noite para o dia" e é acompanhada de diversos outros loteamentos dispersos. Essa cidade e os loteamentos que surgiram na bacia do Rio Descoberto, acompanhando a rodovia Brasília-Pirenópolis, remetem-nos ao resgate do processo ocorrido nos anos 1980 no município de Luziânia: a aparição de loteamentos sucessivos, sem o menor cumprimento dos pré-requisitos urbanos e sem se preocupar com as possibilidades e o local de trabalho para os futuros moradores, mas simplesmente ofertando, sobretudo para segmentos de renda mais baixa, o "sonho da propriedade do local onde construir a casa própria". Ao sul do DF, podem-se citar, como exemplo, novas expansões que se agregam à Cidade Ocidental, Valparaíso, Luziânia; novos loteamentos formando uma massa contínua entre Novo Gama e a rodovia BR-040, emendados no limite do DF, e novas "cidades", como Cidade Osfaya;
- dentro do DF, Recanto das Emas I e II, Riacho Fundo II, Santa Maria, São Sebastião II, Estrutural, várias quadras de expansão em Sobradinho II, Brazlândia, em Águas Claras e no Guará e ainda inúmeros novos loteamentos em Planaltina e no Vale do Amanhecer.

b) o segundo conjunto: *zonas fortemente densificadas entre 1992 e 1999*:

- houve aumento de densidade ao sul do DF, seguindo a BR-040, a oeste, Alexânia e as suas áreas de expansão e, ao norte, em Planaltina de Goiás;
- dentro do DF, os mais significativos espaços de densificação se encontram no conjunto Águas Claras, no pistão sul de Taguatinga, Vila Lúcio Costa, chácaras números de 1 a 10 do Setor de Mansões Park Way, Mansões Dom Bosco e nos inúmeros condomínios situados próximos da Escola Superior de Administração Fazendária (ESAF).

As imagens analisadas em 1999 por Le Tourneau ratificam a implementação da diretriz definida pelo Instituto de Planejamento do Distrito Federal (IPDF) em 1995, cujo eixo principal da urbanização, oeste-sudoeste do quadrilátero distrital, está formado pelas cidades de Taguatinga, Guará e Gama, já consolidadas, associadas ao recente fortalecimento de Águas Claras, Riacho Fundo, Recanto das Emas e Santa Maria.

Esse contexto nos leva a inferir que esse padrão de comprometimento pode ter também se reproduzido em outras bacias hidrográficas do DF. Os inúmeros loteamentos e as cidades novas construídos nas áreas banhadas pelas bacias do rio Descoberto e Corumbá podem ser tomados como exemplo.

## Conurbação e recuo das áreas protegidas: reforço à vulnerabilidade?

Podemos falar em um processo de conurbação entre alguns setores do DF e municípios vizinhos, no Estado de Goiás, em diversas direções, ainda que fragilmente instalado.

O vetor de direção sudoeste e sul, previsto no Plano Diretor de Ordenamento Territorial (PDOT/95), segue a "orientação de dinamização preferencial do vetor de expansão urbana" integrando as cidades-satélites do DF (Taguatinga, Samambaia, Recanto das Emas, Gama e Santa Maria) com cidades e setores urbanos nos municípios de Novo Gama, Valparaíso, Cidade Ocidental e Luziânia.

No entanto, nessa mesma proposta, o vetor de direção sudoeste-oeste interliga setores de Taguatinga e Ceilânda com Samambaia, Recanto das Emas e Alexânia considerados como "áreas cujas características ambientais restringem o direcionamento do vetor de expansão urbana secundária", e encontra-se, hoje, predominantemente ocupado por espaços urbanos de média densidade. O Mapa 4 coloca em evidência esses vetores.

Portanto, pode-se verificar que tem ocorrido uma conurbação entre as novas cidades-satélites do eixo oeste, conurbação esta que se realiza seja por meio de trechos invadidos nas periferias de Samambaia, Taguatinga e Ceilândia, seja pela "aceitação" da invasão da Estrutural, todas elas fundamentadas no processo de apropriação do espaço público, processo que se liga simultaneamente à apropriação privada, que permitiu a transformação das chácaras da Fundação Zoobotânica do Distrito Federal (FZDF) e os antigos lotes de 20 mil ha da MSPW (Setor de Mansões Park Way) em condomínios rurais, aumentando sensivelmente a densidade de ocupação dessa área.

Evidencia-se no processo de regularização desses condomínios que um dos requisitos de maior importância é a elaboração dos Estudos e do Relatório de Impacto Ambiental. Todavia tal requisito vem sendo cumprido depois da ocupação, documentando apenas um procedimento simplesmente legitimatório, transformando os requisitos legais em um simples ritual de cumprimento for-

O Mapa 4:

Mapa nº 4 – Distrito Federal – Tendências observadas quanto à organização dos espaços

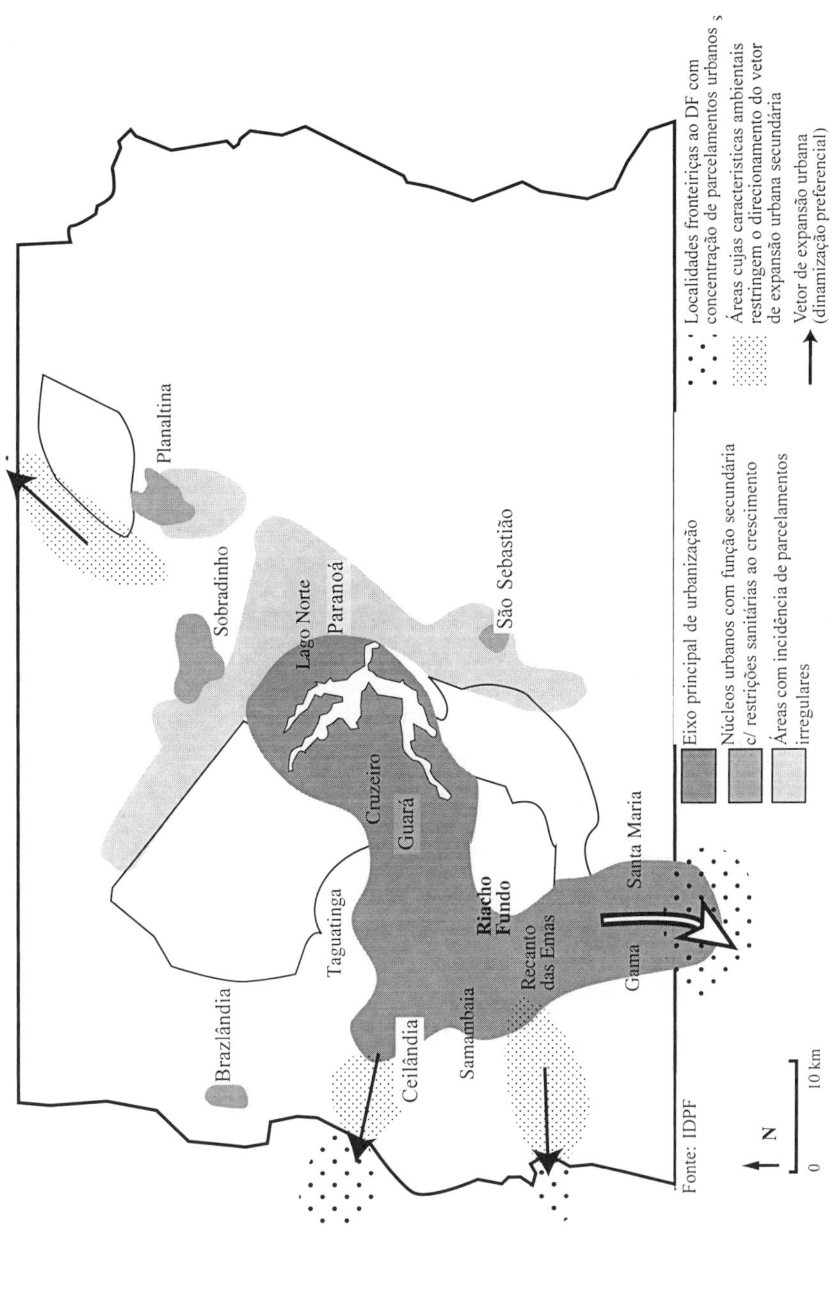

mal. Basta uma visita de campo aos locais dos condomínios, e uma apreciação do estado dos recursos ambientais em suas áreas de influência, para verificar as densidades elevadas nas encostas das chapadas, a impermeabilização dos solos, a existência de lixo e entulho jogados nas margens dos cursos d'água, cursos d'água assoreados etc. Ratifica-se, portanto, por um lado, a obrigação de cumprir a exigência legal, mas, por outro, isso afeta a compreensão dos processos naturais em sua relação com os sociais. Assim, as modificações advindas do processo de ocupação encontram-se na contramão da identificação de programas de mitigação de impactos.

Um aspecto importante é que o crescimento urbano de Brasília continua a se fazer independentemente do investimento de uma outra base econômica que não sejam os serviços administrativos. Todo o conjunto urbano se constituiu e se consolidou com base em outras vertentes da política: a lógica da apropriação privada do espaço, já que Brasília é "terra de ninguém", é terra pública. O fato de as instituições do Estado deterem a posse de 2/3 do território do DF acabou por reforçar os valores clientelistas do Estado e da sociedade: a distribuição de terra nas áreas reservadas à FZDF e dos lotes nos assentamentos pode ser apenas a ponta do *iceberg* brasiliense.

O eixo urbano principal se consolidou. Entretanto, do ponto de vista de cuidados com as restrições ambientais e a conseqüente manutenção da qualidade ambiental, tanto das áreas urbanas densas como daquelas de menor densidade, a proposta do PDOT foi um fracasso: os assoreamentos, a perda da mata-galeria, os esgotos domésticos e o lixo despejado nos rios. Os ribeirões e córregos desta bacia são testemunhas vivas do processo de acelerado crescimento urbano horizontal, sem a respectiva implantação de infra-estrutura e serviços urbanos.

As conseqüências desse desleixo ou da incapacidade das instituições governamentais em cumprir suas atribuições e responsabilidades podem ser verificadas na redução das áreas protegidas e no processo de desaparecimento das APAs, tanto do rio Descoberto como do rio São Bartolomeu.

O DF até recentemente era considerado um espaço privilegiado por possuir 42% de áreas protegidas (com estatuto legal que as enquadram no Sistema Brasileiro de Unidades de Conservação – SNUC). Cada uma das áreas institucionalizadas, após a criação do DF, caracteriza-se por um *status* legal, um responsável institucional e uma classificação específica: Parque Nacional, Estação Ecológica, Reserva Biológica, Área de Relevante Interesse Ecológico, Área de Proteção Ambiental (APA).

Entre as Unidades de Conservação distritais e federais temos situações diversas: algumas que apenas foram criadas, como o Parque Ecológico Norte, ou o Parque Ecológico Três Meninas, na verdade não saíram do papel e têm servido como terrenos para invasões. Outras, integradas, tinham a função de "corredor ecológico": a Reserva Ecológica do IBGE, a ARIE do Riacho Fundo, a APA do Lago Paranoá, o Parque Nacional de Brasília e a Estação Ecológica de Águas Emendadas para a movimentação das espécies animais vêm, ano a ano, diminuindo sua área e prejudicando essa função. As quatro Unidades de Conservação federais existentes cobrem uma pequena área de 155.300 hectares e nelas ocorrem, também, invasões clandestinas. Isso coloca o DF em pé de igualdade com outras regiões brasileiras pobres em proteção e em qualidade ambiental.

Tudo isso ocorre num ecossistema vulnerável. Os cerrados brasileiros estão em risco de extinção, conforme nos mostram os estudos recentes da Conservation International (Pára-Raios, 2000), que os classificam em 12º lugar entre os 25 ecossistemas mais ameaçados de extinção no mundo. Entretanto, até o momento, esse fato não foi capaz de provocar uma mudança nas prioridades políticas das autoridades ambientais brasileiras, já que a maior preocupação – o calcanhar de Aquiles nacional – é o processo de ocupação e suas conseqüências na Amazônia. Nem mesmo as autoridades brasilienses, que deveriam estar voltadas para uma gestão urbana capaz de recuperar os comprometimentos ambientais que atingem desigualmente os diferentes segmentos sociais, parecem se preocupar.

A título de proposições e recomendações que poderiam ser colocadas em prática, visando à melhoria da qualidade ambiental, elencamos as seguintes:

- investir no debate sobre o meio ambiente e na difusão da importância de seu conhecimento e de sua conservação para garantir a qualidade ambiental e melhorar a qualidade urbana atual e futura;
- os Planos Diretores Locais possuem bases técnicas constituídas de dados e modelos de cenários urbanos futuros que deveriam ser disponibilizados por meio de redes de informações. As interações e discussões com os diversos movimentos sociais poderiam gerar um acompanhamento e um controle social da implementação das prioridades locais;
- usar o conhecimento disponível nas universidades locais para fundamentar e priorizar ações reparadoras ou preventivas;
- utilizar sistematicamente os indicadores de densidade do uso do solo, do uso de áreas de sensibilidade ambiental, de consumo da água para a identificação das mudanças que estão se processando e intervir de forma preventiva;
- os Conselhos de Urbanismo deveriam ser unificados com os Conselhos Locais de Meio Ambiente. A ênfase à atuação deste novo conselho deveria ser voltada para a solução do(s) problema(s) ambiental(is) local(is) mais relevante(s);

- incentivar, por meio de créditos subsidiados, a remodelação das cidades-satélites com o objetivo principal de implantar alternativas construtivas que reduzam o consumo de energia;
- instituir Comitês de Bacia e suas agências técnica e financeira, visando a envolver todos os atores e usuários de água, de tal maneira que as cidades a montante não produzam impactos negativos a jusante;
- estabelecer políticas diferenciadas, tomando-se como base o saber crítico dos diversos segmentos sociais, as condições de abertura ao diálogo e à formação de parcerias locais.

## Conclusão

A atitude de desvalorização das questões ambientais não é novidade, pois a visão de desenvolvimento permanece marcada pela estruturação das atividades econômicas e de seus benefícios. Podemos ainda nos indagar se haverá alguma influência dos investimentos públicos ou privados da atual política federal sobre Brasília ou, se, na verdade, devemos associar que os reflexos negativos sobre a qualidade ambiental do Distrito Federal serão irremediáveis por causa das conseqüências da política de assentamentos e doação de lotes, a qual provocou o surgimento e a densificação de dez novas cidades nos últimos anos.

Para a grande maioria dos brasileiros, a ocupação dos cerrados já está consolidada e não resta muito a fazer a não ser ampliar a produção e os resultados econômicos. A fase atual de produção econômica dos cerrados está fundamentada na expansão da soja. Estaríamos frente a um processo futuro no qual restarão apenas soja e cidades nos cerrados? Os cerrados não podem suportar essa intensidade de uso e de ocupação por longo tempo.

Brasília continuaria a receber a população expulsa do campo e deixaria de ser a "cidade-jardim", com a redução do índice do verde/habitante, a ilha da qualidade de vida brasileira para se tornar apenas mais uma trivial cidade capitalista do mundo subdesenvolvido? São questões para as quais existem alguns indícios de respostas.

A visão transmitida no *Avança Brasil* e no *Plano Plurianual 2000-2003*[5] serve-nos de exemplo quando destaca os vetores da estratégia de moderniza-

[5] Infra-estrutura econômica (obras de terminais de transbordo hidroviário, do canal de Santa Isabel; da ligação Estrada de Ferro Carajás – Ferrovia Norte/Sul; reconstrução de trechos rodoviários; superação dos obstáculos à navegabilidade do rio até a saída por Belém e pontes sobre os rios na divisa do Maranhão e Piauí, as hidrelétricas Luís Eduardo Magalhães (Lajeado), Serra da Mesa e Cana Brava e a ampliação de Tucuruí e usinas de Serra Quebrada, Estreito, Tupiratins e Peixe (Tocantins) e Couto Magalhães (Araguaia) e complementa-se a interligação do sistema elétrico brasileiro, por meio da linha Norte/Sul) e social (educação, saúde, habitação), apoio às atividades produtivas (reforma agrária, Pronaf), apoio à ciência e à tecnologia (quase exclusivamente os Centros da Embrapa e universidades).

ção dos Eixos Nacionais de Integração e Desenvolvimento.[6] A modernização da agricultura voltada para a exportação e a inserção competitiva no contexto nacional e internacional[7] do Eixo Araguaia-Tocantins são colocadas em destaque. O novo Plano de Desenvolvimento para o Centro-Oeste e a Amazônia dispõe de subsídios preparados desde 1997, quando foram desenvolvidos estudos de análise econômica, nos quais o potencial a ser explorado foi bastante aprofundado, ressaltando, especialmente, as vantagens (climáticas, pedológicas e hidrológicas) que os cerrados apresentam. Estando o DF inserto em sua totalidade neste eixo, não parece, portanto, haver, em termos de decisão política, contradição entre o modelo atual e as propostas para o futuro.

Tornam-se, entretanto, motivo de preocupação a proposta e os planos referentes ao ecoturismo baseados na diversidade ecológica do Centro-Oeste, sem haver elaborado estudo suficiente da capacidade de suporte destes ecossistemas em que poderão ser desenvolvidas tais atividades, dado que existem apenas 3% das áreas de cerrados sob proteção, ou seja, tanto a área como a capacidade de utilização do ecossistema para fins econômicos são ínfimas.

O consumo do meio ambiente, rural ou urbano, continuará a ser visto como provocador de perda ou redução da qualidade ambiental ou deste poderá surgir uma nova forma de aproveitamento sustentável? As presumíveis consequências sobre solo, água, ar – principais recursos ambientais – poderiam ser evidenciadas:

- A primeira questão relaciona-se à quantidade de solo disponível necessária para suportar o crescimento vegetativo de população como problemática da existência física deste bem que não pode ser considerado ilimitado. Anjos (1996) já identificava a dificuldade de terras disponíveis. Quanto a essa disponibilidade, continuando o processo de ocupação, o problema situa-se na escolha de uma alternativa política fundamentada ou na continuação da horizontalização de Brasília ou na verticalização das cidades-satélites do DF.

[6] Os conceitos e as nove áreas foram estabelecidos pelo Consórcio Brasiliana após estudos pagos pelo BNDES, finalizados em 1999.

[7] O estudo mencionado procurou ressaltar que esse potencial funciona como oportunidade de negócios para investimentos privados. Para isso foi sistematizado um portfólio de investimentos, destacando a exploração das hidrovias, aeroportos, rodovias, a geração e distribuição de energia, os agronegócios, em função da proximidade das áreas de produção agrícola (soja, milho, algodão) ou pecuária (aves, suínos, bovinos), de madeira ou de produção resultante do desdobramento do complexo de Carajás, equipamentos e tecnologias para irrigação e processamento, turismo e ecoturismo, logística, comunicações por telefone e internet, educação e saúde.

- Um outro aspecto relacionado ao consumo do solo pode ser visto na relação política territorial-política de assentamentos e reforma agrária. Até o momento, o DF não está selecionado como um espaço prioritário e nem ameaçado de desapropriação pelo Incra para a implantação de projetos de assentamentos agrícolas. Entretanto, já é possível identificar vários acampamentos, normalmente próximos às áreas de reflorestamento, exigindo-se providências governamentais a curto prazo.

- Outro motivo de preocupação se refere à disponibilidade à qualidade da água para abastecimento em função do crescimento desordenado na APA do rio Descoberto, nas suas nascentes e de seus córregos e ribeirões formadores. Com o desaparecimento das matas de galeria, das áreas de preservação permanente e da vegetação em geral, a quantidade e a qualidade de água disponível para o abastecimento tornam-se cada dia menores. Se associarmos ainda a redução das áreas de Unidades de Conservação e a ameaça de extinção de espécies animais e vegetais, a vulnerabilidade desses recursos pode tornar a situação dramática. Contudo, não há ações de políticas integradoras entre os setores responsáveis pelo crescimento urbano e pelo aproveitamento dos recursos hídricos, visando a reduzir o desperdício e o esgotamento daquelas fontes.

Normalmente a interrelação negativa da conurbação com a qualidade ambiental decorre da exploração dos bens por atividades econômicas. Presume-se, pois, que a qualidade ambiental futura do DF vem sendo ameaçada pela própria ocupação humana, sob a forma urbana, mais do que decorrente de outras atividades. Isso nos leva a crer que em breve poderemos estar invocando um retorno à teoria do "tamanho ideal" de cidades (Lowy, 1985).

## Referências bibliográficas

ANDRÉS, Maurício. *Ecologizar. Pensando o ambiente urbano.* Belo Horizonte: Rona Editora, 1998, p. 392.

ANJOS, Rafael S. A. *Modelagem dos processos espaciais formadores da dinâmica no DF do Brasil.* Tese de Doutorado. Escola Politécnica/USP. São Paulo, 1996.

BALASSIANO, Helena M. M. "As favelas e o comprometimento ambiental". *Geografia e questão ambiental.* Rio de Janeiro: Fundação IBGE, 1993.

Becker, Bertha K. Ambiente urbano e desenvolvimento sustentável. Relatório de grupo de trabalho. Secretaria de Meio Ambiente da Presidência da República, Brasília, 1992. Mimeo.

Beltrame, Angela da V. Diagnóstico do meio físico de bacias hidrográficas – modelo e aplicação, Ed. da UFSC, Florianópolis, 1994.

Dias, Genebaldo. Populações marginais em ecossistemas urbanos, IBAMA, Brasília,1989.

Gouvea, Yara G. *A interpretação do artigo 2° da Resolução Conama 1/86*, (Série *Documentos Ambientais*), São Paulo, Secretaria do Meio Ambiente, 1998, p. 11-23.

Instituto de ecologia e meio ambiente (IEMA) *Documento básico de subsídio à revisão do PDOT*. Brasília, 1995. Mimeo.

____________. *Relatório de impacto ambiental – rima do Núcleo Habitacional Riacho Fundo*. Brasília: José de Sena Consultoria e Projetos, 1990.

Instituto de planejamento territorial e urbano (IPDF) *Projeto de Lei complementar do Plano Diretor de Ordenamento Territorial do Distrito Federal*. Brasília, 1996. Mimeo.

Le Tourneau, François Michel *et al. Brasília, quarante ans après*. Paris, 2000. Mimeo.

Metzger, Pascale. Contribuition à une problématique de l'environnement urbain, *Cahiers Sciences Humaines*, Paris, 4 (30), 1994, p. 595-619.

Metzger, Pascale, Peltre, Pierre. *Programme* "environnement urbain" du départment SUD de l'ORSTOM, Etat d'avancement et réflexions problématiques. *Nature-Sciences-Société*, Paris, 4 (3), 1996, p. 275-281.

Novaes, Maria. Aspectos ambientais do entorno de Brasília. Relatório Técnico/CNPq. Brasília, 1994. Mimeo.

Pára-Raios, Ary. *Capricho da natureza. UnB Revista*, Brasília, julho/2000, p. 20-23.

Paviani, Aldo. *et all. Brasília – gestão urbana: conflitos e cidadania*. Brasília: Editora Universidade de Brasília, 1999.

PINTO, Marcelo. Os impactos do Programa BID na bacia do Lago Paranoá auxiliando sua despoluição e o melhoramento ambiental. Superintendência de Operação e Manutenção de Unidades de Esgotos (SPOM/DRSE), Superintendência de Planejamento e Controle de Água (SPPA/DRSA), Brasília, (Mimeo.), 1996.

SANTOS, Milton. *Manual de Geografia Urbana*, São Paulo: Nobel, 1981.

___________. *Território e Sociedade*, São Paulo: Fundação Perseu Abramo, 2000.

# A sustentabilidade do ambiente urbano da capital

Marta Adriana Bustos Romero

A maior parte do debate ambiental contemporâneo se concentra nas questões globais que ameaçam o planeta e os grandes ecossistemas, deixando num plano secundário os efeitos adversos da degradação ambiental no contexto urbano, especialmente aqueles entre o meio urbano e as atividades comuns dos indivíduos.

Além de constatarmos as contradições entre a prática e o discurso,[1] verificamos controvérsias ambientais e comprovamos que parte do problema reside no fato de as soluções oferecidas não serem diferenciadas. Dito de outra forma, as propostas para o tratamento do ambiente construído não levam em conta suas características idiossincráticas. Isso porque a própria formulação da problemática é genérica: mesmo quando se pensa em transformar premissas genéricas de sustentabilidade em ações, planos e políticas, as recomendações decorrentes dessas premissas não são suficientes para resolver a ampla gama de problemas envolvidos. Nem mesmo quando essas premissas adquirem a forma de critérios operacionais, próprias de um desenvolvimento sustentável, consegue-se que elas orientem ações efetivas para a melhoria da qualidade de vida. Parece existir uma barreira quase intransponível entre, de um lado, as premissas gerais sempre reiteradas nos mais variados fóruns e documentos, com as quais todos concordam, e, de outro, a cidade real que se projeta e se constrói – mais se constrói do que se projeta – dia a dia.

Daí acreditamos que o tratamento do ambiente deve levar em conta as características de cada ambiente que o fazem único. Acreditamos que o sítio e

---

[1] Constatamos que não houve avanços nas dimensões da sustentabilidade (Sachs, 1993), nas dinâmicas socioambientais que definem o desenvolvimento sustentável (Guimarães, 1997), nas estratégias para o equacionamento dos problemas das cidades e nos componentes essenciais para que se identifiquem vetores de sustentabilidade (MMA, 1999).

o lugar fornecem os fundamentos que outorgam as feições diferenciadas aos espaços construídos. Nesse sentido, é preciso falarmos da persistência do sítio e da existência do lugar.

O sentido do sítio/lugar está implícito como um ato de consciência histórica e estética. A persistência do sítio/lugar sempre pode ser recuperada se pensarmos que suas características se construíram num *locus* particular, com uma especial interação das relações pessoais. Em geral as cidades tendem a conservar os seus eixos de desenvolvimento, mantendo, segundo Aldo Rossi,[2] a posição de seu plano original e crescendo de acordo com a direção e o significado dos seus artefatos mais antigos. A análise daquilo que é próprio do lugar constitui um modo de investigar a relação entre a forma de expressão do ambiente e a forma de seu conteúdo, a fim de se chegar à compreensão dos elementos que, repetidos, caracterizam determinado espaço e abrigam determinadas atividades sociais.

Segundo Virilio (1997), a primeira lei do urbanismo é a persistência do sítio; a segunda diz respeito à extensão da cidade, leis que podem ser observadas nos assentamentos humanos mais relevantes. No Egito, por exemplo, os assentamentos teriam adquirido sua forma com a finalidade de fazer visível a estrutura espacial que, contrastando com a paisagem de vastas e monótonas extensões, segundo Norberg-Schulz[3] (1999), dava ao homem egípcio seu sentido de identidade existencial e de segurança. O curso do rio Nilo manifestaria uma ordem natural e eterna – de norte a sul – estabelecendo uma direção espacial primária, complementar à direção leste-oeste do nascer e pôr-do-sol. Unidos, sol e rio, estabeleciam uma estrutura espacial simples, de uma axialidade finita, que simbolizava não uma toma de possessão do entorno mas uma condição eterna.

Já a paisagem grega teria se caracterizado por uma grande variedade de sítios naturais, com lugares bem definidos, onde a luz intensa do sol e o ar limpo conferiam às formas uma presença dominante, que não aceitava facilmente o domínio do homem e resultava no caráter individual (manifestações, arquétipos) dos sítios. A localização dos assentamentos estaria regida pela percepção dos significados do ambiente natural; daí eles estarem obrigatoriamente determinados pelo caráter do lugar, pelo "topos". Assim, cada lugar era uma entidade única. Pode-se dizer que, dessa forma, os gregos reconheciam que funções diferentes requerem espaços diferentes.

Se o mundo grego era formado por uma multidão de lugares individuais, o mundo romano era centrado na sua capital. Roma era o *caput mundi*, (*op. cit.*)

[2] No seu livro *La Arquitectura de la ciudad*, Ed. GG de 1983, resgata "o lugar" como resultante de uma relação singular e sem embargo universal entre certa situação local e as construções aí sediadas.

[3] No seu livro *Arquitectura Ocidental*, Ed. GG, 3ª edição, Barcelona, Christian Norberg-Schulz trata dos significados existenciais da arquitetura.

Os romanos dominaram a natureza técnica e espacialmente. A rede de caminhos que construíram representava a característica básica do espaço existencial romano. Aqui, os "nós" eram importantes. Quando se consagrava um sítio, o *augur*, sentado no centro com sua vara – o *lituus* –, determinava dois eixos principais que representavam os pontos cardinais e se ajustavam às formas da paisagem circundante. O espaço assim definido era denominado *templum*, dando origem à ordem cósmica: a cidade era concebida como um microcosmos.

Uma segunda premissa fundamental do enfoque que oferecemos, ao qual denominamos urbanismo sustentável, é que o sítio, a paisagem e as formas naturais do terreno constituem as bases de projeto. A conservação dos rasgos naturais da paisagem permite que exista senso do lugar e sensibilidade para o contexto e a escala percebida seja mais contínua e complexa. Para Gregotti (1972), o lugar é antrogeográfico, para além do mero espaço físico, delimitado e instaurado pela atividade sensibilizadora do homem. Um alto grau de sensibilidade ecológica permite a criação de uma zona de transição entre o ambiente natural e o artificial, mantendo-se assim a máxima diversidade, aproveitando as condições específicas de cada lugar. Segundo Hough (1998), a diversidade apresenta um sentido tanto social como biológico nos assentamentos humanos, uma vez que os requerimentos da sociedade urbana, infinitamente diversa, implicam numa eleição. Qualidade de vida significa, entre outras coisas, ser capaz de escolher entre um lugar e outro, entre um estilo de vida e outro.

A percepção do sítio é, portanto, um modo de escolher, de pôr em evidência e de tomar consciência das qualidades presentes num determinado lugar. O caráter e a identidade estariam compreendidos nos tipos genéricos de idéias de paisagem. O valor e a identidade do lugar (Arantes, 1993)[4] relacionam-se com a vivência do homem, com a relação que um experimenta com o outro. Essa relação imbricada contrasta com a neutralização compulsiva do entorno realizada nos principais assentamentos humanos contemporâneos. Falando em termos geográficos, a convicção de que a população pode expandir infinitamente os espaços do assentamento humano é a primeira forma de neutralizar o valor de determinado espaço. Quando se perde o domínio visual da paisagem, estabelece-se uma negação visual e aceita-se, implicitamente, que a negação sensorial seja normal na vida cotidiana. Quando todos aqueles rasgos naturais, que podem ser nivelados e drenados, são de fato nivelados e drenados, estabelece-se a tirania da geometria. A quadrícula imposta arbitrariamente sobre a terra rara vez estabelece uma relação interativa e substantiva com ela.

---

[4] Essa autora realiza uma extensa revisão do significado do lugar e os diversos autores que o teorizam, na Parte II do seu livro *O lugar da arquitetura depois dos modernos*, Editora Studio Nobel, 1993.

A ocupação do espaço em geral nasce de um ato de poder ou de uma omissão do mesmo. O poder mostra-se agressivo com o entorno, neutralizando-o. Essa negação do significado do entorno, segundo Sennett (1991), estaria em parte enraizada numa antiga infelicidade, no medo ao prazer que teria levado os seres humanos a tratar seu entorno da forma mais neutralizadora possível. Tal neutralidade pode organizar o poder de forma muito mais sistemática, pois o planejamento de espaços neutros seria um ato de dominação. Segundo o autor, para construir, agia-se como se se estivesse no vazio, num claro desejo de ver o exterior como algo carente de valor; o urbanista moderno seria presa de uma ética protestante do espaço, em que as cidades são concebidas como se contassem com um terreno retangular ilimitado.

A perda do centro, ainda segundo Sennett, é a segunda forma, em termos geográficos, de neutralizar o espaço urbano, num claro impulso de dispersão. Com a dispersão para o vazio da periferia – em vez da unidade entre cidade e paisagem – a população termina por ser uma força debilitada pela ação do desenho urbano. Evita-se, com a população concentrada em espaços lineares, que se processem espaços convidativos ao convívio, ao deslocamento e à descoberta do inesperado.

Com base nas premissas sobre estruturação do ambiente e persistência da paisagem, este trabalho analisa o espaço de Brasília, cidade notável desde sua gênese pelo próprio processo de escolha do sítio para a localização da capital, baseado nos conhecimentos técnicos disponíveis na época e em critérios estéticos e emocionais. A análise visa a contribuir para melhor entender os elementos que estruturam e qualificam o ambiente, ao convertê-lo num fato único, sobrecarregado de significações. Apresentaremos uma proposta de escalas de análise diferenciadas segundo o conjunto de atributos mais salientes e relevantes na interação com os habitantes do lugar, com o objetivo de contribuir para o debate da sustentabilidade ambiental. A aplicação do modelo permite prever, a partir das escalas propostas, o tipo e a esfera de ação a ser planejada, com isso contribuindo para a transformação de premissas genéricas de desenvolvimento sustentável em premissas específicas que melhorem o desempenho do espaço.

## Escolha do sítio para a capital da República

Para a localização da nova capital do Brasil, buscou-se superar os problemas das cidades sem planejamento, baseando a seleção do sítio tanto em fatores econômicos e científicos como em condicionantes sensoriais e estéticas.

Vanhargen, Cruls e o botânico Glaziou estiveram no Planalto Central, no fim do século XIX, à procura de um sítio para a nova capital, encontrado no triângulo formado entre três lagoas: Lagoa Feia, Mestre D'Armas e Formosa. Glaziou propôs amenizar a secura do lugar com um lago e descreveu o sítio para Cruls em 1893, dez anos depois do sonho de d. Bosco.

> Entre dois grandes chapadões, conhecidos na localidade por Gama e Paranoá, existe imensa Planície em parte sujeita a ser coberta pelas águas da estação chuvosa, outrora era um lago devido à junção de diferentes cursos de água formando o rio Parnauá; o excedente desse lago, atravessando uma depressão do chapadão, acabou, com o carrear dos saibros e mesmo das pedras grossas, por abrir nesse ponto uma brecha funda, de paredes quase verticais pela qual se precipitam hoje todas as águas dessas alturas. É fácil compreender que, fechando essa brecha com uma obra de arte... forçosamente a água tornará ao seu lugar primitivo e formará um lago navegável em todos os sentidos... Além da utilidade da navegação... o cunho de aformoseamento que essas belas águas correntes haviam de dar à nova capital despertaria certamente a admiração de todas as nações. (Relato de Glaziou *in Olhares sobre o Lago Paranoá*, de Fernando Oliveira Fonseca (org.), Secretaria de Meio Ambiente, 2001, p. 27.

Mais de meio século mais tarde, em 1954, a firma Donald J. Belcher e Associados foi contratada pelo governo brasileiro para executar os levantamentos necessários para a definição do local, dentro de uma área retangular do Estado de Goiás, com uma extensão de 50.000 km$^2$ previamente determinada. Dentro desse retângulo, foram demarcados e analisados cinco sítios denominados de acordo com uma cor: vermelho, verde, azul, castanho e amarelo. A escolha final do sítio foi feita a partir de uma avaliação climática e geológica do lugar pela Comissão de Localização da Nova Capital Federal, presidida pelo marechal José Pessoa. Foi realizada também uma leitura morfológica da paisagem, segundo suas dimensões estética e humanizadora:

> Longamente foi debatida a escolha do local e ao fim de exaustivas discussões e apreciações técnicas, chegou-se à mesma posição inicialmente sugerida, na singularidade do ponto divisor das águas das três grandes bacias sul-americanas: a do rio São Francisco, a do Amazonas e a do rio da Prata" (Pinheiro, 1957: 6).

A escolha deu-se por meio de um sistema de pontuação[5] de dez itens, com pesos definidos e critérios estabelecidos (ver Quadro 1).

Segundo Israel Pinheiro (*op. cit.*, 8), vários outros estudos foram realizados após a escolha inicial do sítio:

[5] O sítio castanho obteve 867 contra 800 para o segundo colocado, 783,8 para o terceiro, 684,1 para o quarto e 635,8 para o quinto colocado.

> Escolhido o sítio – cabia ainda à Comissão delimitar o território do futuro Distrito Federal, que, de acordo com a lei, deveria abranger uma extensão de cerca de 5.000 km$^2$ . Nova comissão estudou o assunto (...) Eis os dados coligidos: água – existem mananciais dentro da cidade com capacidade para abastecimento de 500 litros por habitante numa população de dois milhões; energia elétrica – queda d'água junto à cidade, proporcionando a barragem de um lago de 48 quilômetros de extensão e em alguns pontos com largura de 4 quilômetros.

**Tabela 1**

**Pontuação de dez itens com peso definido**

| **Fatores do sítio castanho** | **Peso** |
|---|---|
| Clima e salubridade favoráveis | 20 |
| Facilidade de abastecimento de água | 15 |
| Topografia adequada | 15 |
| Facilidade de energia elétrica | 10 |
| Existência de materiais de construção | 10 |
| Facilidade de acesso às vias de transporte terrestre e aérea | 10 |
| Solo favorável às edificações | 5 |
| Proximidade de terra cultivável | 5 |
| Paisagem atraente | 5 |
| Facilidade de desapropriação | 5 |
| **TOTAL** | **100** |

Fonte: Pinheiro (1957:7)

A escolha levou em consideração diversos fatores, entre eles o clima e a salubridade favoráveis. O sitio castanho, o escolhido, foi assim descrito no Relatório Belcher (ver Figura 1):

> O sítio Castanho é um sítio convexo, é aberto a todas as influências dos ventos predominantes e, durante os períodos de calmaria, tem uma forma topográfica ideal para promover a drenagem do ar através do sítio da cidade. O ar se movimenta do Planalto alto e seco através da área da cidade e se drena dentro do vale florestado do rio São Bartolomeu. Este vale florestado é de tamanho suficiente e está a uma distância suficiente para não constituir uma desvantagem. A área do sítio é bem drenada, condição esta que reduzirá

> a umidade a um mínimo. Ela é bem coberta com uma floresta que de árvores baixas de melhor qualidade que a de quaisquer outras áreas altas. Isto influenciará favoravelmente o microclima e dessa forma reduzirá a temperatura do solo e a influência da radiação noturna. (Codeplan, 1995: 243)

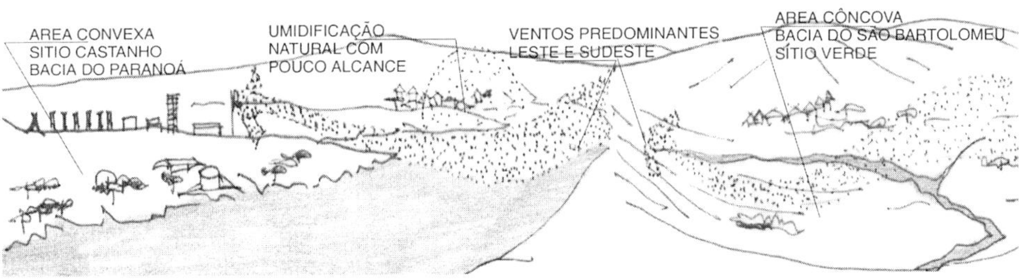


Figura 1. O sítio castanho é um sítio convexo aberto a todas as influências dos ventos dominantes. Adaptado de Oliveira (1988), *Cidade apropriada ao clima*, Editora Universidade de Brasília, p. 37.

Carpintero (1998: 57) caracteriza a área destinada à construção da capital da seguinte forma:

> O espigão reto do divisor de águas liga-se à encosta convexa regular, conformando, nesta parte, como que a seção de uma calota esférica acrescida de um promontório contido pelos braços do lago. Esse espigão, erguendo-se sobre os terrenos mais baixos às margens do lago, conforma uma paisagem de grande força, conferindo monumentalidade ao sítio, apenas pela localização.

Lúcio Costa fez uma acertada leitura do sítio, acomodando seu projeto à forma daquele. Estabeleceu um vínculo com o espaço ao escolher para a localização da capital o triângulo contido entre os braços do lago. Esse triângulo ergue-se ligeiramente sobre os terrenos laterais mais baixos que chegam ao lago. Na linha do espigão, estabeleceu o Eixo Monumental e, acompanhando as curvas de nível que descem até o lago, acomodou o Eixo Rodoviário. Nas palavras do autor:

> Nasceu de um gesto primário de quem assinala um lugar ou dele toma posse; dois eixos cruzando-se em ângulo reto, ou seja, o próprio sinal da cruz. Procurou-se depois a adaptação à topografia local, ao escoamento natural das

> águas, à melhor orientação, arqueando-se um dos eixos a fim de contê-lo no triângulo que define a área urbanizada.[6]

Ao mesmo tempo que evoca o *augur* sentado no centro e com sua vara, o *lituus*, determinando dois eixos principais, essa divisão representava os pontos cardinais e se ajustava às formas da paisagem circundante; o espaço assim definido é o *templum*. O triângulo recorrente abriga a "área urbanizada" e o centro do Poder, a Praça dos Três Poderes. Diz o autor:

> É um triângulo equilátero, com os três poderes acentuados, cada qual num vértice. No contato direto desse triângulo com a vegetação, no meu espírito um tanto romântico, imaginava que teria um sentido: o cerrado representaria o povo, a massa de gente sofrida, que estaria ali junto ao poder da democracia que lhe é oferecido. Essa idéia foi logo destruída, sem querer, pelas máquinas de terraplanagem. Quando dei por mim já o haviam arrasado completamente, revolvido a terra em volta da Praça dos Três Poderes. O cerrado, uma vez destruído, não mais se recupera.[7]

A natureza, ainda rebelde, é neutralizada a partir do nivelamento dos seus rasgos naturais.

Se as intenções iniciais foram cuidadosas com o sítio, as ações subseqüentes não tiveram essa qualidade. Já em 1974, Lúcio Costa[8] alertava para o desastre que seria a expansão da cidade ao longo das vias de conexão com as cidades-satélites. Para evitar tal situação, ele propõe

> criar dois anéis em volta do núcleo piloto propriamente dito, entre a matriz – Brasília – e as cidades-satélites. São áreas que deveriam ser estimuladas para as atividades agrícolas. É a única maneira – porque são áreas de cultura – de se evitar a ocupação indevida com atividades de outra natureza que, aos poucos, tende à criação de subúrbio.

## A transferência da capital para o Planalto Central

A transferência da capital para o Planalto Central, área relativamente isolada, vazio demográfico e de economia de subsistência, trouxe também uma

[6] "Memória Descritiva do Plano, 1957" in "Lúcio Costa, registro de uma vivência", São Paulo Empresa das Artes – Editora Universidade de Brasília, 1995, p. 284.

[7] "Considerações em torno do Plano Piloto de Brasília". I Seminário de Estudo dos Problemas Urbanos de Brasília, Senado Federal, 1974, p. 24.

[8] Idem, 26.

nova estrutura socioeconômica para a região, com grandes impactos e modificações na sua estrutura urbano-rural.

A implantação de um núcleo com infra-estrutura urbana sofisticada e de uma rede radical de transportes convergindo para o Distrito Federal (DF) aumentou sensivelmente o potencial de atração da capital, facilitando a ocorrência de fluxos migratórios para esse novo centro e criando, nos anos 1970, uma área de influência denominada Região Geoeconômica de Brasília e, uma década depois, nos anos 1980, a Região do Entorno, que ainda hoje atua como interlocutora das ações na região e como porta-voz das reivindicações da população.

Possivelmente em virtude da criação de Brasília emergiram outros pólos na região, de porte menor, que foram alvos de migração significativa. Por outro lado, aumentou o número de municípios que estagnaram ou caíram em decadência.

A construção de Brasília redefiniu o processo de ocupação e a criação de novos mercados. O baixo preço da terra, característica de uma zona pioneira, atraiu a ocupação desse novo território. Contudo, o ritmo acelerado imposto às obras da nova capital concentrou a migração ao seu redor. O município mais atingido foi Luziânia, que teve seu solo retalhado por loteamentos longe da sede e nas áreas próximas do DF (conseqüência desse crescimento repentino foi a criação do município de Santo Antônio do Descoberto, em 1982, no antigo distrito de Luziânia até então).

No entorno de Brasília, durante os anos 1970, os loteamentos diminuíram; surgiram conjuntos habitacionais que alteraram completamente os padrões de uso do solo no município, estabelecendo um novo elo de dependência em relação a Brasília. Até esse momento, existiam em Luziânia, um dos municípios do entorno mais atingidos, somente 1.000 $km^2$ de área urbanizada. A nosso ver, nessa década, completou-se o processo de periferização. O quadro resultante é o de um município que rompeu com os "padrões goianos": sua população é altamente urbanizada, seu ramo de atividade principal é o terciário e, ainda, possui um padrão de urbanização "explodido".

O parcelamento da terra acarretou para os municípios, além do desmembramento em milhares de lotes (Luziânia 350.000, Formosa 70.000, Cristalina 95.000 etc.), graves problemas de cunho social e econômico, que fazem com que sua população mais recente seja caracterizada como marginal a Brasília. A mudança representa, ao mesmo tempo, uma alteração brusca e radical na forma e ritmo de ocupação e uso do solo naqueles municípios. Os loteamentos são implantados a partir da divisa do DF, quase sempre longe do núcleo-sede e dispersos no espaço municipal. O resultado tem sido o aviltamento do processo de formação dessas cidades, responsável, ao longo do tempo, pela ruptura e desestruturação da comunidade e de sua paisagem urbana, ofendendo, em última instância, sua identidade histórica.

Os "guardiões" da pureza do plano original de Brasília não atentaram para o fato de que na região está se implantando a proposta classificada em segundo lugar no concurso: uma série de aglomerados ao longo de um sistema viário. No espaço urbano, realiza-se a marginalização da população, processo este típico na sociedade brasileira. Até a década de 1980, o entorno oferecia uma válvula de escape e permitia que as contradições se realizassem sem trauma para o DF.

## O comprometimento ambiental

A partir dos anos 1980, e mais acentuadamente na última década do século XX, as ações no sítio da capital têm intensificado os níveis de danos e de comprometimento ambiental. Atualmente, o diagnóstico ambiental aponta um quadro crítico no DF, especialmente nos núcleos urbanos situados em áreas mais susceptíveis, onde a redução na qualidade de vida é visível, em conseqüência não apenas do desenho pouco adequado e da infra-estrutura deficiente, mas também do processo contínuo de degradação e alteração dos ambientes locais. Podemos distinguir diversos níveis da devastação ambiental, desde a ocupação desordenada do espaço até a desfiguração de ambientes locais ou ambientes de escassa qualidade de vida.

## O estado da devastação

A água desce desordenada pelas ruas, vinda de nascentes, de esgotos ou da chuva. Sem estrutura adequada de escoamento, invade condomínios e leva lixo, dejetos e cascalho para dentro dos córregos. Para se desfazer da água suja, os moradores puxam encanamentos até os córregos e constroem fossas ecologicamente incorretas; não há sistema de água potável. As nascentes são usadas de forma desordenada pelos moradores, que constroem poços artesianos sem nenhum critério. Muitos veios de água secaram; a área de proteção do córrego não é respeitada.

Medições feitas por especialistas da Universidade de Brasília (UnB) revelam que em vários pontos do DF o nível das águas subterrâneas está diminuindo rapidamente. Na região de São Sebastião, por exemplo, onde há dezenas de condomínios, o abaixamento do lençol freático foi de quatro metros em cinco anos. Cerca de 42% do território do DF são unidades de conservação ambiental e, portanto, têm de ter ocupação controlada.

Constata-se também que o DF teve mais da metade de sua vegetação nativa destruída entre 1954 e 1998 (58% segundo a Unesco e o Instituto

Socioambiental *in* revista *Veja* de 7/2/2001). Em 1990, a malha urbana ocupava 438.000 hectares e, em 1994, houve um avanço de 28% sobre o território, uma vez que a malha urbana ocupava 560.000 hectares.

Até as resistentes flores secas do cerrado (das 6.700 espécies de plantas existentes no cerrado somente algumas enriquecem o típico artesanato em Brasília) correm o risco de desaparecer por causa do crescimento desordenado da cidade, dos condomínios irregulares, dos assentamentos e das invasões. Das 30 espécies de planta mais usadas no artesanato, a sempre-viva já está extinta. Precisa ser importada de Cristalina – GO e Diamantina – MG. Os campos e veredas, seus *habitats* naturais, estão ameaçados pela ocupação humana. A importância das flores secas já foi tanta que há quase dez anos elas ocupavam a terceira colocação no mercado exportador nacional de plantas.

Numa fúria impressionante, as chácaras das colônias agrícolas Vicente Pires e Samambaia são transformadas em novos condomínios para a classe média. Sem planejamento e com omissão da fiscalização, a construção de casas e a venda de lotes não param. Bem em frente à residência oficial do governador em Águas Claras, do outro lado da pista que liga o Plano Piloto a Taguatinga, o chão que deveria exibir o verde das hortaliças e de outras plantações é retalhado a cada dia.

O meio ambiente do DF não suporta a ocupação desordenada e a concentração de tantos condomínios em uma mesma região. Mais da metade dos loteamentos irregulares da capital da República (54, 2%) está situada em APAs. De 1975 a 1985, existiam 150 parcelamentos irregulares. Dez anos depois, já eram mais de 500 (*Correio Braziliense*, de 22/11/2000).

Os danos ambientais podem ser percebidos em outras localidades. O inchaço populacional ao redor de Sobradinho dobrou a população da cidade em menos de dez anos. São cerca de 80 mil pessoas morando em loteamentos irregulares, numa região geológica e ecologicamente sensível. Boa parte dos 102 condomínios nas imediações de Sobradinho fica dentro das áreas de preservação ambiental do São Bartolomeu e do Cafuringa que, por lei, deveriam ter poucos habitantes.

Atualmente, percebem-se algumas diferenças no clima do sítio após 40 anos de controvérsias ambientais e de urbanização acelerada. Na cidade, especialmente se considerarmos os dados de Ferreira (1965) e das Normas Climatológicas (dados de 1961 até 1990), as temperaturas não sofreram grandes diferenças; as precipitações e a umidade diminuíram; janeiro já não é o mês mais úmido (agora é dezembro) nem setembro é o mais seco (agora é agosto). A velocidade dos ventos aumentou, mas suas direções mantiveram-se as mesmas. Embora a insolação tenha diminuído de um modo geral, ela tem aumentado no verão.

## A transformação do cerrado

O cerrado é, dentre as regiões brasileiras, a que vem sofrendo, a partir desta segunda metade do século XX, as transformações mais radicais nas técnicas produtivas e no modo de vida. Até início do século XX, por não se conhecerem os milagres do calcário e a mecanização da agricultura, o cerrado era tratado com desdém, porque não servia para a agricultura. Ainda hoje, com a maioria da população oriunda de outras regiões do país ocupando a região, não é rara a percepção do cerrado como uma região pobre, especialmente no que se refere à sua vegetação.

A vegetação característica do cerrado apresenta grande diversidade, está sempre associada à declividade do relevo, à profundidade e à permeabilidade do solo e ainda à presença ou não da água. O cerrado apresenta uma taxa de evapotranspiração semelhante à da floresta amazônica: enquanto na Amazônia ela é aérea, em razão da evaporação e da transpiração das folhas, raízes, animais, no cerrado ela é subterrânea. A manutenção do solo recoberto por vegetação é uma das formas que melhor contribui para a infiltração da água no solo.

Na avaliação dos recursos hídricos da região, o Relatório Belcher comparava a região a uma esponja, absorvendo a água da chuva quase totalmente, armazenando-a no subsolo e descarregando-a em forma de rios. Por isso, recomendava o controle da erosão, para o caso do crescimento das áreas urbanas. Essa erosão já vem se dando, em parte, pela retirada da vegetação e a conseqüente ausência de raízes que dificultam a infiltração e, em parte, pelo aumento das superfícies impermeabilizadas, que contribuem para o aumento do escoamento superficial.

O pouco conhecimento dos potenciais e das limitações regionais, por parte da nova população, a pouca expressividade das áreas conservadas sob controle do governo,[9] a falta de um sistema de extensão/fiscalização florestal eficiente, a falta de uma ordenação territorial baseada nas potencialidades e limitações ecológicas e o conflito entre a sustentabilidade e as políticas e incentivos ao aproveitamento econômico dos recursos da região fazem com que já se comecem a sentir, na região, as secas prolongadas e a falta de água.

O movimento de ocupação, iniciado com a mudança da capital, fazia parte das perspectivas governamentais de estender a ocupação das fronteiras a oeste e a norte do país. Não se previa que acarretasse mudanças físicas e sociais tão profundas na região.

[9] Exceção para a área do DF, onde atualmente aproximadamente 40% de sua área está destinada à preservação, porém sem fiscalização nem ordenamento.

## Explosão na periferia

A região formada pelo DF e dez municípios vizinhos é a que mais cresce no país. No DF, o aumento populacional exagerado é causado por condomínios e assentamentos. De 1991 até o ano 2000, o número de habitantes aumentou 38,9% – passando de 1.978.746 para 2.748.086. Com um aumento anual de 3,72% (levantamento do Instituto Brasiliense de Estudos da Economia Regional (Ibrase), *in Correio Braziliense*, de 16/2/2001), a região da Área Metropolitana de Brasília é a que mais cresce em todo o país. Juntos, o DF e seus dez vizinhos mais próximos tiveram um aumento populacional duas vezes maior do que o de outras dez áreas metropolitanas brasileiras, onde a taxa média de crescimento anual é de 1,80%.

As cinco localidades com maiores taxas de crescimento populacional surgiram como assentamentos ou abrigam alguns dos 525 condomínios existentes no DF (com média de crescimento anual de 2,77 %). É o caso do Recanto das Emas (média de crescimento anual de 51,34 %), Riacho Fundo (24,62 %), Sobradinho (4,65 %), São Sebastião (15,61 %) e Lago Norte (5,27 %), que além de condomínios abriga um assentamento, o Varjão.

Dados preliminares do Censo 2000 revelaram que em cidades como Planaltina e Sobradinho (onde os condomínios proliferaram), a população cresceu num índice maior que o de outras regiões do DF. Em algumas regiões, a população diminuiu, como, por exemplo, o Plano Piloto (Asas Sul e Norte, Lagos Sul e Norte), cuja população, em 1996, era de 257.548 habitantes e hoje é de pouco mais de 240 mil. Ceilândia também perdeu população: em 1996, era de 342.834 habitantes e hoje é de pouco mais de 335 mil. O IBGE acredita que a cidade de Ceilândia[10] perdeu população para Águas Lindas, Samambaia e, em menor número, para a Estrutural.

## A sustentabilidade do ambiente construído

Tomando como base para o planejamento e desenho urbano as premissas sobre a estruturação ambiental e a persistência do sítio, e considerando os dados relativos ao estado da devastação, procuramos desenvolver um modelo escalar para a análise de sustentabilidade do ambiente construído. Utilizamos trabalhos nossos realizados recentemente, como, por exemplo: "Desempenho

[10] Cujo nome traz a lembrança da sua origem (Campanha de Erradicação de Invasões), como resultado da política de segregação que se disfarçava de preservacionista da pureza do Plano Piloto.

das Constantes Morfológicas. Índices de Adequação Ambiental da Periferia do DF" (Romero, 1999a);[11] síntese dos resultados das pesquisas: "Viabilidade Ambiental da Urbanização do Distrito Federal. Análise das Constantes Morfológicas" (CNPq –FAU/UnB, 1997-99), e "Urbanização do Distrito Federal. Os Equipamentos Sociais Urbanos e a Viabilidade Ambiental: pesquisa para uma prática convergente" (CNPq – FAU/UnB, 1994-96); "Critical analysis of a model's sustainability as an instrument for architecture and urban planning" (PLEA, 2000) e "Sustentabilidade e Eficiência Energética" (ENTAC, 2000).

Como dizíamos anteriormente, um dos maiores obstáculos para solucionar os problemas de sustentabilidade é o caráter extremamente genérico das soluções oferecidas, que mais parecem ecos das premissas gerais do que respostas específicas a problemas locais, exigindo tratamentos diferenciados.

O modelo é o resultado de observações e análise de dados colhidos em trabalho de campo, abrangendo um grande número de setores monofuncionais de Brasília, a saber: superquadras, setores comerciais, setores de indústrias e abastecimento e cidades-satélites. O conjunto de escalas possibilita a compreensão e valorização necessárias para qualificar adequadamente o espaço. As técnicas e os parâmetros adequados a cada escala foram estabelecidos pela identificação da estrutura ambiental da área, pela sua vulnerabilidade e pelas alternativas de uso que harmonizassem as peculiaridades do meio físico com as aspirações da sociedade. Esses componentes apresentam conjuntos de atributos diferenciados que necessitam, portanto, da aplicação de métodos de análise de desempenho também diferenciado.

## As escalas interativas de análise da sustentabilidade do ambiente urbano de Brasília

Tomando como base três formas de classificação do espaço, elaboradas por urbanistas na procura de ferramentas eficazes para a intervenção no ambiente, procuramos estabelecer relações de correspondência e de hierarquização entre elas, visando ao desenvolvimento de uma escala com os elementos recorrentes, reorganizando-os segundo novas relações e, portanto, conferindo-lhes novos sentidos.

As propostas para fins de intervenção que foram utilizadas na nossa escala integrada são a classificação de nível dimensional de Morais (1995), a classificação do domínio territorial de Gregotti (1972) e a classificação organizacional

[11] Capítulo do livro *Brasília – gestão urbana: conflitos e cidadania*, Coleção Brasília, de Aldo Paviani (org.), Editora Universidade de Brasília, 1999. p. 85-109.

do espaço de Abrami (1990). Segundo Morais, podemos distinguir três grandes níveis dimensionais de intervenção: o nível do sítio, o nível do local e o nível da região. Estabelecemos um paralelo com os três níveis de Gregotti: o nível geográfico, sobre o território; o nível topográfico, sobre o circundante, o sítio; e o nível do objeto. A proposta de Abrami distingue quatro níveis de organização do espaço, na qual o primeiro corresponderia ao território e seria o espaço da organização; o segundo corresponderia ao nível do ambiente, seria o espaço dos recursos; o espaço produtivo corresponderia ao sítio, assim como o espaço coletivo corresponderia ao lugar; e o espaço individual, ao nicho.

O resultado é uma proposta de um método de análise apoiado num procedimento observacional baseado em aproximações sucessivas, como num *zoom* que se inicia com uma visão panorâmica da grande massa urbana e termina no detalhe do edifício, utilizando como parâmetro o grau de proximidade do usuário na sua interação com o ambiente construído. Estabelecemos assim quatro escalas integradas, interativas, complementares, baseadas em quatro componentes urbanos claramente identificáveis: a macroescala da grande dimensão das estruturas urbanas, a escala intermediária da área ou do sítio e duas microescalas das dimensões específicas: a do lugar e a dos edifícios.

Com essas escalas podemos também postular, no plano urbanístico, uma correspondência com as categorias taxonômicas da organização geográfica do clima propostas por Monteiro (1976): as quatro escalas corresponderiam aos espaços climáticos local, mesoclima, topoclima e microclima. Esses espaços climáticos, quando relacionados aos espaços urbanos, corresponderiam respectivamente à área metropolitana ou metrópole, à cidade grande, bairro ou subúrbio de metrópole, às pequenas cidades, fácies de bairro ou subúrbio de cidade e à grande edificação, habitação ou setor de habitação.

Cada uma das escalas por nós elaborada permite apresentar os diferentes graus e tipos de degradação: ecológico (físico, químico, biológico), funcional (econômico, produtivo) e ambiental, este último em seus aspectos de conforto e perceptivos (quando se reduz a diversidade ambiental e a qualidade sensorial da forma, estrutura e relações); em seus aspectos estéticos (quando se criam características que empobrecem o urbano ou diminuem a qualidade arquitetônica de um dado espaço) e em seus aspectos culturais e de qualidade de vida (quando se perde o valor ou o legado do *habitat* de vida).

## Macroescala das grandes estruturas urbanas ou da cidade

No nosso modelo, os elementos a serem analisados nesta escala foram determinados a partir de estudos realizados na periferia imediata ao Plano Piloto (Romero, 1999a), no eixo de urbanização sudoeste, nas cidades de Núcleo Bandeirante, Metropolitana, Candangolândia, Riacho Fundo e Telebrasília. Essa escala permite analisar a grande dimensão das estruturas urbanas, entendidas como o espaço da organização, dos recursos e da produção, bem como o sistema de informação e de comunicação (Argan, 1992). Os atributos que se destacam nessa escala são: (a) a qualidade perceptiva da grande forma física e organizacional; (b) a variedade ambiental; (c) o macrossistema de transporte; e (d) a permanência e a continuidade do construído. A análise desse conjunto de atributos determina o nível de desempenho ambiental da forma urbana, em especial da massa construída e do sítio. Essa análise determina também a permeabilidade do solo, o relevo e declividade do sítio e o nível de insolação, o sombreamento mútuo e a ventilação dada principalmente pela orientação, disposição, espaçamento, profundidade, forma e densidade da edificação.

Na escala em questão, a componente dinâmica do clima é dada fundamentalmente pela atuação das massas de ar exercendo importante influência sobre as áreas por onde se deslocam.

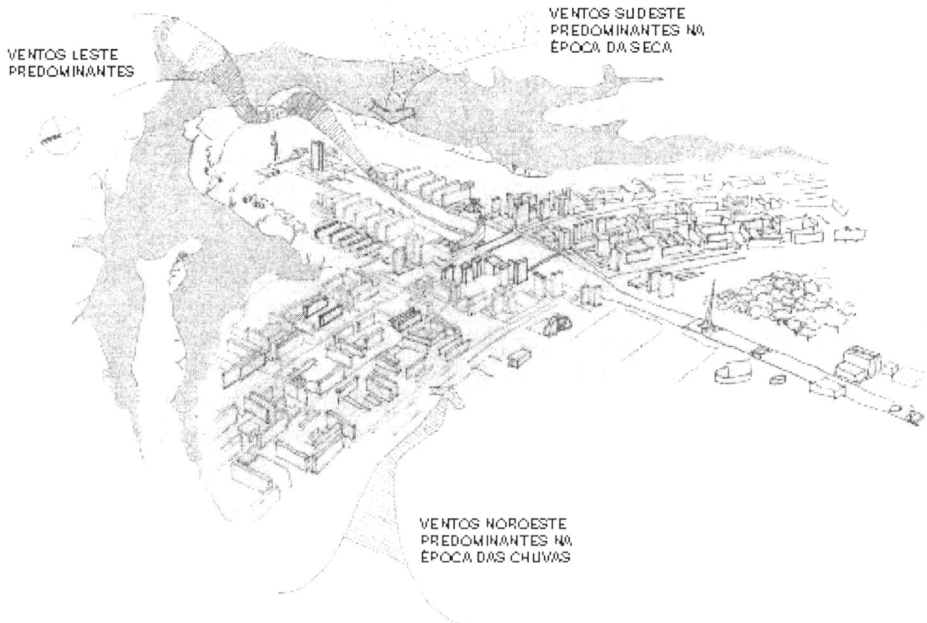


Figura 2. Orientação, disposição, espaçamento, profundidade, forma e densidade da massa construída. Adaptado de "Brasília 40 anos" (contracapa) *Correio Braziliense*, 21/4/2000.

A região objeto de nosso estudo é influenciada no verão pela massa equatorial continental. As chuvas frontais (provocadas pelo encontro das massas atlântica, polar e tropical) impedem que a umidade vinda do mar chegue até a região Centro-Oeste. Essas modificações provocadas pelas massas de ar são as responsáveis pela presença de dois períodos nitidamente distintos em Brasília: quente e úmido no verão e quente e seco no inverno, com amplitudes térmicas bem elevadas (também influenciadas pela continentalidade). A altitude também exerce influência sobre a temperatura no DF. Na cidade o ar está menos carregado de partículas sólidas e líquidas e são justamente essas partículas que absorvem as radiações solares e as difundem aumentando a temperatura do ar.

Para a grande escala da estrutura urbana, as recomendações pertinentes são aquelas que abordam aspectos relativos ao conjunto de atributos que decorrem da natureza da trama urbana, formada pelos cheios e vazios, ou seja, pela massa edificada e pelos espaços que a permeiam, pela diversidade de alturas, pelo grau de fragmentação e o diferencial de alturas (que em linhas gerais determinam uma maior ou menor penetração dos ventos na estrutura urbana em função da porosidade, rugosidade e compacidade antes descritas). As recomendações podem incidir também em aspectos relativos à convexidade ou concavidade da forma do sítio do assentamento, uma vez que este último se mostra mais eficiente ao preservar por mais tempo a temperatura e a umidade, e ao ajudar a proteger o tecido urbano dos ventos que ressecam a atmosfera.

## A escala intermediária do setor

A escala foi determinada a partir de diversos estudos e observações realizados sobre os setores centrais do Plano Piloto, como, por exemplo, o Setor Comercial Sul (SCS), o Setor Comercial Norte (SCN) e o Setor de Indústria e Abastecimento (SIA).

Essa segunda escala, que corresponde à escala da área/setor, foi por nós determinada com base nos critérios de organização produtiva do espaço em questão. Os atributos ou características importantes para determinar o tipo de interação que se estabelece com o usuário seriam os seguintes: (a) relações morfológicas e sua respectiva resposta ambiental; (b) acessibilidade ambiental e funcional; (c) homogeneidade; (d) conhecimento pessoal; e (e) funcionalidade. Nessa escala, estuda-se: a orientação das ruas em relação às energias naturais, a relação cheio–vazio da trama urbana, a posição dos volumes edificados, a capacidade térmica dos materiais constituintes e sua permeabilidade à manifestação da atmosfera, decorrente da maior e menor compacidade, rugosidade e porosidade da estrutura urbana. A componente dinâmica do clima é dada fundamentalmente pela influência da continentalidade antes mencionada. O somatório dos diversos fatores climáticos enquadra Brasília no clima tropical de altitude. Verificamos que nessa região temos características muito semelhantes às do clima tropical úmido durante o período das chuvas (quando as amplitudes térmicas alcançam média de aproximadamente 10 °C) e a do tropical seco no período da seca (influência das massas de ar).

Com a criação de condomínios, assentamentos e novos bairros e o conseqüente desmatamento e asfaltamento, verifica-se uma tendência de queda nos índices de umidade relativa do ar a partir do início da década de 1990. A temperatura média, em Brasília, segundo as Normais Climatológicas (1961-1990), é de 21,2 °C. Enquadra-se na faixa do que seria considerado confortável para os padrões brasileiros. Na região de Brasília, a radiação solar, os ventos e as chuvas constituem os principais elementos a influir no espaço construído. A radiação solar alcança valores elevados durante todo o ano; os ventos, apesar de moderados, aparecem constantes; e as chuvas constituem a causa determinante das condições climáticas de todo um período. O desconforto verificado nos espaços construídos provém em grande parte da escolha do projetista. Estudos recentes[12] sobre o clima (foram tratados dez anos de dados) de quatorze capitais brasileiras apontam Brasília como a mais confortável: o percentual de horas do ano em que ocorre desconforto na cidade é de 43,6%; 33,9% são atribuídos ao frio e, em menor medida, 15,1% ao calor.

A relevância dos atributos incorporados nessa escala para a análise da sustentabilidade do espaço construído foi determinada a partir de estudos das praças de Brasília e dos espaços residenciais do Plano Piloto, especificamente em vinte superquadras da Asa Sul, que ficam bastante afetados pelos cinturões de tráfego que os emolduram.

Já para a escala intermediária da área, cujos atributos mais importantes decorrem da natureza dos acessos disponíveis, da funcionalidade e da organização produtiva, as recomendações devem visar à complementaridade, aproveitamento, veiculação e trocas das produções, resultando em sugestões como abertura de frentes que substituam os insumos. São também relevantes recomendações a respeito da regularidade das alturas e da adjacência dos lotes, em especial a geminação e os afastamentos frontais e laterais que favorecem ou dificultam uma maior penetração dos ventos na estrutura urbana e assim aumentam ou diminuem a energia gasta em retirar o calor das edificações.

[12] Goulart *et al* (1997), em seu livro *Dados climáticos para projeto e avaliação energética de edificações para 14 cidades brasileiras*, Núcleo de Pesquisa em Construção, UFSC.

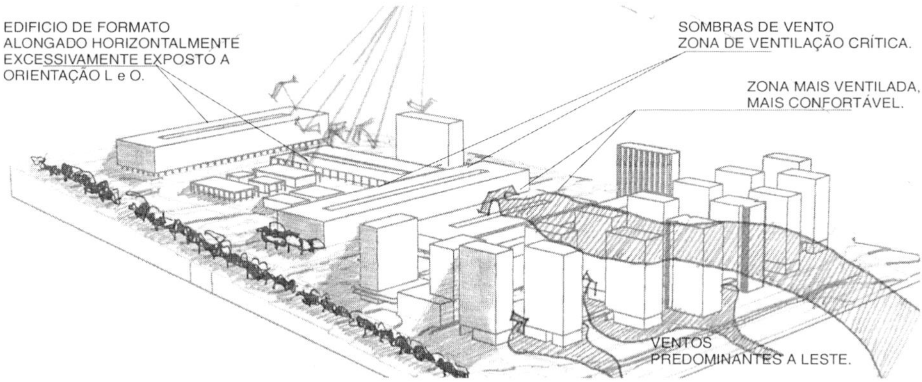


Figura 3. Compacidade, rugosidade e porosidade da estrutura urbana, orientação das ruas em relação às energias naturais, a relação cheio–vazio da trama urbana.

## A escala específica do lugar

Essa escala é a da dimensão específica do lugar, que definimos como o espaço coletivo e de valor (e não deve ser confundido com o espaço físico de implantação das construções). Postulamos os seguintes atributos do espaço pertinentes para a análise nessa microescala: identidade, otimização das relações pessoais, especificidade das funções, caracterização estética, apelo às emoções e segurança. A análise realizada nessa escala determina aspectos da disposição ambiental desse conjunto, tais como o controle dos efeitos ambientais pela ação dos usuários do espaço, a posição dos elementos que auxiliam a ambientação, o grau de concentração ou expansão que permite o conforto do ambiente, a existência de barreiras ou de elementos que facilitem os fluxos das pessoas e não os dos veículos e a compartimentalização ou unificação do espaço a partir da ação dos efeitos ambientais.

Há uma tendência generalizada para considerar o DF como detentor de uma posição privilegiada quanto à qualidade do seu ar, quando comparada às observadas em outras metrópoles brasileiras. Esse fato está relacionado à errônea idéia de que a poluição do ar está ligada apenas às emissões advindas das chaminés das indústrias: como nossa região apresenta um parque industrial de pequeno porte, obviamente não haveria poluição visivelmente constatada. Entretanto, pesquisas recentes mostram que 70% da poluição atmosférica é causada pelas emissões veiculares, contra 30% produzida pelas indústrias. Segundo informações do Detran, o número de veículos, entre ônibus, caminhões e veículos de passeio registrados no DF, era 643.812 em 1996. Isso equivale a aproximadamente um veículo para cada três habitantes, o que constitui a maior média nacional.

À medida que Brasília ia sendo edificada, a paisagem natural foi dando lugar a uma outra completamente diferente, com elementos estranhos ao meio e cuja adaptação ainda estava por se conhecer. Não havia como fugir do tradicionalismo e se repetia em pleno complexo vegetacional do cerrado o que havia ocorrido na concepção de outras urbes erguidas em meio à caatinga, à floresta amazônica e à floresta atlântica. Por exemplo, os buritis que adornam a cidade foram transplantados: para a Praça dos Buritis veio uma espécie com cerca de 20m de altura, 25t de peso e 200 anos de idade (calculada pelos anéis); em 1967, 51 buritis foram levados para o jardim do Palácio do Itamarati; em 1971, 47 para o Setor Militar Urbano e, em 1977, os buritis, que foram levados para o Parque Recreativo de Brasília, vieram de uma fazenda situada nas margens da rodovia Brasília – Anápolis – km 09 – uma das poucas, belas e significativas veredas das cercanias da cidade.

Os gramados em Brasília são tão abundantes que formam um imenso tapete e devem ser tratados como pavimento urbano. Toda essa área é formada por três espécies de gramíneas: a grama batatais, a grama pensacola e a grama bermuda. A grama batatais, nativa da região geoeconômica de Brasília, apresenta uma capacidade grande de vedação do solo. Sua reprodução ocorre por via vegetativa; é resistente à seca, ao fogo, à escassez de nutrientes no solo etc., o único fator desfavorável à sua sobrevivência é o sombreamento. A quantidade de chuvas tem impacto considerável principalmente em terrenos sem vegetação, com solos expostos e compactados, causando escoamento superficial, difuso ou concentrado, que acarreta processos erosivos além de transportar grande quantidade de material sólido para os corpos hídricos.

Para a escala do lugar, cujos atributos mais importantes decorrem da natureza das ações cotidianas em função de mudanças sazonais, o conjunto de recomendações para a sustentabilidade deverá incluir aqueles aspectos pertinentes ao cotidiano que notadamente tenham uma alta carga motivadora e afetiva, tanto para a manutenção como para a formação de sua identidade. Como exemplos desse conjunto de recomendações, podem ser citados: os replantios de árvores danificados e a construção de lugares de sombra para facilitar a estadia e o usufruto dos espaços abertos públicos. Também deve ser dada especial atenção aos materiais superficiais que funcionam como elementos ordenadores do espaço e como estímulos dimensionais, tais como a vegetação (por seu tamanho, densidade, qualidade e capacidade de modelar e de filtrar), a água, a estética da luz, os atributos da cor, os espaços do som e os aromas. Em suma, devem receber especial atenção recomendações que visem à humanização da paisagem: a sensibilidade do lugar, a proporção dos impactos do construído no meio natural e a fragilidade de suporte dos impactos.

## A escala específica do edifício

No estabelecimento e na avaliação das variáveis pertinentes nessa escala, analisamos edifícios típicos de Brasília: os blocos das superquadras e as casas geminadas do Cruzeiro, das quadras setecentas do Plano Piloto e do Núcleo Bandeirante.

Essa escala corresponde à dimensão específica do edifício, unidade do abrigo e do espaço social e individual. Nela, os atributos ou características que precisam ser esquematizados para compreender e atuar nesse espaço são os seguintes: proteção, otimização microclimática, controle e afeto. A escala residencial do Plano Piloto é uma das mais bem resolvidas desde o ponto de vista ambiental. Pilotis e grandes árvores proporcionam sombra e abrigo ao pedestre; flores e a luminosidade se misturam em jogos de cores e luzes.

O edifício é concebido como um sistema que mantém complexas relações energéticas com o meio que o rodeia. O equilíbrio que se produz entre os ganhos e as perdas de energia pelo edifício, com relação à capacidade acumuladora, é o que determina, em cada momento, seu estado de energia interior. Em relação aos edifícios das superquadras, em geral, os mais antigos apresentam desenho adequado às condições climáticas, mas o desenho perde sua efetividade quando é utilizado indiscriminadamente em qualquer orientação. As casas geminadas também possuem um padrão de desenho adequado ao sítio que, no entanto, também perde sua efetividade quando são realizados acréscimos que interrompem a ventilação cruzada ou limitam o acesso à iluminação natural, incrementando com isso o ganho de calor interno. Essas casas distinguem-se por serem habitações originalmente econômicas de densidade média, intermediária entre as densidades das superquadras e a densidade das casas isoladas.

A qualidade do ar em Brasília possui grande variação ao longo do ano. Isso acontece por causa das peculiaridades climáticas (estação seca e fria prolongada, com ocorrência de inversões térmicas). Outro fator que tem grande influência é o grande número de queimadas que ocorrem na estação crítica. No geral, os pontos considerados críticos no que tange à questão da poluição do ar no DF são os terminais de ônibus e as vias de tráfego intenso. Porém, também há grande emissão de poluentes pelas usinas de asfalto e fábricas de cimento.

Normalmente, os sistemas de drenagem do DF não são dimensionados para suportar a altura máxima de precipitação em 24 horas. Isso, aliado ao acúmulo de lixo nos bueiros, tem como conseqüência eventuais inundações do espaço público. Vários fatores fazem com que as ocasionais inundações não causem tantos estragos no DF. O sítio físico escolhido para a cidade é convexo, o que facilita o escoamento das águas pluviais. Outro fato, apesar do desmatamento sistemático evidenciado, é a grande quantidade de áreas verdes existente, aproximadamente 250m$^2$/hab, permitindo que a água possa se infiltrar mais rapidamente no solo. É importante manter esse alto índice de áreas verdes, porque o solo argiloso de Brasília tem pequena permeabilidade.

Para a escala do edifício, cujos atributos mais importantes decorrem da sua qualidade de abrigo em função de necessidades individuais, um conjunto de recomendações para sua sustentabilidade deveria incluir aspectos pertinentes ao saber arquitetônico, por um lado, e à cotidianeidade, por outro. Caracteristicamente, tais recomendações devem ter uma alta carga técnica, regulada por princípios da eficiência energética para diminuir o consumo de energia e utilizar tecnologias brandas, bem como incorporar uma dimensão afetiva para criar condições de integração com o entorno. Como exemplos dessas recomendações, podem ser citadas as preocupações com o conforto, a utilização de paramentos protetores da pele, a climatização natural e a utilização de elementos que apelem ao prazer dos sentidos. A redução efetiva dos níveis de consumo de energia atuais envolveria a utilização da iluminação natural e de sistemas mais eficientes e a realização de estudos sobre a forma e a orientação das edificações. Seria também importante a variabilidade das características da pele, especialmente quanto às possibilidades de a pele mudar a superfície de contato; de transformar seus elementos opacos em transparentes e vice-versa; de transformar seus elementos isolantes em não-isolantes; e de eliminar o conceito de barreira.

## Considerações finais

A sustentabilidade é um processo a ser alcançado progressivamente. A fim de contribuir para esse processo, elaboramos um modelo escalar de elementos ambientais integrados, que pode ser utilizado como instrumento para a intervenção e o desenvolvimento de projetos de Arquitetura e Urbanismo que levem em consideração as condições do ambiente, que evitem a perda da evidência do entorno e permitam a percepção da cidade integrada nos processos naturais que sustentam a vida. O não ocultamento dos sistemas que abastecem a cidade torna a população responsável por eles.

O meio ambiente urbano deve ser representado como um objeto único, cuja identidade resulta do conjunto de suas características, dentre elas o território natural ou construído, exigindo o entendimento do meio físico. A percepção do lugar revela, portanto, uma escolha e uma tomada de consciência das qualidades que estão presentes num determinado lugar. A caracterização do lugar relaciona-se à vivência do homem, às suas interações com o outro, às transformações e adaptações das regras preestabelecidas pela própria natureza.

A cultura ambiental é uma síntese das condições do meio natural e da paisagem construída, dos conjuntos urbanos e espaços de uso público, edificações, do mobiliário etc. Somente quando se incorporam os elementos próprios do lugar, especialmente os ambientais, que são os que outorgam caráter e definem a cidade, é possível realizar um planejamento local específico, mais adequado à grande diversidade regional. A consideração desses elementos nos permite atender melhor às exigências de qualidade de vida dos cidadãos.

O estabelecimento de escalas de análise do espaço urbano, sua aplicação e avaliação decorrem do pressuposto de que é possível estabelecer uma correspondência entre os parâmetros físicos presentes no espaço urbano, área, sítio, lugar e os parâmetros perceptivos. Nesse sentido, projetar pode ser entendido como a recuperação de uma nova ordem ambiental. Um bom projeto do ambiente deve chegar a qualificar otimamente esse espaço, desde a pequena escala do edifício até a grande escala da estrutura urbana.

A análise por meio das escalas de aproximações espaciais, aqui proposta, visa a atingir uma caracterização sensorial e ambiental que ofereça possibilidade de ações concretas no espaço, que apóie decididamente as ações dos projetistas e conduza à recuperação das agressões antrópicas. Essas escalas podem ser utilizadas na geração de recomendações específicas para a sustentabilidade da cidade de Brasília, assim contribuindo para incrementar o rendimento funcional, a eficiência energética e a qualidade estética do projeto urbano, o que, certamente, contribuirá para a qualidade de vida urbana.

## Referências bibliográficas

ABRAMI, Giovanni. *Progetazzione Ambientale*, Cooperativa Livraria Universitária do Politécnico – CLUP Editora, Milão, 1990.

ARANTES, Otília. *O lugar da arquitetura depois dos Modernos*, EDUSP – Studio Nobel, São Paulo, 1993.

ARGAN, G. *História da arte como história das cidades*, São Paulo: Martins Fontes, 1992.

CARPINTERO, Antônio Carlos. Brasília: prática e teoria urbanística no Brasil, 1956–1998. Tese de Doutorado. São Paulo, FAU/USP, 1998.

CARVALHO, Eliani. Ordenamento territorial. Sustentabilidade e exclusão: viajando pelo Lago Paranoá. Dissertação de Mestrado. Brasília, FAU/UnB, 1998.

CODEPLAN. *O relatório técnico sobre a nova capital da República. Relatório Belcher*. 4 ed. Brasília, GDF/Codeplan, 1995.

FERREIRA, Philomena. Alguns dados sobre o clima para a edificação em Brasília. Dissertação de Mestrado. Brasília, UnB, 1965.

GREGOTTI, Vittorio. *El territorio de la Arquitectura*, Barcelona, Editora Gustavo Gili, 1972.

GUIMARÃES, Roberto P. "Desenvolvimento sustentável: da retórica à formulação de políticas públicas". *In* BECKER, B. (org.). *A geografia política do desenvolvimento sustentável*, Rio de Janeiro, Editora UFRJ, 1997.

HOUGH, Michael. *Naturaleza y Ciudad*, Editora Gustavo Gili, Barcelona, 1998.

INSTITUTO DE ECOLOGIA E MEIO AMBIENTE (IEMA). *Relatório sobre as atividades de monitoramento da qualidade do ar no Distrito Federal*. Brasília, 2000.

MASCARÓ, Lúcia. *Ambiência urbana*, Porto Alegre, Sagra D. C. Luzzatto, 1996.
MMA. "Cidades sustentáveis – marco conceitual". *Agenda 21 Brasileira*. (versão preliminar), vol. 1, cap. 3, Brasília, 1999.

MONTEIRO, C. A. de Figueiredo. *Teoria e clima urbano*, São Paulo: IGEOP – USP, 1976 (Série Teses e Monografias nº 25).

MORAIS, Souza João. *Metodologia de projeto em arquitectura*, Lisboa: Editorial Estampa, 1995.

NORBERG-SCHULZ. *Arquitetura Ocidental*, Barcelona: GG Reprints/Editora Gustavo Gili, 1999 (original de 1973).

PINHEIRO, Israel. "Uma realidade: Brasília". Entrevista publicada na *Revista MÓDULO* nº 8, ano 3, Rio de Janeiro, julho de 1957.

ROMERO, M. A. "Desempenho das constantes morfológicas. Índices de adequação ambiental da periferia do Distrito Federal", *Seminário Internacional Tecnologia Arquitetura e Urbanismo – NUTAU' 96*, São Paulo, FAU/USP,

31/10 a 2/11/1996.

___________. (1997): "Variáveis bioclimáticas incidentes no Zoneamento Ecológico Econômico (ZEE)". *I Encontro Nacional sobre Edificações e Comunidades Sustentáveis*, Canela, 18 a 21/11/1997.

___________. *et al.* "A insustentabilidade do desenvolvimento econômico das capitais brasileiras". *VII Encontro Nacional – ENA/ANPUR*, Porto Alegre, maio, 1999.

___________. "Desempenho das constantes morfológicas. Índices de adequação ambiental da periferia do DF". *In* PAVIANI, Aldo, (org.). *Brasília gestão urbana; conflitos e cidadania*, Brasília: Editora Universidade de Brasília, 1999a, p. 85-109 (Coleção Brasília).

___________. Brasília e seus espaços públicos. *Cadernos Eletrônicos da Pós-Graduação*, Brasília, FAU/UnB, 1999a. (www.unb.br/fau.ppg.cadernos)

ROSSI, Aldo. *La arquitetura de la ciudad*, Colección Punto y Línea, 7ª ed. Editora Gustavo Gili, Barcelona, 1983.

SACHS, Ignacy. *Estratégias de transição para o século XXI. Desenvolvimento e meio ambiente*, São Paulo: Studio Nobel/ Fundap, 1993.

SENNETT, Richard. *La conciencia del ojo*. Barcelona: Ediciones Versal, 1991.

TUDELA, F. "Para uma cultura de sustentabilidade urbana". *In* ALVA, Eduardo Neira, (org.). *Metrópoles (in) sustentáveis.* Rio de Janeiro: Relume Dumarã, 1997.

VIRILIO, Paul. *Folha de S. Paulo* 28/9/97, páginas 4 e 5, do Caderno MAIS.

# Zoneamento Ecológico-Econômico: instrumento geoestratégico

Marília Steinberger

O fio condutor do presente capítulo retoma e amplia a proposta que fizemos no último livro desta coletânea: a necessidade de se formular uma política territorial, simultaneamente urbana e regional, para o Aglomerado Urbano de Brasília,[1] a partir do reconhecimento de que seu papel, na região Centro-Oeste e no país, pode ir além de girar em torno da capital nacional (Steinberger *in* Paviani, 1999).

A essa idéia de definir uma política territorial para o espaço urbano e o regional em conjunto, agora acrescentamos *o espaço natural como um componente básico do ambiente*. Portanto, ao trazer para discussão

> *o Zoneamento Ecológico-Econômico (ZEE),* estamos nos referindo a um *instrumento de planejamento territorial do ambiente que envolve o meio, constituído a um só tempo pelo espaço natural, urbano e regional.*

Essa tríade, que ultrapassa tanto as fronteiras do Distrito Federal (DF) como as do próprio aglomerado urbano, configura o que aqui denominaremos de *Região Ambiental de Brasília.*

Alguns veículos da mídia têm contribuído para dar suporte à importância de se pensar Brasília de uma maneira mais abrangente. Exemplo disso é a chamada de capa da *Revista Anual de 2000* da *Gazeta Mercantil*: "Distrito Federal e Goiás unidos para crescer e forjar um Centro-Oeste mais forte". A Carta ao Leitor dessa revista, assinada pelo então diretor regional do Centro-Oeste, o jornalista Luiz Recena, inicia com o sugestivo título "De flores, frutos e união". Outros veículos, ao contrário, têm-se encarregado de manter os leitores presos a uma Brasília restrita: a do Plano Piloto. São emblemáticos os trechos a seguir da reportagem da jornalista Angélica Santa Cruz, publicada na revista *Veja* de 13/1/1999:

---

[1] Inclui o Distrito Federal e nove municípios do Estado de Goiás: Luziânia, Planaltina, Padre Bernardo, Água Fria, Valparaízo, Novo Gama, Cidade Ocidental, Águas Lindas e Santo Antônio do Descoberto.

> Andar pelo Plano Piloto é como entrar numa maquete. Até o céu, de tão azul, parece artificial, feito de azulejo. (...) Brasília também parece a capital de um país sem história. (...) Para as pessoas versadas em cidades normais, é um amontoado de prédios muito parecidos, arrumados numa monotonia de matar.

Esse limitado retrato de Brasília faz com que seus moradores freqüentemente sejam obrigados a demonstrar que vivem numa cidade "de verdade", pois o que povoa o imaginário nacional são os símbolos de poder, riqueza e ordem, só para citar os estigmas mais contundentes. Entretanto, paralelamente a esses, a elevada qualidade de vida tem sido reconhecida como um dos seus pontos positivos.

Opiniões devastadoras ou elogiosas escondem a realidade. A crença de que Brasília foi planejada em vez de projetada, a concepção urbanística que esqueceu sua inserção regional, a destruição do patrimônio natural, a perda da qualidade de vida e a dificuldade de adotar o ZEE, um novo marco no planejamento territorial brasileiro, são alguns dos aspectos de uma realidade que precisa ser desmitificada.

O eixo da nossa discussão se prende à idéia de que somente um instrumento como o ZEE, elaborado para a Região Ambiental de Brasília, poderá constituir a verdadeira base para o planejamento territorial do DF. A abordagem desse tema será apresentada em quatro seções: os marcos ambientais do assentamento da capital; a falácia da preocupação ambiental; a história do ZEE; e as dificuldades de elaborar um ZEE no DF e a deterioração ambiental. À guisa de conclusão, introduziremos a discussão do ZEE como instrumento geoestratégico para o DF.

## Os marcos ambientais do assentamento da capital

O Distrito Federal é um território especial, pois seu ambiente se configura como um ponto de encontro do Brasil, sintetizado pelas águas que se emendam e pelas "gentes" que se misturam com objetivos variados. Também porque sua territorialidade foi construída a partir de uma associação entre as características intrínsecas ao espaço fisiográfico onde se assentou e as características adquiridas por abrigar Brasília, a capital nacional.

As características intrínsecas se sobressaem por causa de sua localização no Planalto Central, onde ocorre o fenômeno das Águas Emendadas – a proximidade das nascentes de córregos e rios que pertencem às bacias Platina,[2] do São

[2] Córrego Brejinho, afluente do rio São Bartolomeu, que faz parte da sub-bacia do rio Paraná e juntamente com o rio Descoberto e o rio Ponte Alta constituem as principais fontes de captação de água, responsáveis por 62,5% da drenagem do território do DF.

Francisco[3] e do Amazonas,[4] em uma mesma área; e no ecossistema do cerrado, cujo coração está na região Centro-Oeste do país, mas alcança todas as demais, com sua rica e extensa biodiversidade.

As características adquiridas aparecem na imagem de Brasília, inserida na história do Brasil, em uma foto onde estão Pedro Álvares Cabral, D. Pedro I e Juscelino Kubitscheck, o que, segundo Carvalho, evidencia uma ressemantização visual do:

> (...) personagem mítico do herói descobridor (dá existência); libertador (adquire existência própria); desbravador e condutor (leva à posse simbólica de todo o território nacional, integrando-o através da nova localização da capital da República). (Carvalho, 1997:20).

Essas características estão espelhadas também na chegada dos migrantes do Norte para construir a capital e do Sul para ocupá-la. Chegada que se faz ininterrupta, num ritmo não previsto pelo corte estritamente urbano do projeto original, gerando uma segregação socioespacial sem precedentes, que transborda para fora dos limites do DF e forma uma região conhecida como Entorno. Junte-se ainda o fato de a base econômica de Brasília estar ancorada na produção maciça de praticamente um único bem, a terra, que, associada à habitação e infra-estrutura, constitui seu maior fator de atração. Terra que, gerida pelo Estado, é considerada de todos e de ninguém e, assim, afeita às investidas não só de empresários pioneiros, mas de aventureiros. Por fim, centro do poder político-administrativo e de tomada de decisões nacionais e internacionais, foco de manifestações e reivindicações na larga avenida da Esplanada da metrópole terciária, já com uma expressiva população residente nativa que, ao lado dos migrantes, vem criando um estilo de vida próprio.

Esse é um retrato resumido do ambiente do DF hoje. Ambiente entendido aqui como *meio resultante de um amálgama entre o espaço natural, o espaço urbano e o espaço regional.*[5] Entretanto, não custa ressalvar que ambiente, quando utilizado como sinônimo da expressão "meio ambiente", com muita freqüência, atém-se apenas à "natureza natural", como coibidora e tolhedora da atividade humana e, assim, presa ao que os geógrafos chamam "determinismo ambiental".[6]

---

[3] Afluentes do rio Preto que conformam a bacia secundária do mesmo nome, responsável por 24,2% da drenagem do DF.

[4] Córrego Vereda Grande, afluente do rio Maranhão, que faz parte da sub-bacia do rio Tocantins e conforma a bacia secundária do mesmo nome, responsável por 13,3% da drenagem do DF.

[5] Que envolve as áreas rurais.

[6] Tal ressalva é importante porque, em boa parte dos documentos consultados, essa é a visão predominante.

Na literatura existente sobre Brasília, é comum encontrarmos inúmeros trabalhos que enaltecem a preocupação ambiental com o território do DF antes mesmo da sua instalação (Cordeiro, 1993). De fato, tal preocupação já estava presente desde o surgimento da idéia de transferir a capital para o interior do país, quando estudos feitos por diversas missões enviadas ao Planalto Central para escolher a sua localização definiram uma área que, segundo seus autores, reunia as melhores condições ambientais. Não menos comuns são as referências às restrições de instalar um parque industrial tradicional de porte e às decisões de manter a rigidez do zoneamento urbano e o tombamento do Plano Piloto que objetivam preservar as citadas condições ambientais. Por essas razões, Brasília tem sido citada como um dos três centros urbanos que oferecem maior qualidade de vida no país, junto com Campinas e Curitiba, além de destacada por ter a população que possui a mais alta renda *per capita*.

Nesse sentido, é inegável que, em comparação aos outros grandes aglomerados urbanos do país, Brasília possua uma qualidade ambiental mais elevada. Gusmão (2000) ressalta que os indicadores de qualidade ambiental podem ser um fator decisivo para a localização de empreendimentos que demandam condições específicas para seu bom desempenho de produtividade e lucratividade. Entretanto, é emblemático o fato de uma matéria da *Revista Exame* sobre oportunidades de novos negócios, nas principais metrópoles brasileiras, não ter incluído Brasília (Lahóz, 2000). Essa exclusão pode significar que ainda não se assimilou Brasília como metrópole ou que ela não foi considerada atrativa, porque ainda predomina a imagem da obediência à orientação de Oscar Niemeyer em uma das consultas formuladas pelo IAB por ocasião do concurso do Plano Piloto: "deverá prever-se um desenvolvimento limitado da agricultura e indústria, em vista do caráter político-administrativo da capital" (GDF-Arquivo Público; 1991: 17). Independentemente do motivo que levou o jornalista a desconsiderar Brasília, esse tipo de postura soa como um argumento a mais para os defensores da expressiva preocupação ambiental com o DF. Contudo, há quem não concorde com eles. Para Gilberto Freyre a implantação da capital representou:

> (...) o velho desejo de muitos brasileiros se transferirem para a capital do seu país, do litoral para um interior **ecológica**, econômica e sociologicamente estratégico.
>
> (...) uma nova perspectiva para o Brasil inteiro: a perspectiva de **um Brasil verdadeiramente inter-regional** no seu modo de ser Nação una e, ao mesmo tempo, plural: um Brasil feito de Brasis. (Freyre, 1968: 175, 177).

Esse interior ecologicamente estratégico, união dos vários Brasis, na opinião do autor, não foi devidamente levado em conta porque:

> (...) como cidade nova, Brasília não é para ser considerada um puro problema de arquitetura ou, sequer, de urbanismo, mas de **ecologia**. De **ecologia tropical** em toda sua complexidade.
>
> (...) acuso (...) ao próprio Juscelino Kubitschek, por não ter convocado...**ecologistas** e cientistas sociais que associassem aos arrojos desses artistas outra espécie de saber ou de conhecimento... (Freyre, 1968: 178, 188).

Ele sugeriu que:

> (...) os idealizadores de cidades novas no Brasil precisam entender as relações entre **o que seja urbano e o que deva continuar rural**, em cidades dessa espécie, às quais dificilmente se perdoará amanhã o pecado de terem crescido (...) somente urbanisticamente, quando são amplas e completas suas oportunidades de nascerem e crescerem **rurbanamente.**
>
> (...) um zoneamento urbano (...) reúna a população urbana em grupos suburbanos e **rurbanos** (...) capazes (...) de um **convívio com a natureza, com a paisagem, com o próprio mato...** (Freyre, 1968: 185, 186) (grifos nossos).

Esses recortes, publicados pela primeira vez em uma edição portuguesa de 1957, constituem antes de tudo uma denúncia sobre o traço autoritário dos arquitetos que desconsideraram o ambiente – é uma visão culturalista que mostra a falta de identidade com o cerrado. Resumem as distorções para com uma verdadeira preocupação ambiental no DF que, segundo Gilberto Freyre, começaram quando se decidiu construir a capital, com um quase total alheamento à ecologia tropical. Aqui, vamos considerar que essas distorções tiveram início antes, desde a vinda das Missões. Com isso, dois clássicos marcos ambientais serão desmitificados.

O primeiro marco envolveu decisões anteriores a 1956, referentes à escolha da "macrolocalização" e, posteriormente, do sítio para implantar a capital. São por demais conhecidos os relatórios das Missões Cruls, de 1894, e Belcher, de 1955, que estudaram detidamente o ambiente do futuro território do DF, não só no que diz respeito aos aspectos fisiográficos, de abundância de recursos hídricos e solo propício, entre outros, como nos de geologia econômica e agricultura regionais. Embora haja quem considere que tais relatórios sejam "...Estudos Prévios de Impacto Ambiental pioneiros no nosso país" (Oliveira Júnior, 1997: 2), como veremos adiante, pelo menos no que se refere à hidrologia ocorreu um grande equívoco.

Menos conhecida é a página sobre a participação do geógrafo francês Francis Ruellan[7] na Missão Poli, de 1946 (Ruellan, 1998), que teve um caráter

[7] Resgatada recentemente por seu neto Denis Ruellan nas "Narrativas a céu aberto" (citado na bibliografia).

mais geopolítico do que técnico. Foi dele a iniciativa de criar um grupo de geografia humana para apreender os estilos de vida, as questões econômicas e as possibilidades de colonização da área selecionada. Foi dele também a pergunta-chave se a capital seria exclusivamente político-administrativa ou um centro de irradiação de desenvolvimento para o sertão e o interior, o que denotava a sua visão de que o assentamento da cidade numa posição mais ou menos geoestratégica, em termos de macrolocalização, estaria condicionado por essa definição. Pergunta cujo silêncio de resposta equivaleu a uma indefinição básica e, portanto, a mais um equívoco, pois como já mostramos em trabalho anterior, Brasília, antes de ser pólo de desenvolvimento regional, transformou-se em fronteira urbana e entroncamento rodoviário. (*op. cit.* Steinberger, 1999)

O segundo marco compõe-se de decisões tomadas entre 1956 e 1959. Inclui a publicação do edital do Concurso Nacional do Plano Piloto da Nova Capital em 1956, o relatório do Plano Lúcio Costa e a apreciação do júri em 1957, bem como algumas ações propostas durante a construção da capital que se concretizaram sob a forma de outros tipos de planos. Nos documentos do Plano Piloto, cabe apenas destacar os pontos relativos aos recursos naturais e ao espaço regional. Numa leitura do edital, salta aos olhos que a única obrigatoriedade para os concorrentes era propor o traçado básico da cidade, uma vez que o item quatro tão-somente facultava:

> (...) apresentar, dentro de suas possibilidades, os elementos que serviram de base ou que comprovem as razões fundamentais dos seus planos, como sejam:
>
> a) esquema cartográfico da utilização prevista para a área do Distrito Federal, com a localização aproximada das **zonas** de produção agrícola, urbana, industrial, **de preservação dos recursos naturais – inclusive florestas, caça e pesca, controle da erosão e proteção de mananciais** – e das redes de comunicação...;
>
> d) **elementos técnicos para serem utilizados na elaboração de uma lei reguladora da utilização da terra e dos recursos naturais da região;** GDF-Arquivo Público:1991:17) (grifos nossos).

No Plano Lúcio Costa praticamente nada aparece sobre recursos naturais, exceto a decisão de evitar a localização de bairros residenciais na orla da lagoa, para preservá-la intacta. Entretanto, gramados, áreas verdes, arborização e paisagismo são citados algumas vezes. Também nada aparece com relação ao espaço regional, uma vez que o urbanista registrou textualmente na sua apresentação oral:

> (...) àquilo que de fato importa, ou seja, à concepção urbanística da **cidade propriamente dita**, porque esta **não será**, no caso, **uma decorrência do planejamento regional, mas a causa dele: a sua fundação é que dará ensejo ao ulterior desenvolvimento planejado da região.** Trata-se de um ato deliberado de posse, de um gesto de sentido ainda desbravador, nos moldes da tradição colonial. (GDF-Arquivo Público:1991:20).

Com isso, Lúcio Costa, por um lado, justificou-se dessa ausência, mas, por outro, explicitou a necessidade de ser feito um planejamento regional posteriormente, pois tinha clareza de que uma capital, do porte da projetada, geraria uma região. Entretanto, a preocupação regional já existia da parte de outros concorrentes, o que pode ser ilustrado pelas consultas sobre a previsão de estradas de ferro e de rodagem, cuja resposta afirmativa revelava a intenção de executar ambos os tipos de ligação entre Brasília e Anápolis.

Como parte desse segundo marco, cabe mencionar o Plano de Abastecimento esboçado antes da inauguração da capital, com o objetivo de abrigar os agricultores que chegavam em grande número a Brasília e fomentar a produção agrícola e animal, além do florestamento e o reflorestamento do DF. Definiu-se um sistema de abastecimento composto por regiões agrícolas, unidades socioeconômicas rurais, centros de abastecimento e mercados distribuidores (Silva, 1999). Era, como disse Lúcio Costa, o frustrado projeto de implantar granjas e fazendas-modelo na periferia do Plano Piloto para absorver um terço do contingente populacional com antecedentes rurais, propiciando assim a criação de um cinturão verde (Costa, 1995).

Em face do exposto sobre esses dois marcos, podemos dizer que Brasília e o DF foram instalados debaixo de equívocos, principalmente no que se refere à preocupação ambiental. Quiçá equívocos involuntários, mas cujas conseqüências perduram até os dias de hoje.

## A falácia da preocupação ambiental com o território do Distrito Federal

A título de investigar se de fato houve uma legítima preocupação ambiental, após a inauguração da capital, e analisar até que ponto vem se falando em ambiente, no sentido amplo, como antes definido, identificamos quatro períodos da história ambiental no DF: 1960-1973, 1974-1985, 1986-1989 e 1990 até os dias de hoje. Tal investigação se respalda em instrumentos legais e de planejamento, alguns já exaustivamente analisados, aos quais não poderemos nos furtar de fazer referência para descobrir se, no conjunto, eles vêm contribuindo para construir uma relação ambiental "interespacial" natural, urbana e regional.

O primeiro período (1960-1973) foi o da implantação da cidade propriamente dita, marcada pela falta de planos de uso e ocupação do solo até quase meados dos anos 1970 e pela criação das primeiras Unidades de Conservação (UCs).[8] Entretanto, a ausência desse tipo de planejamento não foi motivo para impedir o início do planejamento setorial. Em 1966, instituiu-se o Código Sanitário,[9] que estabeleceu diretrizes para o meio ambiente e o saneamento, definiu regras para a instalação de núcleos habitacionais e propôs que o território do DF fosse dividido em três áreas: a metropolitana, a dos núcleos satélites e a do rural, mas não as delimitou. Poucos anos depois, em 1970, foi elaborado o Plano Diretor de Água, Esgoto e Controle da Poluição do Distrito Federal (Planidro). Fruto da preocupação com os mananciais, fez severas recomendações quanto à ocupação urbana e referendou a proposta das áreas do código, englobando-as no denominado zoneamento sanitário, sem contudo definir seus limites. Tal proposta tornou-se um marco no planejamento, pois permitiu o início da conscientização sobre as restrições de recursos hídricos[10](NEUR/IPEA, 1997). Também fazem parte desse período as ações relativas ao arcabouço jurídico-institucional[11] e a criação das primeiras UCs do DF – o Horto-Parque do Guará em 1960, o Parque Nacional de Brasília e o Parque Recreativo do Gama em 1961, além da Reserva Biológica de Águas Emendadas, em 1968. Com tudo isso, podemos afirmar que foram as ações ambientais setoriais as responsáveis pelo início do planejamento territorial no DF e pela busca de um entrelaçamento embrionário de preocupações ambientais entre o espaço natural e o urbano. Em termos regionais, cumpre destacar o impulso dado pelo governo federal em se efetivar a região de Brasília, com a criação do Fundo de Desenvolvimento do Distrito Federal e Entorno (Fundefe), em 1966, que propunha a destinação de 20% dos recursos do Governo do Distrito Federal (GDF) para a área de influência de Brasília, denominada Região Geoeconômica.

O segundo período (1974-1985) – quando ganhou força a indução ao planejamento territorial do DF pelo governo federal – foi caracterizado pela elaboração de planos de uso e ocupação do solo urbano, a partir de meados da

[8] Estamos usando a denominação geral UCs, embora tenhamos conhecimento de que à época tal terminologia ainda não existisse. A definição do conjunto de UCs e da legislação ambiental do DF não se encontra agregada num único documento, razão pela qual lançamos mão dos seguintes documentos: os anexos do livro *Cerrado*, de Maria Novaes Pinto (1993), a coletânea básica da legislação ambiental elaborada pela Sematec (1994), o PDOT/96, os levantamentos realizados na pesquisa NEUR/IPEA (1997) e o Mapa Ambiental do Distrito Federal de 2000.

[9] Instituído pela Lei nº 5.027, de 14/6/1966.

[10] Mitificadas desde o Relatório Cruls que diagnosticou a abundância de água na região.

[11] Os decretos que regulamentaram as florestas protetoras do DF (1961), a criação da Caesb em 1969 e a declaração de utilidade, necessidade pública e interesse social das glebas de terras das bacias dos rios São Bartolomeu e Descoberto, em 1971.

década de 1970, e pela criação de novas UCs. Em 1974, no âmbito do II Plano Nacional de Desenvolvimento 1975-1979 (II PND), foi instituído o Programa Especial para a Região Geoeconômica de Brasília, como uma segunda iniciativa de promover o planejamento regional entre o DF e o Entorno.[12] Ele foi a justificativa para que, no fim de 1974, um decreto[13] ordenasse a formulação de um plano diretor para o DF e referendasse a "macrodivisão" do seu território nas três áreas já citadas, definindo-as. Em função disso, em 1975, finalmente, mapeou-se o zoneamento sanitário do DF, indicando as áreas nas quais a ocupação era recomendável, prejudicial e com problemas sanitários. Por sua vez, o Plano de Expansão e Organização Territorial (PEOT), aprovado em 1978, viria a ser o plano diretor exigido. Destacou-se pelos diagnósticos e propostas que envolviam o contexto local, regional e nacional, na medida em que se buscava a integração com o II PND. Além dessa intenção de união urbano-regional, deve ser mencionada a urbano-natural pois, na classificação dos espaços do PEOT, delimitaram-se, entre outras, as áreas de preservação e áreas de conservação do meio ambiente natural. Seguiu-se a ele o Plano de Ocupação Territorial (POT), finalizado em 1985, mas não aprovado, pois introduzia uma proposta de Zonas de Interesse Ambiental (ZIAs) e Zonas de Ocupação Restrita (ZORs) que entrou em choque com o documento "Brasília Revisitada 57-85...". Este, contrariando a orientação vigente, permitia o assentamento de novas áreas habitacionais próximas ao Plano Piloto. Neste segundo período da história ambiental do DF, o recém-criado instituto das áreas de proteção ambiental (APAs), pelo Conama, deu origem, em 1983, às primeiras desse tipo do Brasil – as bacias dos rios São Bartolomeu e Descoberto. Além dessas foram criadas outras cinco UCs,[14] totalizando sete.

O terceiro período (1986-1989) envolveu a institucionalização do tema meio ambiente no âmbito do GDF, as primeiras discussões sobre zoneamento ambiental, além da proliferação das UCs. A institucionalização começou em 1986 com a criação da Coordenação de Assuntos de Meio Ambiente (Coama),[15] logo no ano seguinte transformada em Secretaria Extraordinária de Meio Ambiente, Ciência e Tecnologia (Sematec) e, a partir de 1989, com a mesma denominação, em secretária ordinária.[16] Paralelamente a isso, já vinha sendo discu-

[12] Acompanhada de perto pelas articulações de organização da Associação de Municípios Adjacentes de Brasília (AMAB), só consolidadas em 1979.

[13] Decreto nº 2.739, de 16/10/1974.

[14] A Reserva Ecológica do IBGE em 1975, as Áreas de Relevante Interesse Ecológico (ARIEs) do Bosque em 1984 e de Capetinga/Taquara em 1985, o Parque Ecológico do Guará em 1984 e o Jardim Botânico em 1985.

[15] Para dar sustentação à Coama, criou-se um Programa Especial do Meio Ambiente, Ciência e Tecnologia (Decreto nº 9.829/86).

[16] Nesse ínterim, em 1987, foram criadas as Comissões de Defesa do Meio Ambiente (Condemas), representações de cada Região Administrativa que compunha o DF e, em 1988, o Conselho Supervisor das Unidades de Conservação e Áreas Protegidas administradas pelo DF.

tida a Política Ambiental do DF,[17] aprovada junto com a nova secretaria. Dentre seus objetivos destacamos: a adequação das atividades socioeconômicas ao equilíbrio ambiental e a substituição de processos produtivos prejudiciais por outros compatíveis com o meio ambiente. Tais objetivos estavam estreitamente relacionados com o entendimento do que era o zoneamento ambiental[18] e o Zoneamento Ecológico-Econômico (ZEE) proposto pelo IBGE em 1986. Enquanto o zoneamento ambiental *strictu sensu*, similarmente ao tradicional zoneamento urbano, consiste em dividir o território em zonas nas quais se autorizam ou se proíbem, de maneira absoluta ou relativa, determinadas atividades, o ZEE visava a "realizar divisões e classificações do espaço baseadas no cruzamento de fatores ecológicos e econômico-sociais". Essa definição foi sendo aperfeiçoada ao longo da década de 1990, conforme teremos oportunidade de observar adiante, mas o importante a se ressaltar aqui é que os gestores da nova secretaria estavam atentos e atualizados com os instrumentos de planejamento territorial mais inovadores que vinham sendo concebidos no âmbito nacional. Consta, até mesmo, que chegou a se discutir a contratação do zoneamento ambiental, o que não chegou a ocorrer por várias razões. Talvez a principal delas foi que, nessa segunda metade da década de 1980, as prioridades ambientais estavam centradas nos acirrados debates entre arquitetos e ambientalistas sobre as propostas do "Brasília Revisitada" que acabaram sendo aprovadas em 1987.[19] Por fim, vale mencionar que esse terceiro período, embora curto, pode ser considerado como um dos mais "férteis" no que se refere à criação de novas UCs, uma vez que nove foram instituídas.[20]

---

[17] Lei nº 041, de 13/9/1989, regulamentada pelo Decreto nº 12.960, de 28/12/1990, que instituiu o Fundo Único de Meio Ambiente do Distrito Federal, os procedimentos de Estudos e Relatórios de Impacto Ambiental (EIA/RIMA) e o Conselho de Política Ambiental, que passou a ser denominado de Conselho do Meio Ambiente do Distrito Federal (CONAM), com a Lei Orgânica de 1993. Dele participam diversos secretários, representantes de ONGs, Condemas, UnB e Ibama.

[18] Um dos instrumentos inseridos na Política Nacional de Meio Ambiente desde 1981.

[19] Decreto nº 10.829, de 14/10/1987 (do qual fazem parte os anexos I e II - Brasília Revisitada e respectiva planta), que regulamentou a preservação da concepção urbanística de Brasília, explicitando o conceito de bem cultural protegido e as quatro escalas que asseguram as características essenciais dessa concepção: monumental, residencial, gregária e bucólica. Enquanto a primeira confere à cidade a marca de efetiva capital do país, a segunda proporciona uma nova maneira de viver, própria de Brasília, e a terceira refere-se ao centro de Brasília, a última, a bucólica, confere-lhe o caráter de cidade-parque.

[20] Em 1986, a Estação Ecológica da Universidade de Brasília e a APA da Bacia do Gama/Cabeça-de-Veado. Em 1988, além da transformação da Reserva Biológica de Águas Emendadas em Estação Ecológica, criaram-se a APA do Cafuringa, as ARIEs Santuário de Vida Silvestre do Riacho Fundo e do Lago Paranoá, e as Reservas Ecológicas do Gama e do Guará. Em 1989, a ARIE dos Córregos Taguatinga/Cortado e a APA do Lago Paranoá.

No quarto período, que inclui toda a década de 1990 até os nossos dias, embora o fato novo tenha sido o conjunto das tentativas frustradas de se obter um Zoneamento Ecológico-Econômico (ZEE), continuaram sendo criadas UCs, promulgadas leis e decretos,[21] e elaborados planos diretores urbanos e setoriais para o território do DF. Nesse período foram instituídas nada menos do que dezenove novas UCs.[22] Além dessas, o Mapa Ambiental de 2000,[23] elaborado pela Secretaria do Meio Ambiente e Recursos Hídricos (Semarh), mostra que: em 1994, foi legalizada a área da Reserva da Biosfera do Cerrado, proposta pela Unesco; em 1996, declararam-se quinze pontos como "monumentos naturais"; em 1997, criou-se o Pólo Ecológico de Brasília e foram definidas 27 Áreas de Proteção de Mananciais; e, em 1999, foram reenquadrados 44 parques já existentes na categoria de Parques Ecológicos e de Uso Múltiplo. Nesse período, na área de planejamento territorial, em 1990, foi aprovado o Plano de Ocupação e Uso do Solo (Pouso) que ajustou o macrozoneamento proposto pelo POT, mantendo até mesmo as classificações de ZIAs e ZORs, embora com outra delimitação, e criando as Zonas de Destinação Mista (ZDM), urbanas e rurais. Logo a seguir, em 1992, foi aprovado o Plano Diretor de Ordenamento Territorial (PDOT), que dessas manteve apenas as ZIAs. Essa continuidade terminológica, que guardava uma proximidade entre as diretrizes de ocupação urbana e os recursos naturais e vinha sendo utilizada desde o início da década de 1980, foi quebrada com o PDOT de 1997. Este definiu uma nova tipologia, na qual tal interseção aparece fragmentada em várias zonas: as urbanas e as rurais de uso controlado, as de conservação ambiental e as áreas especiais de proteção (de proteção de mananciais e com restrições físico-ambientais). Entretanto, o PDOT de 1997, embora tivesse efetividade apenas para o território do DF, referia-se explicitamente à integração com a região do

[21] Cujo teor refletia decisões direcionadas ao enriquecimento do arcabouço jurídico-institucional, a exemplo da criação da Fundação de Apoio à Pesquisa do Distrito Federal em 1992; a edição da Lei Orgânica do Distrito Federal em 1993; a implantação do Sistema de Gerenciamento Integrado dos Recursos Hídricos em 1993; a reestruturação do Sistema de Vigilância do Solo, estabelecendo que a apuração de ilícitos ficaria a cargo da Delegacia Especial do Meio Ambiente (Dema) em 1995; a transferência da gestão da APA do São Bartolomeu para o DF e a contratação do seu rezoneamento em 1996; e a regulamentação de novos procedimentos para aprovação de Estudos e Relatórios de Impacto Ambiental em 1997.

[22] Em 1991, os Parques Ecológico Norte e Boca da Mata. Em 1992, o Parque Veredinha e a Estação Ecológica do Jardim Botânico. Em 1993, a ARIE do Cerradão, os Parques do Rio Descoberto, Três Meninas e Olhos D'Água. Em 1994, os Parques Areal, Jequitibás, Paranoá e São Sebastião. Em 1996, a ARIE Parque Juscelino Kubitschek. Em 1997, a Reserva Ecológica das ilhas do Lago Paranoá e a RPPN Chakra Grisu. Em 1998, a ARIE Granja do Ipê e, em 1999, a Floresta Nacional de Brasília e as RPPNs Maria Velha e Santuário Sonhém.

[23] O que se denomina de mapa ambiental, que vem sendo elaborado desde o início dos anos 1990, na verdade deveria ser intitulado de mapa de unidades de conservação.

Entorno, como um dos seus objetivos. Tal integração já havia sido enfatizada também no PDOT de 1992, razão pela qual foi criada, em 1993, a Secretaria Especial de Articulação para o Desenvolvimento do Entorno. Na área de planejamento setorial, em 1991, foi elaborado um novo Plano Diretor de Água, Esgoto e Controle da Poluição Hídrica do Distrito Federal. Nele, a novidade foi a mudança de enfoque no que se refere à associação entre as tradicionais fontes de captação internas e as externas ao território do DF, como os rios Areias, Corumbá, Macaco, Sal e Verde.

O resultado desses repetidos tipos de ação, ao longo dos períodos analisados, é a existência de uma farta legislação e de um elevado percentual de terras do DF coberto por UCs que chega a 42%. Independentemente do tipo e do tamanho das UCs, cumpre ressaltar que, com o passar do tempo, foi aumentando o seu número: de 1960 a 1973 foram criadas quatro; de 1974 a 1985 sete novas; de 1986 a 1989, mais nove; e de 1990 a 1999, outras dezenove.[24] Pode-se questionar, até mesmo, a seriedade do critério e do processo de decisão utilizados para definir e delimitá-las.

De fato, essa questão já havia sido identificada e denunciada:

> As áreas de preservação ambiental existentes perfazem aproximadamente 42% do território do Distrito Federal, constituindo, numa primeira aproximação, fator extremamente positivo por representar respeito ao meio ambiente e, potencialmente, uma qualidade de vida acima da média. Elas se constituem, quiçá involuntariamente, num poderoso instrumento de organização da ocupação do território.
>
> Estas áreas de preservação se apresentam, portanto, como uma faca de dois gumes: garantem qualidade mas pressionam os valores imobiliários ao restringir possíveis ofertas. Apresentam-se, concomitantemente, como válvulas de escape, a serem invadidas para atender demandas reprimidas, por se localizarem próximas ao Aglomerado Urbano consolidado. (NEUR/IPEA, 1997:51).

O contra-argumento a tal denúncia é que dos 42% apenas 9% correspondem a UCs onde o ecossistema deve ser protegido de forma integral (PDOT, 1997:82). Entretanto, para um território tão pequeno, é muito. Na verdade, essa proliferação de UCs dá a idéia de que, conforme a pressão de ocupação e expansão urbana foi aumentando, a resposta foi compensar com a criação de novas UCs.

Por outro lado, quando analisamos as ações de planejamento, verificamos que planos setoriais foram elaborados desde o início, planos de uso e ocupação do solo urbano, embora tardiamente, também o foram, mas somente para o território do DF e com muitos conflitos nas posturas adotadas pelos próprios

---

[24] Além dessas, existem outras UCs, criadas pela Embrapa, a exemplo da Reserva Ecológica de Serrinha e a Reserva Genética Florestal Tamanduá, não somadas a esses números.

técnicos. Foram vãs as tentativas do governo federal de induzir o planejamento regional. Era como se fossem três dimensões distintas de planejamento: a que cuidava dos recursos naturais; a urbana – que primeiro projetou o Plano Piloto e, somente anos depois, planejou o DF como um todo; e a regional com poucas e não assumidas ações. Nem mesmo a definição de UCs e os planos setoriais de saneamento articularam-se no que poderia ser uma política de recursos naturais para o DF. Portanto, não se pode dizer que há uma legítima preocupação ambiental no sentido amplo que propomos antes, e nem mesmo no sentido restrito de "natureza natural".

Ante essa realidade, o bom senso leva a crer que não houve ingenuidade desinteressada em querer preservar os recursos naturais do território. Tudo parece fazer parte de um jogo de interesses muito bem "arquitetado" e, assim, esse imenso volume de decisões tomadas, em um relativamente curto espaço de tempo, confunde e dá a falsa impressão de que existe uma grande preocupação ambiental no DF. Trata-se de uma falácia, pois essas ações, na sua maioria, foram pontuais, refletindo posturas isoladas que alimentaram vários conflitos sobre o território e não formam um conjunto coeso. O ZEE é um instrumento que poderia ter dado alguma coesão, mas não chegou a ser elaborado. Por quê? Arriscamos dizer que fez parte do jogo brecar a sua concretização. Vejamos se essa suposição é verdadeira, analisando em que condições ocorreram as infrutíferas tentativas realizadas nessa direção.

## Reconstituição da história do ZEE no Distrito Federal

Constatar que o ZEE não chegou a ser elaborado causa estranheza, pois, desde o fim dos anos 1980, já era evidente, para muitos especialistas, que ele seria o instrumento aglutinador do planejamento territorial e ambiental no DF. Além disso, sua importância também se devia ao fato de já haver uma certa consciência sobre a fragmentação das ações que vinham sendo implementadas. Em função disso, restou-nos uma indagação: por que no DF, um território pequeno, com os antecedentes que apontamos e com tantos estudos e mapeamentos, tem sido tão difícil fazer um ZEE? É preciso descobrir as razões dessa dificuldade.

Sabemos que muitos dos estados brasileiros, que estão elaborando ZEEs, têm-se deparado com diversos tipos de problemas. Dentre eles encontram-se os relativos ao levantamento de dados, à seleção de áreas à metodologia a ser adotada, a falta de clareza dos produtos finais e a alta relação custo-benefício (Brasa 2000).

Além destes, uma avaliação preliminar sobre ZEEs nos estados da Amazônia Legal mostrou que:

> (...) em todos os estados se deu destaque ao ZEE como instrumento principal das Políticas Estaduais de Meio Ambiente. Quanto aos problemas que cercam o ZEE foram diagnosticados: a falta de integração inter-institucional entre as três esferas governamentais; a centralização da União em relação aos estados e destes com os municípios; e a fraca participação da sociedade civil (...). A par destes foram levantados (...) problemas (...) relativos às atividades-meio: a falta de capacitação de recursos humanos (...); a carência de instalações (infra-estrutura e equipamentos) e de suporte financeiro do Estado (...); e as divergências existentes no arcabouço legal federal, estadual e municipal. Apareceram também listados como problemas, embora pontualmente: a descontinuidade administrativa (...); o desconhecimento da legislação ambiental pela população; a falta de integração entre Executivo, Judiciário e ONGs; e a falta de conscientização comunitária. (Steinberger, 1997:9-10)

No DF, boa parte desses problemas, pela própria situação de "distrito federal", não se coloca, embora outros, como a fraca participação da sociedade civil e a carência de suporte financeiro, possam fazer sentido. Entretanto, parece que as razões principais são outras. Assim, novamente vamos perceber que o DF é um território especial em face das características adquiridas às quais já fizemos referência.

Para responder à indagação formulada anteriormente foi necessário reconstituir a história das tentativas não concretizadas de se elaborar o ZEE, recuperando cópias pessoais de documentos de atores-chave[25] e lançando mão do recurso da história oral. Dentro das limitações que cercam uma investigação dirigida especificamente para ser inserta no presente capítulo, entrevistamos doze pessoas que estiveram diretamente envolvidas com o ZEE e, na sua maioria, ligadas ao Poder Executivo do GDF em diversos momentos.[26] A estas formulamos três perguntas: 1) Como foi a sua participação na história do ZEE? 2) Por que, na sua opinião, o ZEE nunca chegou a ser elaborado? 3) Qual a importância e a viabilidade de se elaborar um ZEE para o DF hoje?

A primeira pergunta nos possibilitou conhecer o tortuoso caminho trilhado, principalmente, pelo Poder Executivo, e também pelo Poder Legislativo Distrital, na busca de efetivar o ZEE. Vamos ao relato.

---

[25] Isso porque parte da memória institucional da área de meio ambiente foi destruída e a outra parte está dispersa.

[26] Os entrevistados, pela ordem de envolvimento a partir de 1986, foram: Roberto Soares, Rubem Fonseca Filho, Gustavo Souto Maior Salgado, Paulo Timm, Laura Soares, Maria do Carmo de Lima Bezerra, Rosalvo de Oliveira Junior, Mônica Veríssimo, Ronaldo Conde Aguiar, Marli Santos Silva, Claudia Jeanne da Silva Barros e Lucídio Albuquerque. A eles, a autora agradece imensamente, pois sem sua valiosa contribuição não teria sido possível escrever esse capítulo. Gostaríamos de ter entrevistado também arquitetos ligados ao GDF, representantes do Fórum das ONGs e deputados distritais, o que entretanto não foi possível.

A história do ZEE no DF começou em 1989 sob a denominação de zoneamento ambiental, quando já se tinha claro que ele englobava elementos do meio físico, biótico e socioeconômico, para juntos compor o sistema ambiental. O então secretário da Sematec, Rubem Fonseca, considerava que: "...a questão ambiental não se restringe à preservação de áreas/santuários ...mas ...a uma formulação econômica que exige uma clara e corajosa proposta política..." (*Jornal de Brasília*, de 10/11/1988).

O contexto dessa afirmação era a idéia pela qual se bateria durante toda sua gestão: a de que Brasília deveria incentivar a criação e a expansão de indústrias e agroindústrias de alta tecnologia pelo fato de serem mais conservadoras do meio ambiente e condizentes com a função de capital nacional. De fato, no ano seguinte, quando ocorreram os debates sobre o Programa de Industrialização do Distrito Federal (PROIN), lá estava ele propugnando que fossem dados incentivos apenas para indústrias de determinados tipos, como as ligadas à biotecnologia, informática, química fina, mecânica de precisão e novos materiais. Foi voto vencido (*Correio Braziliense*, de 22/5/1989). Na opinião de Fonseca, esse tipo de idéia faria parte do zoneamento ambiental, que continuou a defender mesmo após ter deixado o cargo. Dizia:

> (...) propomos uma etapa que preceda aos Planos Diretores, caracterizando-se como um pré-requisito para sua elaboração. Esta etapa consistiria na elaboração do zoneamento ambiental, tendo em vista que não é o meio ambiente que tem que se adaptar a um Plano Diretor (...). (...) estamos convictos de ser o zoneamento ambiental um instrumento imprescindível a uma gestão moderna de planejamento urbano e rural, um fator orientador de uma ocupação harmônica do espaço e um excelente documento técnico para servir de base às discussões de planos diretores participativos e democráticos.(Fonseca Filho/ABES, 1991: 100).

Os anos seguintes, entre 1990 e 1994, testemunharam uma série de iniciativas voltadas para tentar dar efetividade a tal proposta, embora em alguns momentos mantendo a denominação de zoneamento ambiental e em outros já se referindo a Zoneamento Ecológico-Econômico (ZEE). Nada menos do que nove tipos de documentos (técnicos, legais e administrativos) foram elaborados com essa intenção. O primeiro de que se tem notícia foi um Termo de Referência que data de junho de 1991. Este apresentou as normas técnicas e metodológicas para a contratação de uma equipe executora do diagnóstico ambiental, da aptidão agroecológica e do ZEE do DF. Resultou da solicitação de uma portaria conjunta entre duas secretarias: a Secretaria de Agricultura e Produção (SAP) e a Secretaria de Meio Ambiente (Sematec).[27] Seguiram-se a esse dois outros documentos, elaborados no mesmo mês e ano – um relatório de adequação do anterior e o que, em princípio, seria o Termo de Referência definitivo. Suas diferenças eram mínimas. As principais foram: o retorno à denominação de Zoneamento Ambiental, mantendo, entretanto, idêntica conceituação; e a introdução do enfoque holístico e da visão sistêmica. Esperava-se, com isso, que se tivesse chegado a uma versão definitiva. Mas não era, pois, o quarto documento, de maio de 1992, foi um novo Termo de Referência, similar ao anterior, que, mais uma vez, não gerou um contrato. Em 1993, durante a gestão de Paulo Timm na Sematec, foram criados uma Comissão de Secretários e um Grupo de Trabalho Técnico para discutir o ZEE e elaborar um Plano de Trabalho para tal. Era o quinto documento. Paralelamente, surgia um sexto tipo de documento que trazia a esperança de ter mais força. Era a Lei Orgânica, promulgada em 1993, que, no Ato das Disposições Transitórias, definiu:

> Art. 26. O Poder Público, com a participação dos órgãos representativos da comunidade, promoverá o zoneamento ecológico-econômico do território do Distrito Federal, no prazo de vinte e quatro meses da promulgação desta Lei Orgânica.

Diante disso, novos esforços foram envidados em 1994 para se chegar ao ZEE, agora consagrado pela lei distrital maior com essa denominação. Foi elaborado um sétimo documento (Proposta para Implementação do ZEE no Distrito Federal) que serviu de base para buscar abrigo no guarda-chuva do governo federal, por meio da extinta Secretaria de Assuntos Estratégicos da Presidência da República (SAE/PR). O conjunto de ofícios trocados entre essa e a então secretária da Sematec, Maria do Carmo de Lima Bezerra, encerrou-se com a assinatura de um convênio no fim desse mesmo ano, que constituiu o oitavo documento. Por fim, o nono e último documento desse período foi uma coletânea de informações resumidas sobre planos e leis existentes no DF, deixada como subsídio para o governo seguinte. Eram passados seis anos de desacertos.

Ainda no ano de 1994, foi elaborado o programa do futuro governo do DF. Nele, o ZEE figurava como o segundo ponto alinhado. Além disso, aparece como uma das ações previstas para serem implantadas nos primeiros cem dias de governo: "iniciar a elaboração do zoneamento ecológico-econômico do DF, com ampla participação popular."

[27] Portaria 10/4/1991/SAP-Sematec. Documento elaborado pela comissão composta por representantes da Sematec, Embrapa, Codeplan, IBGE e UnB.

Cabe mencionar que, nesse mesmo período, a Secretaria de Planejamento do Estado de Goiás, em 1990, depois de acatar o Plano de Execução proposto pela Diretoria de Geociências (DIGEO) do IBGE, contratou, por meio de seu escritório estadual (DIGEO-GO), a elaboração do ZEE da área do entorno do DF, finalizado em 1994. Diante da simplicidade com que ocorreu essa demanda, o novo governo, em maio de 1995, solicitou um projeto ao IBGE para realizar o ZEE do DF, mas não efetivou a contratação.

Esse foi o primeiro de outros nove documentos que encontramos sobre ZEE, entre 1995 e 1998. O segundo foi um decreto que instituiu a Comissão Coordenadora do Zoneamento Ecológico-Econômico do Distrito Federal.[28] No bojo deste, foi criado um Grupo de Trabalho (GT),[29] que deveria apresentar dentro de seis meses as macrodiretrizes do ZEE para que sua execução ocorresse em dezoito meses, ou seja, abril de 1997. Na primeira reunião deste GT, a Sematec entregou um esboço dessas, denominando-as "macroestratégias", que constituiu o terceiro documento do período. Nesse retoma-se a idéia defendida em 1989, ao explicitar que:

> (...) o zoneamento ecológico-econômico do DF se apresenta como principal instrumento capaz de evitar a dilapidação do patrimônio natural, através da ocupação desordenada do espaço, e de delinear as tendências de acesso e uso de novos espaços e subespaços do território distrital, com a natureza sendo agora revalorizada, não somente enquanto fornecedora de recursos naturais, mas também enquanto depositária de possíveis fontes alternativas energéticas e variedades biogenéticas, obtidas através do desenvolvimento científico-tecnológico, no campo da engenharia genética ou da informática por exemplo, permitindo uma maior inserção da economia do DF no cenário nacional e internacional." (GDF/Sematec, 1995: 4).

O quarto documento foi a proposta de seminário sobre ZEE realizado em dezembro de 1995, e o quinto, o Plano Diretor de Ordenamento Territorial finalizado em 1996 (PDOT/97), objeto de uma série de conflitos no GT em razão da postura presente, desde o início dos anos 1990, de que o ZEE deveria anteceder o plano. Entretanto, o ZEE não estaria pronto antes da data exigida para entrega daquele.[30] Assim "...optou-se pela elaboração de um diagnóstico ambiental simplificado ...até o advento do ZEE ...que se encontra em fase inicial de execução." (PDOT, 1996:80). Além disso, no texto da lei que aprovou

---

[28] Decreto nº 16.680, de 14/8/1995.

[29] Vale registrar a omissão da UnB neste GT, cuja participação estava legalmente prevista, mas não ocorreu.

[30] Para suprir isso, na reunião do CONAM, de 30/11/1995, decidiu-se criar uma Câmara Técnica de ZEE no órgão, a fim de acompanhar permanentemente o PDOT.

o PDOT, o ZEE consta como um dos instrumentos da Política de Ordenamento Territorial e, nas Estratégias, ao propor que a implantação de novas atividades econômicas fosse feita de acordo com as diretrizes do ZEE (*op. cit.*: capítulos I e III). O sexto documento foi uma consolidação das atas das reuniões do GT, que incluiu a Proposta Preliminar de Macrodiretrizes e a recomendação de se elaborar um Termo de Referência para contratar uma consultoria técnica especializada, sendo este último o sétimo documento. Com base nesse e com recursos do convênio com a SAE/PR, em maio de 1996, foi realizada uma licitação/tomada de preços, mas "...a única firma que se apresentou foi desclassificada porque não atendeu aos pré-requisitos do edital. Então, os recursos da SAE/PR foram devolvidos porque não foram utilizados" (Oliveira Júnior, 1997:32). Como se pode observar, esse GT se caracterizou como um foco de acirramento entre posturas até então defendidas. O oitavo documento, o projeto de solicitação de bolsas RHAE[31]/CNPq, aprovado em 1997, revelava uma desistência de contratar uma consultoria para elaborar o ZEE e a intenção de atribuir essa tarefa internamente à Sematec, buscando fontes de financiamento para tal.[32] Por outro lado, revelava a necessidade de a Sematec chegar a algum produto relacionado ao ZEE no final do governo.

Com esse espírito, foi elaborado, em 1998, o nono documento. Uma equipe de "pessoas avulsas",[33] coordenada por Ronaldo Conde Aguiar, ex-secretário de Ciência e Tecnologia, trabalhou não na proposta de um ZEE para o DF, mas em uma concepção dos mecanismos de ação que deveriam dele fazer parte: Banco de Informações Socioambientais, Sistema Distrital de Meio Ambiente, Análise da Legislação Ambiental e Estudos Básicos. O primeiro seria o elemento central de funcionamento do ZEE, pois forneceria informações para o planejamento, por meio de indicadores que sintetizariam a realidade socioambiental. *O segundo reuniria o conjunto de atores sociais em busca de um permanente consenso ativo, mantido por meio de acordos táticos conjunturais sobre as políticas públicas de âmbito socioambiental, dada a existência de contradições de interesses.* O terceiro visava à proposta de um Código Ambiental que desse suporte legal ao ZEE; e o quarto serviria como base para a formulação de Cenários Tendenciais e Desejados. Tal concepção é completamente inovadora em relação aos inúmeros Termos de Referência até então propostos ao longo dos dez anos que haviam se passado, principalmente no que se refere aos atores. A despeito disso, não houve nenhum eco no governo que estava se encerrando e nem dentro da própria Sematec.

---

31 Programa de Capacitação de Recursos Humanos para Atividades Estratégicas.

32 Nesse sentido, também foram obtidos recursos junto à Petrobrás em troca da aprovação do gasoduto no Setor de Indústria e Abastecimento do DF.

33 Não pertencentes ao quadro da Sematec.

Em 1999 mudou o governo – quatro anos decorreram. A Sematec também mudou de nome. Agora é Secretaria de Meio Ambiente e Recursos Hídricos. Nesse período, o que ela fez com relação ao ZEE? O que ela pensa sobre o ZEE? Lucídio Albuquerque, assessor da nova secretaria, em recente exposição sobre o ZEE do DF no *workshop* promovido pelo Ministério do Meio Ambiente (2000), declarou que:

> (...) o ZEE é uma nova expressão para uma velha idéia que, no Distrito Federal, começou a ser implantada na década de 50, mais precisamente em 1954, quando se escolheu o território para instalar a capital (...) Desde aquele tempo havíamos previsto adotar uma metodologia onde se reconhecesse primeiro uma matriz ecológica, a partir da hidrogeologia e da vulnerabilidade de contaminação das águas subterrâneas, para depois gerar uma matriz energética capaz de suportar as pressões antrópicas (...) O PDOT de 97 foi organizado em cima de uma matriz ecológica previamente detectada, a fim de manter um equilíbrio entre território, população, economia e meio ambiente. Ele respeitou as unidades de conservação que, na verdade, são um zoneamento ambiental e propôs em cima deste um zoneamento da atividade humana. Esses dois zoneamentos juntos constituem um ZEE para o Distrito Federal. (degravação).

Se essa posição for oficial, significa que a discussão sobre o ZEE está encerrada, pois ele já existe. Esse, entretanto, não é o pensamento do Poder Legislativo local, pois nos orçamentos de 2001 e 2002 do GDF, foram incluídos recursos destinados a "formular o Plano de Zoneamento Ecológico e Econômico do DF conforme o disposto no artigo 26 do Ato das Disposições Transitórias da Lei Orgânica."[34]

Essas duas posições dão uma idéia do que ainda está por vir com relação ao ZEE. Parece que a história iniciada em 1989 ainda promete novos desencontros.

## As dificuldades de elaborar um ZEE no Distrito Federal e a deterioração ambiental

Com o intuito de conhecer os motivos que, até o momento, levaram a essa situação, vamos nos valer das respostas dadas pelos entrevistados à segunda

---

[34] Emendas propostas pelo deputado Rodrigo Rollemberg que foram aprovadas em ambas leis orçamentárias. A despeito disso, o órgão que as recebeu (SEMARK) e, portanto, tinha recurso consignado para elaborar o ZEE, não transformou em financeiro, provavelmente por falta de vontade política. Está prevista a proposta de uma nova emenda para o orçamento de 2003 com a mesma finalidade.

pergunta que lhes formulamos, relacionada aos porquês do ZEE do DF nunca ter se concretizado. Primeiramente, é importante destacar que não houve uma grande variação de motivos apontados, significando que pessoas envolvidas em períodos distintos, com formações e interesses diversos, têm mais ou menos a mesma visão sobre o assunto.

Dessa forma, classificamos os 58 motivos citados em sete tipos: doze metodológico-conceituais, onze discursivos/partidários, sete institucionais, sete técnico-profissionais, sete de planejamento, sete de interlocução/anomia participativa e sete político-financeiros.

Os metodológico-conceituais estão ligados à falta de clareza do ZEE que, por não ser um instrumento de planejamento territorial auto-explicativo, tem dado margem a entendimentos diferenciados e confusões sobre o seu significado. Estão também relacionados às dificuldades de aplicar a metodologia sugerida pela SAE/PR e peloMMA,[35] que vem sendo adotada para todo o país. Os entrevistados argumentaram que ela é muito acadêmica e contém detalhamentos exagerados nos levantamentos de dados e diagnósticos, sendo pouco propositiva. Além disso, destacaram que há uma supervalorização dos componentes naturais em detrimento dos socioeconômicos. Um exemplo desse problema pode ser visto na colocação da arquiteta Laura Soares que, como técnica da Codeplan, acompanhou de perto algumas tentativas de se elaborar o ZEE: "...alguns especialistas da área de ciências da terra querem diagnosticar até a 'cor do olho do macaquinho', ao passo que a preocupação com a socioeconomia tem sido mínima."

Por sua vez, os motivos discursivo-partidários prendem-se a aspectos relacionados à filiação partidária dos discursos ambientais nos quais o ZEE se insere. Argumenta-se que, embora charmosos e em moda, tais discursos são vazios e têm sido utilizados como fachada por governos que, no fundo, não desejam que o ZEE se concretize, pois ele atrapalharia grupos de interesse que têm vivido muito tranqüilos sem ele. Como diz Ronaldo Conde Aguiar:

> No Distrito Federal, o nicho da questão ambiental sempre foi ocupado, hegemonicamente, pela oposição por meio da crítica ao processo de ocupação, mas a direita comprou esse discurso e assim os grupos ambientais correm o risco de ficar esvaziados.

Ou, nas palavras de Rubem Fonseca: "Interessa o caminho de ter o discurso, mas não chegar a...". Ou ainda, segundo Mônica Veríssimo, atuante na área das ONGs: "o caos interessa aos tecnocratas, aos grileiros, às empresas imobiliárias."

[35] A proposta por Becker e Egler.

Os motivos institucionais referem-se às relações conflituosas entre órgãos do governo federal, como o IBAMA, e órgãos locais, às disputas de poder e à falta de articulação entre Secretarias do GDF, assim como às disputas internas na própria Sematec. Esse tipo de problema foi considerado como um dos principais responsáveis pela inviabilização do ZEE, na medida em que, como vimos, a maioria das ações foi desenhada para ocorrer por meio de colegiados.

Quanto aos motivos de cunho técnico-profissional, no DF assumem uma dimensão específica em face do embate que vem se travando entre arquitetos, que se sentem nobres em uma cidade que nasceu sob o traço revolucionário da forma, e os ambientalistas, que em face do propalado cuidado ambiental na escolha do sítio também não se sentem menos nobres. Com isso, correntes de pensamento próprias e, por vezes, muito radicais têm gerado discórdias nas abordagens de ZEE, em que esses dois grupos de profissionais sempre estão presentes. Como diz Roberto Soares, que teve uma participação bastante abrangente na história do ZEE, por ter sido da Coama, da Sematec, da Codeplan e representante de ONG: "...coexistiam três correntes: a dos arquitetos que trabalhava nos planos de uso e ocupação do solo urbano, a dos ambientalistas que pensava no zoneamento ambiental, e a produtiva que preconizava o zoneamento agro-ecológico." Em outras palavras, como diz Maria do Carmo de Lima Bezerra, que esteve na linha de frente da Sematec entre 1990 e 1994: "...tivemos aqui duas heranças – a morfológica do ordenamento físico-territorial (dos arquitetos) e a dos ambientalistas, de deixar o ambiente como está."

Apareceram ainda, dentre os mais citados, os motivos ligados ao processo de planejamento integrado que incluem a falta de tradição de trabalho conjunto entre a área urbana, ambiental e regional; o estar sempre começando a cada documento dos vários elaborados, em vez de utilizar os já produzidos anteriormente; e, por fim, o choque entre instrumentos de planejamento como o PDOT e o ZEE. Este último constituiu um dos problemas mais sérios dos anos 1995/1998. Rosalvo Júnior, diretor de Política Ambiental e coordenador do GT, nesse intervalo de tempo, considera que: "... o ZEE foi atropelado pelo PDOT, elaborado pelo IPDF, porque, no fundo, eles foram mais competentes."

Também foram bastante lembrados os problemas de interlocução e anomia participativa. A distância entre a sociedade, os técnicos e os tomadores de decisão (a "Comissão de Notáveis", referida por Gustavo Souto Maior, representante das ONGs no Conselho de Política Ambiental) foi marcada pelas constantes dificuldades de diálogo e de acesso durante as ações de ZEE que se (des)enrolaram a partir de 1989. Da mesma forma, a anomia dos grupos organizados cujo envolvimento foi marginal, ao lado da ausência da Universidade de Brasília, convidada a participar, em vários momentos, principalmente no período

1995/1998, mostra uma falta de interesse com os temas tratados extramuros da academia. Para Paulo Timm, isso é

> (...) um reflexo da falta de identidade entre a população e o meio ambiente do cerrado onde ela se insere. A prova disso são os projetos de reflorestamento que pipocaram e a inexistência de canteiros com vegetação do cerrado, que seriam muito mais de folhagens do que de flores. Há uma confusão entre ambiental e verde...

Por fim, os motivos político-financeiros apareceram sob a forma de respostas relativas à falta de vontade e de prioridade política dada ao ZEE, que se refletiu na destinação de verbas de pequena monta para sua elaboração.

Todos esses motivos, em conjunto, mostram as dificuldades de elaborar o ZEE, "vistas por dentro", ou seja, com a lente daqueles que efetivamente participaram das várias tentativas frustradas. Dificuldades que retratam não somente o vácuo da inexistência de um ZEE no DF, mas também a crescente e acelerada deterioração do patrimônio natural e da qualidade de vida no seu território, comprovando a ineficácia e a insuficiência dos tipos de ações até então empreendidas, pontuais e fragmentadas, como mostramos no item anterior. Não se soube dar a devida importância ao *handicap* que Brasília tinha em relação às outras cidades. Recentes trabalhos têm demonstrado essa deterioração.

A Unesco (2000) ressaltou que o território do DF perdeu quase 60% de sua cobertura vegetal original e cerca de 30% das espécies de árvores nativas do cerrado em razão do intensivo processo de urbanização e do crescimento da ocupação agrícola. Com base nos dados de Anjos (1996), podemos dizer que esses números estão subestimados porque a definição de área urbana adotada inclui praticamente só a consolidada. Portanto, tudo leva a crer que situação seja mais grave.

O Índice de Pressão Antrópica Demográfica (IPA) (1997, 2000), construído para o Aglomerado Urbano de Brasília,[36] com base em dados do Censo de 1996, situa não só o DF como sete dos seus nove municípios na classe de pressão muito alta, sendo que Padre Bernardo e Água Fria estão na classe alta. Estima-se que, quando calculado utilizando o Censo de 2000, esses também fiquem na faixa muito alta. Isso revela que toda a região do aglomerado já se encontra bastante comprometida em termos antrópicos.

As propostas para mitigar esses efeitos continuam se dirigindo para a criação de novas UCs que, na sua maioria, têm servido mais como reserva de valor do que como áreas de preservação capazes de conter a ocupação urba-

[36] Devo agradecimentos a Donald Sawyer, diretor do ISPN, por ter possibilitado o uso do IPA neste trabalho, e a Maurício Pontes Monteiro por ter construído esse índice especificamente para o aglomerado urbano.

na. Parece que os especialistas não conseguem vislumbrar outra alternativa. A pesquisa "Ações Prioritárias para a Conservação da Biodiversidade do Cerrado e do Pantanal" é mais um exemplo de insistência no modelo UC:

> A região do Distrito Federal apresenta um conjunto importante de áreas de preservação, sendo ainda notável pela grande quantidade de estudos científicos nestes locais. Trata-se de uma exceção dentre as unidades da Federação no bioma Cerrado e Pantanal. Mesmo assim, a alta pressão antrópica exige que sejam agregadas novas unidades de conservação, à medida que o meio rural passa a ser zona de expansão urbana. (MMA *et al.*, 1999: 6 ).

Talvez o Parque Nacional de Brasília (PNB), a primeira unidade de conservação de peso criada no DF, pela sua imponência em termos de tamanho e localização, seja um dos mais significativos exemplos de que sozinho o modelo UC não é suficiente como instrumento de planejamento territorial do ambiente. Embora cercado, o parque é uma "ilha" rodeada pela ocupação urbana, que já apresenta uma visível dilapidação do patrimônio natural, pois está sendo "comido pelas beiradas". Como mostra Bespalhok (2000: 5):

> O PNB está rodeado de vários tipos de ocupação urbana e rural, como o lixão, a Favela da Estrutural, o Condomínio Irregular Wesley Roriz (que está sendo adensado), o Núcleo Rural Lago Oeste, a Estrada Parque de Indústria e Abastecimento – EPIA, entre outros, além do futuro Bairro Residencial Noroeste. Cada uma das ocupações citadas exerce um tipo de pressão diferenciada sobre os limites do parque. Cada uma apresenta em função de suas características e localização um impacto específico. Tudo isso demonstra que no PNB há uma concentração geográfica dos poderes dos diversos atores que atuam neste espaço.
>
> Em cada ocupação está presente, com certeza, um jogo de forças, com interesses diversos, onde vários segmentos da sociedade entram em cena...

Assim, a factibilidade de propostas calcadas no uso do modelo UC precisa ser analisada à luz de outras informações que revelem a dinâmica da realidade socioeconômica do DF. Informações como as de migração, que embora tenha diminuído seu ritmo ainda é alta, pois como atestam os dados da Pesquisa de Emprego Desemprego (PED/GDF), na década de 1990, o número de migrantes foi crescente – em 1992 eram 929 mil e em 1999, 956 mil. Informações como a da evolução do número de loteamentos clandestinos que, em 1985, eram 150, em 1989 subiram para 170, em 1992 passaram a ser 200 e em 1995 atingiram o inacreditável número de 529, como nos conta Malagutti (1999: 57). Por fim, informações sobre o aumento da violência e insegurança urbana, colhidas no olhar da socióloga que se surpreendeu com "A outra Brasília", uma cidade-fortaleza, com muros invisíveis de cinturões verdes no Plano Piloto e muros de grande visibilidade nas cidades-satélites. (Valladares, 1999).

Essas são apenas algumas pinceladas de deterioração e um convite para caminharmos em direção a um instrumento de planejamento territorial do ambiente que, pela sua abrangência, é fundamental para expressar uma verdadeira preocupação ambiental no DF: o Zoneamento Ecológico-Econômico. Contudo, em face da história que acabamos de conhecer e das dificuldades identificadas, não pode caber só ao Estado tomar a iniciativa de pressionar para que o ZEE se transforme em realidade. Cabe também à sociedade que precisa pressionar, participar e se organizar mais.

## À guisa de conclusão – o ZEE como instrumento geoestratégico para o Distrito Federal

Embora tenhamos identificado os entraves que cercaram as tentativas de se efetivar o ZEE do DF, resta saber se é possível demovê-los com vistas a concretizar novas iniciativas que venham a ser feitas. Nesse sentido, a terceira pergunta que fizemos aos nossos entrevistados foi: qual a importância e a viabilidade de se elaborar um ZEE para o DF hoje?

A resposta, em geral, foi afirmativa, mas reticente. Alguns consideram que passou o tempo de se fazer o ZEE do DF, porque a área remanescente para tal é mínima, desde que grande parte do seu território é ocupado por UCs e por área urbana. Outros disseram que, em razão do pequeno tamanho do território, seria mais adequado tomá-lo como uma única APA e propor um Plano de Manejo, ou ainda que, também pelo seu reduzido tamanho, seria difícil elaborá-lo dentro dos moldes que vêm sendo preconizados na Amazônia, uma vez que aqui os conflitos entre os segmentos sociais estão muito próximos e cada vez mais exacerbados. Entretanto, a maioria dos nossos entrevistados acha que ainda há tempo e seria importante, principalmente em face das decisões equivocadas que vêm sendo tomadas ultimamente, tais como: o incentivo à produção de soja e de grãos, a abertura indiscriminada de poços artesianos que comprometem o lençol freático e a recente aprovação da lei que regulamentou a alienação das terras rurais.[37] Ressaltaram, porém, que ele não poderia se restringir ao quadrilátero[38] e o Aglomerado Urbano talvez fosse mais real em termos

[37] Lei nº 2.689, de 19/2/2001, que dispõe sobre a alienação, legitimação de ocupação e concessão do direito real de uso das terras públicas rurais pertencentes ao DF e à Terracap.

[38] Cujos limites ao norte e ao sul são artificiais porque definidos como se fossem paralelas feitas a esquadro, embora os de leste (rio Preto) e oeste (rio Descoberto) tenham respeitado a natureza.

ambientais. Com isso, caiu-se na velha discussão do corte urbano ou regional que se arrasta desde o Plano Lúcio Costa. Alguns entrevistados enfatizaram que, no DF, sempre se pensou somente em termos de planejamento urbano e não de regional, razão pela qual nunca se decidiu realmente trabalhar com o Aglomerado Urbano ou Entorno como muitos chamam. O fato, disseram eles, é que precisa ser tomada uma decisão sobre o que se quer para esse pequeno território (decisão cobrada por Ruellan como mostramos antes) e qualquer coisa que se queira, além de uma função político-administrativa, não pode se restringir aos seus limites.

Em função dessas respostas, começamos a especular sobre a idéia da Região Ambiental de Brasília levando em conta sua inserção no cerrado, no Centro-Oeste, e no Aglomerado Urbano de Brasília. Por que isso? Porque, em termos geopolíticos, o Brasil Central é a região síntese do Brasil, da qual Brasília é "core". Essa característica de região-síntese é conferida pela presença de simultâneos movimentos centrípetos e centrífugos. Os primeiros ocorrem pela manifestação de um multiculturalismo derivado da atração que vem exercendo sobre trabalhadores e capitais originários das demais macrorregiões do país. Paralelamente, o seu centrifuguismo resulta do fato de ser uma fronteira de recursos em expansão e um espaço de passagem ou corredor de ligação entre o Sul-Sudeste do país e a Amazônia, além do centro de dispersão de águas da América do Sul, localizado no território do DF.

Reconhecer essa tripla inserção do DF como "core" da região síntese do Brasil é o mesmo que admitir seu papel geoestratégico no território nacional, resultante de características intrínsecas e adquiridas, como já dissemos antes.

Dentre os instrumentos de planejamento territorial ambiental existentes, o ZEE é o único que pode ser utilizado para que se cumpra esse papel geoestratégico de uma maneira sustentável porque, diferentemente dos demais, ele é um instrumento concebido para ser aglutinador de áreas de conhecimento, de espaços e de atores, e por isso mesmo pode ser considerado como o que ocupa o lugar mais alto na hierarquia dentre os demais, como: plano diretor, plano de manejo e zoneamento urbano.

Mas de nada adianta propor esse enfoque se não houver viabilidade, técnica e política, de sua elaboração e implantação. Nesse sentido, também perguntamos aos nossos entrevistados sobre a existência de condições propícias para tal. Todos foram unânimes em mostrar que haveria necessidade de enfrentar os grupos de interesse com um sólido embasamento político. E assim nos indagamos *até que ponto existe disposição por parte da sociedade (população, empresários, ONGs) e do próprio Estado em assumir juntos esse desafio*. Com certeza, ante essa idéia muitos se levantarão dizendo que sua concretização é utópica, difícil e complexa. É verdade. Entretanto, ela é possível. Lembremos o recente exemplo da experiência de ZEE do Acre[39] que partiu de uma indução do governo federal, foi assumida pelo governo estadual e pela sociedade.

A esse respeito, Kliksberg (2000) mostra que está havendo uma revalorização das políticas públicas e do papel do Estado. Mostra também que é necessário superar as falsas oposições entre governo, de um lado, e ONGs e sociedade civil, de outro. Aprofundando esse ponto de vista, Sen (2000: 305-306) nos diz:

> O desafio ambiental faz parte de um problema mais geral associado à alocação de recursos envolvendo 'bens públicos', nos quais o bem é desfrutado em comum em vez de separadamente por um só consumidor. Para o fornecimento eficiente de bens públicos, precisamos não só levar em consideração a possibilidade da ação do Estado e da provisão social, mas também examinar o papel que pode desempenhar o desenvolvimento de valores sociais e de um **senso de responsabilidade** que viessem a reduzir a necessidade da ação impositiva do Estado. Por exemplo, o desenvolvimento da **ética ambiental** pode fazer parte do trabalho que a regulamentação impositiva se propõe a fazer.

Indo mais além e englobando todas essas questões, Edgar Morin (1999) propõe "sete saberes necessários à educação do futuro" que se interpenetram, mas o fecho é a ética do gênero humano, da qual faz parte a cidadania terrestre. Essa cidadania deve começar a ser exercida no cotidiano. E o cotidiano do brasiliense deve, no mínimo, alcançar o DF, o aglomerado urbano de Brasília, o Centro-Oeste e o cerrado. Em 1992, Washington Novaes, então secretário do Meio Ambiente do Distrito Federal, perguntava:

> Você sabe até onde vai o cerrado? Até ali em Unaí, certo? Absolutamente errado. Tem cerrado no Maranhão, em São Paulo, em Rondônia e em Roraima...(*Correio Braziliense*, de 30/9/1991)

Acreditamos que a inconsciência do brasiliense é pior. A questão não é que ele desconheça até onde vai o cerrado – é ele nem saber que mora no cerrado. Há uma total falta de identidade da população com o cerrado que, por certo, foi alimentada pelo traço arquitetônico dos gramados. Como retrato disso, deixo aqui registrado meu depoimento pessoal de um ato ocorrido em 1981: recebi de um amigo uma flor linda e estranha que não conhecia. Era uma "caliandra", colhida ao lado da minha casa. Acostumada com a paisagem da Mata Atlântica, até então, não me permitia ver as belezas do cerrado. Ao contrário, achava feias aquelas heróicas árvores tortas.

[39] Que pode ser consultado no *site* do governo do Estado.

O fato é que a sociedade brasiliense desconhece o ambiente em que mora e quase não participa das decisões sobre os destinos do território que ajudou a construir. É verdade que existem alguns exemplos expressivos de mobilização como a do Acampamento da Telebrasília lutando pelo seu direito de morar (Nardi, 1999). Ou outros como o do questionamento organizado pelo Fórum Cidade, Cidadania e Meio Ambiente sobre o PDOT, em 1996, que forçou o governo a dar uma resposta. Ou ainda Ceilândia, uma das unidades territoriais do DF que possui talvez a maior quantidade de organizações, embora a preocupação ambiental esteja praticamente ausente[40] (Machado e Sousa, 1999). Esses são exemplos a serem seguidos e demonstram que, no DF, existe um potencial de cidadania pronta para explodir. Além disso, é importante registrar também que o brasiliense tem dado exemplos de cidadania, em especial ligados ao trânsito.

Por outro lado, vejamos: quem são os empresários do DF? A categoria empresariado no DF carrega um preconceito que, por vezes, atrapalha uma visão mais objetiva. São poucos os estudiosos que se dedicaram a realizar uma análise mais isenta e menos ideológica. Um alerta sobre isso foi expressado por Timm (1998: 122-123):

> (...) em Brasília ocorre um processo mais orgânico de formação das elites empresariais, a partir da especulação imobiliária, ainda pouco percebido pelos estudiosos, ao qual se juntam grupos externos. (...) Cabe, porém, esquadrinhar permanentemente a formação empresarial local de forma a melhor avaliar sua performance competitiva e oportunidades efetivas de assimilar procedimentos e técnicas cada vez mais modernas.

Atentos a tal questão, foi exatamente o que fizeram Figueiredo e Araújo (1999: 59) ao pesquisar os líderes da atividade empresário-industrial do DF. Segundo eles:

> (...) o estudo aponta para um crescente envolvimento com questões que transcendem os limites da própria empresa, ilustrando o fortalecimento do "espírito público" nessa liderança. (...) Se, por um lado, o empresário que veio se instalar em Brasília assumiu riscos que outros não se dispuseram a enfrentar, a proximidade do poder e os tradicionais laços de clientela constituintes da cultura política brasileira tenderam, por sua vez, a reduzir graus de incerteza nas atividades desse empresário. Nesse sentido, o empresário industrial em Brasília é, em princípio, um empresário de transição. (...) Na segunda meta-

[40] No cadastro elaborado encontramos esse tipo de preocupação apenas em duas das 57 organizações levantadas – a Promotoria de Defesa dos Direitos do Cidadão e a Associação de Moradores.

> de dos anos 1990 (...) verificou-se mais concretamente a transição, com o ponteiro seguindo mais para a responsabilidade pública do empresário que busca, também, ser mais competitivo.

Em face do exposto, parece que, tanto do lado da população como do empresariado, há um potencial de participação capaz de acolher uma proposta de trabalho conjunto em um ZEE. Para finalizar, permitiremo-nos especular um pouco: qual seria a Região Ambiental objeto de um ZEE?

É muito comum ouvirmos falar de "região do entorno". A expressão é carregada de um sentido negativo e equivocado, pois se refere geralmente aos municípios localizados na periferia do DF que estão prontos para sugar o que aqui há de bom. Estigmas à parte, o fato é que, quando se fala de entorno, cada vez mais temos de perguntar: de que entorno está se falando? Existem pelo menos seis delimitações, cada uma com objetivos diferentes. Não vamos aqui nos debruçar sobre cada uma, mas apenas registrar sua origem ao longo do tempo. As primeiras são da década de 1970: a Região Geoeconômica e a Região da AMAB (às quais já nos referimos). Todas as demais são da década de 1990, a começar pela utilizada no ZEE do entorno elaborado pelo IBGE/GO em 1994, seguida pelo Aglomerado Urbano de Brasília definido pelo NEUR-UnB/IPEA em 1997, pela Região Integrada de Desenvolvimento do Distrito Federal e Entorno (RIDE) em 1998[41] e, por último, da mesorregião de Águas Emendadas, proposta pela Secretaria de Políticas Regionais e encampada pelo Ministério da Integração Nacional em 2000.[42]

Qual das já citadas conformaria a Região Ambiental de Brasília, a ser objeto da elaboração do ZEE? Essa é uma decisão que deve ser tomada com cuidado porque é preciso definir para que se quer o ZEE, ou seja, a quem interessa o ZEE. Assim, propomos que dois breves estudos devam precedê-lo: a escolha da Região Ambiental e o que estamos denominando de mapeamento de agentes/atores. Se seus resultados se mostrarem positivos, pode-se então dar início à construção de um ZEE não do DF, mas que o envolva.

## Referências bibliográficas

ANJOS, Rafael Sanzio Araújo dos. Monitoramento da expansão urbana no Distrito Federal e sua região do entorno imediato (1964-1990). Textos Universitários, Brasília: Editora Universidade de Brasília, 1996.

[41] Lei Complementar nº 54, de 19/2/1998, e pelo Decreto nº 2.710, de 4/8/1998.

[42] Ministério da Integração Nacional – Bases para as políticas de integração nacional e desenvolvimento regional (versão preliminar)/novembro de 2000.

BESPALHOK, Cristiane *et ali*. As relações de poder na questão da preservação dos mananciais de água do Parque Nacional de Brasília. Mestrado de Geografia/GEA-UnB, trabalho de conclusão da disciplina de Geografia Política do Território. Brasília, 2000 (Mimeo.).

BRAGA, Sérgio. Zoneamento Ecológico-Econômico: elementos para discussão. Edição em CD-Rom, SDS/MMA, Workshop "Dez anos do programa de Zoneamento Ecológico-Econômico no Brasil: avaliação e perspectivas. Brasília, 2000.

BUARQUE, Cristovam. *Programa de Governo*. Brasília, 1994. (Mimeo.).

CARVALHO, Iracilda Pimentel. Retratos de Brasília: o texto fotográfico. Revista *Participação*, Brasília: Decanato de Extensão da Universidade de Brasília, 2, dezembro/1997.

CORDEIRO, Luiz Alberto. Os assentamentos urbanos e o relatório Belcher. *In* PINTO, Maria Novaes. *Cerrado – caracterização, ocupação e perspectivas*. Brasília: Editora Universidade de Brasília/SEMATEC, 1993.

CORREIO BRAZILIENSE de 22 de maio de 1989 – Proin abre fronteiras da indústria.

CORREIO BRAZILIENSE de 30 de setembro de 1991 – encarte Cerrado & Meio Ambiente.

COSTA, Lúcio. *Lúcio Costa: registro de uma vivência*. São Paulo: Empresa das Artes, 1995.

FIGUEIREDO, Vilma, ARAÚJO, Caetano Ernesto Pereira de (1999). A liderança do empresariado de Brasília: um ator social em transição. *Série Sociológica* 173, Departamento de Sociologia da Universidade de Brasília, Brasília, 1999. (Mimeo.).

FONSECA FILHO, Rubem. Ecologia e atualidade. *Jornal de Brasília*, Brasília, de 10/11/1988.

___________. *Zoneamento ambiental*. Anais do 16º Congresso Brasileiro de Engenharia Sanitária e Ambiental, vol. 3 – Documento Final – Painel II – Crescimento Desordenado X Planejamento Urbano. Goiânia, 1991.

FÓRUM CIDADE, CIDADANIA E MEIO AMBIENTE. *Análise da proposta de Plano Diretor de Ordenamento Territorial do Distrito Federal*. Brasília, setembro, 1996 (Mimeo.).

FREYRE, Gilberto. *Brasis, Brasil e Brasília.* Rio de Janeiro: Gráfica Record Editora, 1968.

GAZETA MERCANTIL – Revista Anual – Balanço 2000.

GDF/ARQUIVO PÚBLICO DO DISTRITO FEDERAL. *Relatório do Plano Piloto de Brasília.* Brasília: Codeplan, 1991.

GDF/CODEPLAN. *O relatório técnico sobre a nova capital da República – Relatório Belcher.* 3 ed. Brasília, 1984.

___________. *Relatório da Comissão Exploradora do Planalto Central: Relatório Cruls de 1894.* 5 ed. Brasília, 1987.

GDF/IPDF. Plano Diretor de Ordenamento Territorial (PDOT): documento técnico. Brasília, 1996.

___________. *Comentários e esclarecimentos ao Fórum Cidade, Cidadania e Meio Ambiente sobre o PDOT.* Brasília, (s/d) (Mimeo.).

GDF/SECRETARIA DE TRABALHO, DIREITOS HUMANOS E SOLIDARIEDADE. *Pesquisa de Emprego/Desemprego no Distrito Federal* (PED-DF). Brasília, 2000.

GDF/SAP/SEMATEC. *Diagnóstico ambiental, aptidão agroecológica e Zoneamento Ecológico-Econômico do Distrito Federal. Termos de referência/Portaria 10/4/1991*, Brasília: junho, 1991 (Mimeo.).

___________. *Relatório sobre adequação do termo de referência do diagnóstico ambiental e zoneamento do DF.* Brasília, junho, 1991 (Mimeo.).

___________. *Termo de referência para o zoneamento ambiental do Distrito Federal.* Portaria 10/4/1991 – SAP/SEMATEC. Brasília, junho, 1991 (Mimeo.).

GDF/SEMATEC. *Lei da Política Ambiental do Distrito Federal.* Brasília: Oficina Gráfica Codeplan, 1990.

___________. *Zoneamento ambiental do Distrito Federal.* Brasília, maio, 1992 (Mimeo.).

___________. *Plano de trabalho do Zoneamento Ecológico-Econômico do Distrito Federal.* Termo de referência. Brasília, 1993 (Mimeo.).

___________. *Proposta para implementação do Zoneamento Ecológico-Econômico no Distrito Federal.* Brasília, 1994 (Mimeo.).

___________. Ofícios nº 122 de 11/11/1994 e nº 132 de 3/11/1994 para SAE encaminhando proposta ZEE. Brasília, 1994.

___________. *Coletânea de documentos enviados por várias secretarias do GDF à SEMATEC para subsidiar o ZEE*. Brasília, 1994 (contém informações sobre planos e leis editados até então).

___________. *O Zoneamento Ecológico-Econômico e macroestratégias para o desenvolvimento sustentável*. Brasília, 1995 (Mimeo.).

___________. *Seminário de Zoneamento Ecológico-Econômico no Distrito Federal*. Brasília, 1995 (proposta para a FAP-DF) (Mimeo.).

___________. *Termo de Referência – ZEE/DF*. Brasília, 1996 (Mimeo.).

___________. *Projeto de Bolsas RHAE para o Zoneamento Ecológico-Econômico*. Brasília, 1997 (Mimeo.).

GDF/SEMATEC/IEMA. *Zoneamento Ecológico-Econômico*. 3 vol. Coord. de Ronaldo Conde Aguiar. Brasília, 1998.

GUSMÃO, Paulo P. de. "Região urbana global Rio-São Paulo: condicionantes ambientais de competitividade". *In* RESENDE, Fernando, LIMA, Ricardo (orgs.) *Rio – São Paulo cidades mundiais: desafios e oportunidades*. Brasília: IPEA, 1999.

IBGE/DGC. *Zoneamento Ecológico-Econômico da área do entorno do Distrito Federal e da região norte do Estado de Goiás – Plano de Execução*. Goiânia, agosto, 1990 (Mimeo.).

IBGE/SECRETARIA DE PLANEJAMENTO E COORDENAÇÃO DO ESTADO DE GOIÁS. *Zoneamento Ecológico-Econômico da área do entorno do Distrito Federal*. Edição em CD-Rom. Goiânia,1994.

IBGE/DIGEO-GO. *Projeto Zoneamento Ecológico-Econômico do Distrito Federal*. Goiânia, 1995 (Mimeo.).

KLIKSBERG, Bernardo. América Latina: uma região de risco – pobreza, desigualdade e institucionalidade social. *Cadernos Unesco Brasil, Série Desenvolvimento Social*, vol I. Brasília: Unesco, 2000.

LAHÓZ, André. Grandes decisões: como transformar as metrópoles brasileiras em lugares que atraiam novos negócios, gerem empregos e ofereçam qualidade de vida. *Revista Exame*, ano 34 nº 19-20/set.

MACHADO, Maria Salete Kern, SOUZA, Nair Heloisa Bicalho. *Ceilândia; mapa da cidadania*. Brasília: Núcleo de Estudos para a Paz e Direitos Humanos, 1999.

MALAGUTTI, Cecília Juno. "Loteamentos clandestinos no Distrito Federal: caminhos alternativos para a sua aceitação". *In* PAVIANI, Aldo (org.). *Brasília – gestão urbana: conflitos e cidadania*. Brasília: Editora Universidade de Brasília, 1999.

MMA/FUNATURA/CONSERVATION INTERNATIONAL/FUNDAÇÃO BIODIVERSITAS/ UNIVERSIDADE DE BRASÍLIA. *Ações prioritárias para a conservação da biodiversidade do cerrado e pantanal*. Brasília, 1999.

MONTEIRO, Maurício Pontes, SAWYER, Donald, VIANA, Bianca Correa. *Índice de Pressão Antrópica (IPA): atualização metodológica*. Brasília: ISPN, 2000 (Mimeo.).

MORIN, Edgar. *Os sete saberes necessários à educação do futuro*. São Paulo/Brasília: Cortez/ Unesco, 2000.

NARDI, Maria Elenir. "O acampamento da Telebrasília e a sua luta pelo direito de morar". *Direito à memória e à moradia*. Brasília: Núcleo de Prática Jurídica e Escritório de Direitos Humanos e Cidadania, 1999.

NEUR-UNB/IPEA. *Gestão do uso do solo e disfunções do crescimento urbano: aglomerado urbano de Brasília*. Brasília, 1997 (no prelo).

OLIVEIRA JÚNIOR, Rosalvo *et ali*. *A política ambiental do Distrito Federal 1989/1996*. Relatório de pesquisa FAP/DF. Brasília, 1997 (Mimeo.).

__________. *A variável energia na elaboração do Zoneamento Ecológico-Econômico do Distrito Federal a partir das definições de suas macrodiretrizes*. Monografia FT/FAV-UnB; anexo 01 (atas do Grupo de Trabalho do ZEE 1995). Brasília, 1996.

__________. *Meio ambiente e cidadania – o Conselho do Meio Ambiente – CONAM nos anos 1995 e 1996 (até setembro)*. Brasília: SEMATEC, 1996, p. 14 (Mimeo.).

RUELLAN, Alain *et al*. "A capital que nasceu da terra". *In* MEDINA, Cremilda (org.). *Narrativas a céu aberto: modos de ver e viver Brasília*. Brasília: Editora Universidade de Brasília, 1998.

SAE-PR. Ofício de 21/11/1994 para SEMATEC comunicando aprovação da proposta de ZEE do Governo do Distrito Federal pela CCZEE em 17/11/1994. Brasília, 1994.

SANTA CRUZ, Angélica. A vida na maquete. Revista *Veja* de 13 de janeiro.

SAWYER, Donald. *Índice de pressão antrópica: uma proposta metodológica.* Brasília, ISPN, 1997 (Mimeo.).

SEN, Amartya. *Desenvolvimento como liberdade.* São Paulo: Companhia das Letras, 2000.

SILVA, Ernesto. *História de Brasília: um sonho, uma esperança, uma realidade.* 4 ed. Brasília: Câmara de Dirigentes Lojistas do DF, 1999.

STEINBERGER, Marília. *O Zoneamento Ecológico-Econômico como instrumento para tomada de decisões compartilhada. Paper* apresentado na "Conferência Interamericana Dimensões Humanas da Mudança Climática Global e do Manejo Sustentável das Florestas das Américas". Brasília, 1998 (Mimeo.).

__________. "Formação do aglomerado urbano de Brasília num contexto nacional e regional". *In* PAVIANI, Aldo (org.). *Brasília – gestão urbana: conflitos e cidadania.* Brasília: Editora Universidade de Brasília, 1999.

TIMM, Paulo. Brasilianas. Brasília: Paralelo 15, 1998 (*Coleção Biblioteca Brasiliense*).

VALLADARES, Lícia. L'autre Brasília. Cadernos CRH, Salvador, 1999. nº 30/31, jan/dez.

UNESCO. *Vegetação no Distrito Federal: tempo e espaço.* Brasília: Unesco, 2000.

# A cidade sustentável: Planaltina

Luiz Alberto de Campos Gouvêa

*"O pior tipo de poluição é a miséria"*

Indira Gandhi[1]

O presente trabalho resume uma pesquisa que venho desenvolvendo na região de Planaltina de Goiás (DF e entorno), há cerca de vinte anos, marcadamente organizada nas teses de doutorado e de pós-doutorado. Na realidade, são três investigações que procuro relacionar: na primeira, histórica, busco analisar os assentamentos humanos na região e sua relação com a natureza regional; na segunda, avalio as políticas urbanas desenvolvidas no Distrito Federal (DF) e entorno e as atuais necessidades da população; e, na terceira pesquisa, sobre microclimas urbanos, desenvolvo durante um ano, de forma sistemática, medições de temperatura, umidade e velocidade do vento no sol e na sombra; no asfalto, no piso cimentado da calçada, na grama, na terra, nos pisos de granitina dos blocos do Plano Piloto de Brasília e em várias cidades do DF. Procurei cruzar as informações das três pesquisas e desenvolver um elenco de conceitos e de critérios para um desenho ambiental urbano sustentável no Planalto Central.

As reflexões e as recomendações de desenho urbano, aqui resumidas, estão contextualizadas não somente nos ambientes locais, mas também foram formuladas estabelecendo-se algumas inter-relações com o ambiente global.

## A globalização insustentável

Vivemos um momento único na história da humanidade, em que há uma homogeneização dos procedimentos econômicos e tecnológicos na ação das

[1]Conferência de Estocolmo, 1972.

multinacionais em todo o mundo. Fato que não existia há algumas décadas. Os impérios português, espanhol e britânico, por exemplo, tinham, cada um, ritmo e características próprios. Hoje predomina uma única forma de agir em todo o globo. Também é incomparável o nível de avanço tecnológico que atingimos (Santos, 2000: 29). É igualmente sem precedentes a concentração de renda.

Os Estados Unidos, por exemplo, concentram cerca de 40% (Campos, 1999: 20) da riqueza do mundo, que não é igualmente apropriada nem pelos cidadãos norte-americanos. Na realidade, os EUA, com a economia em expansão, defendem a globalização das possibilidades de lucro de suas multinacionais, mas ao mesmo tempo trabalham com a nacionalização dos benefícios desses negócios. Os resultados dessa política para o resto do mundo são cada dia mais alarmantes.

Com efeito, existem cerca de 800 milhões (Santos, 2000: 59) de pessoas passando fome, e um número de desempregados e excluídos do mercado de trabalho que não tem precedente na história da humanidade.

No que diz respeito às questões das políticas urbanas, cada vez se vê maior redução do Estado e conseqüentemente da capacidade de se gerir os problemas sociais e coletivos.

Na década de 1990, na Conferência Habitat II, em Istambul, ficou clara a intenção dos países hegemônicos de não aceitar que a habitação figurasse como um direito, pois estariam assinando uma possível redução nos lucros de suas multinacionais, que deixariam de abocanhar os recursos aplicados pelos governos em infra-estruturas sociais urbanas, tais como a construção de casas populares nos países economicamente periféricos.

Torna-se importante destacar que em países como os EUA ou os da Comunidade Européia, onde o salário mínimo é cerca de mil dólares e onde já se tem o território ocupado, o Estado perde importância para a iniciativa privada, que assume com vantagem certas funções de prestação de serviços para a população que tem dinheiro, que no caso é a maioria. Outra situação muito diferente é a das áreas desocupadas e/ou ocupadas majoritamente por população carente, como no caso do Brasil e da América Latina como um todo. Nesses casos, a iniciativa privada somente se interessa por uma minoria. O Estado, por outro lado, tem o importante papel do planejamento e desenvolvimento social, jamais suprido pelos interesses particulares nacionais ou multinacionais, que basicamente estão direcionados para o lucro.

Ou seja, o que é um problema para uma minoria nos países hegemônicos é de fato um enorme problema para a maioria da população do resto do mundo.

Cada vez ficam mais evidentes a violência e a injustiça social dessa democracia de mercado pregada pelas multinacionais, bem como a substituição do cidadão pelo consumidor. A cada momento, como diz Milton Santos, a sociedade do dinheiro esmaga a sociedade do homem.

Também é igualmente verdadeiro que essa situação é temporária. A história já mostrou que a diferença entre as classes e as pessoas, quando aumenta desmesuradamente, torna a situação explosiva.

De fato, para os países hegemônicos funcionarem, dentro dessa lógica globalizada, o resto do mundo está sendo levado à exaustão social, política, cultural e ambiental (ecológica), num processo absolutamente insustentável .

## A sustentabilidade planaltina

Segundo as Nações Unidas e sua comissão de meio ambiente, "o desenvolvimento sustentável é aquele que satisfaz às necessidades da geração atual, sem comprometer a capacidade das gerações futuras para satisfazer as suas".[2] É importante notar que as necessidades e sua satisfação são diferentes em cada cultura. O que pode, por exemplo, ser considerado ótimo para um tuaregue do Saara certamente não é o mais adequado a um nova-iorquino ou a um cidadão da região do Planalto Central brasileiro. As necessidades e a idéia de como devem ser mantidos/conservados os recursos naturais são diferentes, pois os recursos são diversos em cada país e mesmo em regiões e, naturalmente, os conceitos de sustentabilidade de cada região também devem ser diferentes.

A massificação de idéias e de procedimentos pregada pelos países hegemônicos, seguindo a lógica de suas culturas, economias e características físicas, obviamente não é a única nem a melhor forma de universalização. Essa sim pode ser construída a partir do clima, do sítio, da vegetação, de uma economia sustentável e da cultura local/regional, globalizando-se a partir da conservação das características genuínas de cada povo e da "consciência universal" (Santos, 2000).

É com essa perspectiva, e tendo como base uma pesquisa da "eco história" da região de Brasília e entorno, juntamente com uma investigação social/econômica/espacial e a partir de uma pesquisa de microclimas urbanos, que se define a sustentabilidade planaltina e se organiza uma série de critérios de desenho urbano, formulados dentro do princípio da organização de espaços que geram baixos impactos ecológicos, reduzidos gastos de energia na implantação e na manutenção, assim como custos economicamente sustentáveis e, naturalmente, uma identidade do espaço urbano com a cultura local/regional.

---

[2] *Our Common Future*. Comissão Mundial das Nações Unidas sobre o Meio Ambiente e o Desenvolvimento, Oxford University Press, 1987 (Informe Brundtland)

## A implantação de assentamentos humanos

A investigação sobre os assentamentos humanos indígenas mostrou que as várias tribos que ocuparam a região (Brasília e entorno) matavam animais, praticavam a coivara e retiravam a vegetação da mata para fazer suas ocas e os espaços das atividades coletivas da aldeia. Mas, de forma absolutamente consciente, tratavam a floresta/cerrado de maneira equilibrada, com princípios considerados, hoje, como padrão de qualidade bioclimática e ecológica.

Seguindo essa tradição, sugerimos, por exemplo, a não retirada da vegetação nativa no início do processo de implantação da cidade, somente o fazendo no local onde se vai de imediato desenvolver uma obra. Isso possibilita uma enorme economia não somente referente ao corte de vegetação e à manutenção do solo (sem encascalhamento das vias), mas à redução de gastos referentes à correção do processo de erosão, causa imediata da retirada da vegetação nativa nos solos friáveis da região (Figura 1).

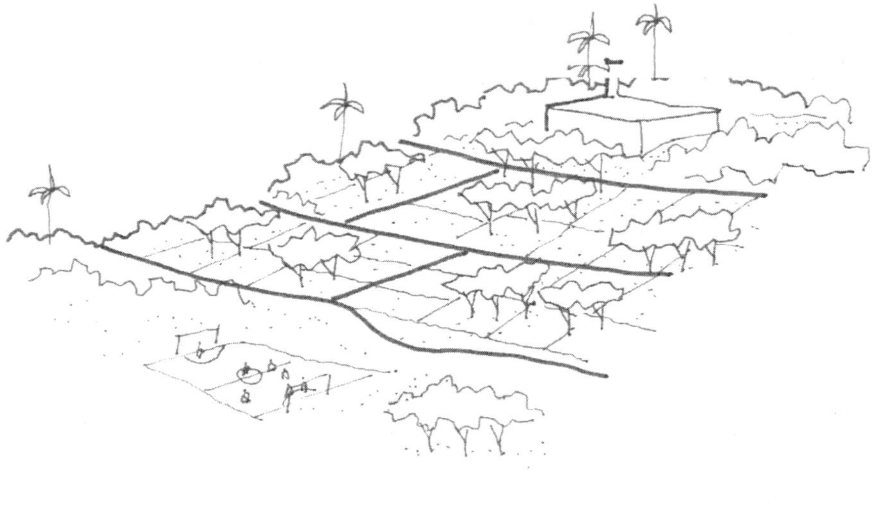

Figura 1. Evitar ao máximo, na implantação de parcelamentos urbanos, a retirada da cobertura vegetal natural .

Da mesma forma, quando se recomenda a organização de um traçado que acompanhe as curvas de nível, está propondo-se soluções que reduzam significativamente o grave problema de erosão dos solos da região, que geram baixos gastos de energia na implantação, na manutenção e naturalmente nos custos reduzidos.

Por todas essas vantagens, esse modelo vem, ao longo do tempo, sendo utilizado com sucesso e tornando-se padrão de qualidade ambiental desde o período colonial (Figura 2).

Figura 2. Evitar traçar as vias principais perpendiculares a maior declividade do terreno. Recomenda-se seguir as curvas de nível, desenvolver traçados em diagonal ou utilizar as curvas do sistema viário para minimizar o processo de erosão do solo na região.

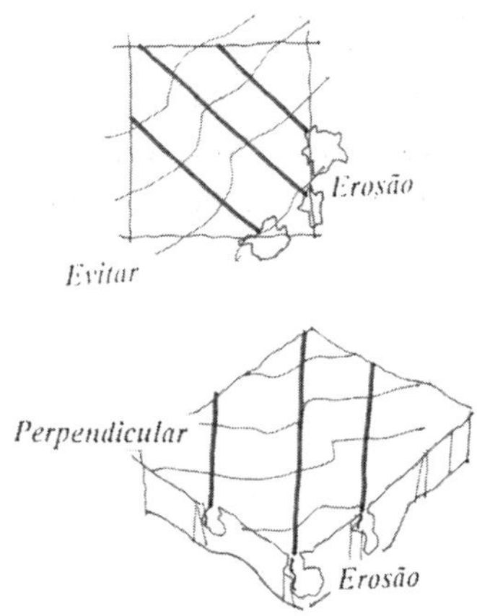


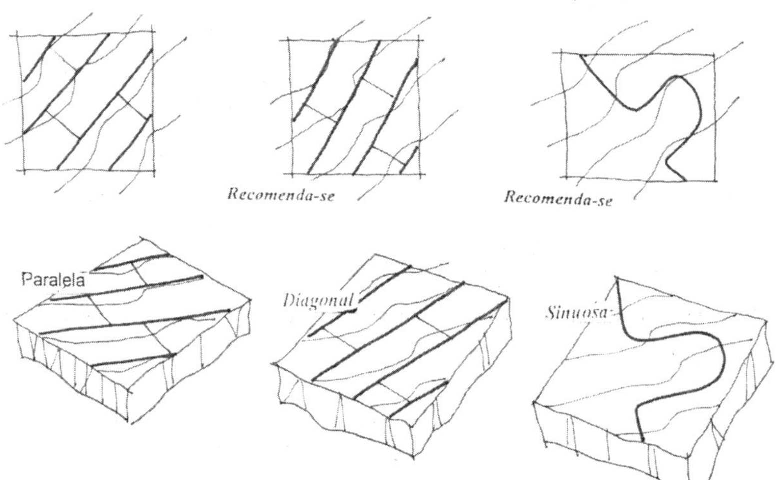

Outro elemento que deve ser observado na implantação de núcleos urbanos na região é a organização do sistema viário principal, de maneira a receber os ventos dominantes úmidos que passem antes por um lago ou rio, visando ao umedecimento da cidade e à minimização do processo de poluição do ar nas áreas centrais ou de grande circulação de veículos, seguindo assim outra tradição da técnica goiana de construção vernacular, que é a de desenvolver os assentamentos humanos próximos a esses acidentes geográficos, guardando, todavia, a distância conveniente para a preservação das matas ciliares.

É verdade, também, que todas as vezes que critérios ecológicos como esses não foram observados os problemas urbanos se multiplicaram, juntamente com seus custos e impactos na natureza. A erosão do solo, em particular, sempre foi o grande problema da região, quando da implantação de assentamentos urbanos.

Da mesma forma, a tradição colonial portuguesa de não plantar árvores nas ruas gerou nos núcleos urbanos impactos negativos, principalmente, nos períodos mais quentes e secos. (Figura 3).

Figura 3. Pirenópolis (cidade vernacular goiana) – Rua Direita. A falta de arborização expõe as fachadas das casas aos rigores do clima tropical (sol e chuva).

## Organização do espaço urbano

Por outro lado, as exigências do clima tropical de planalto, observadas por usos adequados, desenvolvidas por nossos antepassados e confirmadas por meio de uma pesquisa de microclima urbano, deram a certeza de recomendações, tais como a organização de microespaços urbanos, com controle de umidade e vegetação abundante, como forma espacial mais adequada para as áreas de uso predominantemente residencial da região. Conceito que tem sua base firmada na sustentabilidade, pois ao propor microespaços umedecidos com controle, está sugerindo-se uma economia de água e de espaços, o que a diferencia da proposta, por exemplo, do Plano Piloto de Brasília, com vantagens em termos econômicos e de qualidade ambiental (Figura 4).

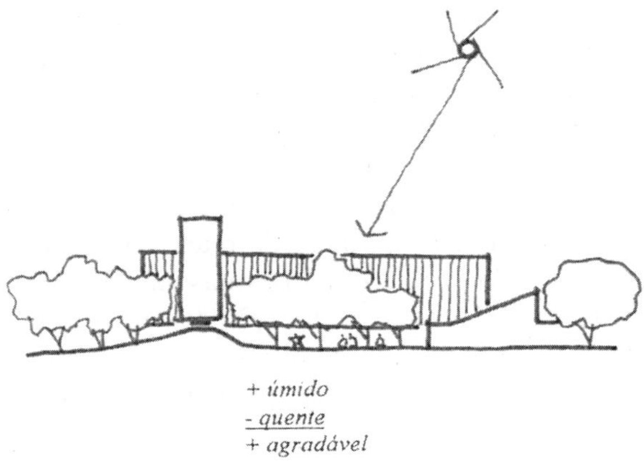


Figura 4. Microespaços sombreados e com controle de umidade são mais sustentáveis na região.

Também os conceitos propostos de cidade diversificada, densa, constituída de microespaços urbanos arborizados se contrapõem aos de cidade difusa, setorizada e altamente baseada no deslocamento por automóvel, como Brasília. A primeira, mais compacta, menos consumidora de energia, possibilita, pela sobreposição de funções compatíveis, a minimização de deslocamentos motorizados, fator de fundamental importância na organização de uma cidade sustentável na região, maximizando ainda o encontro das pessoas na malha urbana. Ressalta-se que, ao se propor microespaços arborizados, faz-se uma economia de áreas livres sem uso, com ganho de qualidade ambiental.

Nesse sentido, notou-se que, em todas as pesquisas desenvolvidas, a vegetação se mostrou de extrema eficiência nas suas diferentes formas: herbácea, arbustiva e arbórea, evidenciando entretanto, no DF, o baixo desempenho da vegetação herbácea (grama) no período seco.

Com efeito, registrou-se sobre a grama verde/viçosa até 26% maior a umidade relativa do ar que na grama ressecada pelo sol e pelo vento no período seco. A temperatura da grama úmida foi até 7 °C menor do que a da grama ressecada. A pesquisa revelou ainda que as grandes áreas verdes do Plano Piloto de Brasília, apesar de sua excelente performance na época chuvosa/ úmida, tem, em que pese sua extensão, seu potencial reduzido na época seca, atribuindo-se tal fato principalmente ao ressecamento da vegetação (grama). Sugere-se então que as áreas verdes sejam organizadas de forma a permanecer vigorosas/viçosas o ano inteiro.

O tratamento do espaço com vegetação arbórea de copa densa e perene apresentou na pesquisa o melhor desempenho, com baixíssimos custos de implantação e manutenção. Nota-se que as áreas sombreadas atingiram índices de até 14 °C a menos de temperatura, nos dias e períodos mais quentes, do que as ensolaradas, em horários de intenso uso das áreas públicas (caminhos, ruas, praças), evidenciando o valor dessa observação. Além disso, nos aspectos referentes à sustentabilidade, a vegetação arbórea apresenta inegável performance ao possibilitar uma minimização do processo de erosão do solo, o umedecimento e a redução da temperatura local, além de retenção da poeira, funcionando como elemento indutor do encontro das pessoas na malha urbana.

Dessa maneira, em relação à organização dos espaços urbanos, recomenda-se desenvolver as ruas como caminhos à sombra ou como "matas galerias", ou seja, densamente arborizadas – principalmente com árvores de folhagem perene (Figura 5).

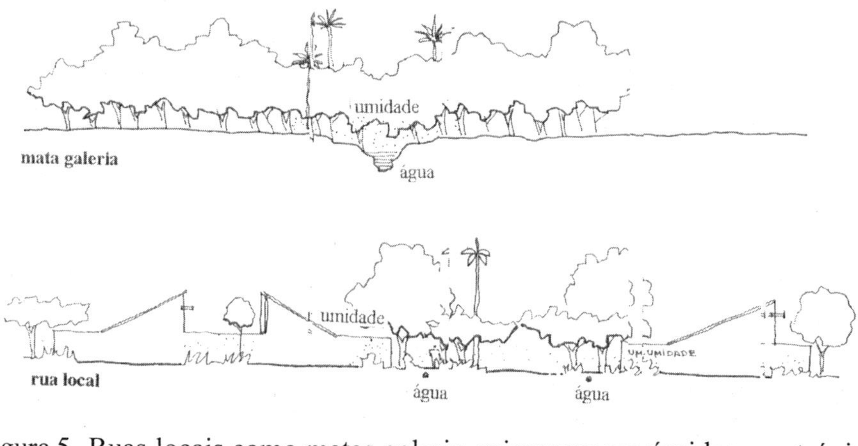


Figura 5. Ruas locais como matas galeria, microespaços úmidos nos trópicos secos.

O bom desempenho dos espaços arborizados, no entanto, não se restringe a potencializar os fatores positivos do clima e da minimização do processo erosivo, pois a vegetação se mostra eficiente na retenção das partículas em suspensão (poeira) sem gerar áreas impermeabilizadas e com baixos custos, fatores importantes de serem considerados num país tropical e com muitos problemas sociais como o Brasil.

Da mesma forma, na organização das praças, recomenda-se utilizar tanto a topografia como a vegetação gramínea, arbustiva e arbórea, para diminuir a velocidade dos ventos frios e secos e reter a poeira em suspensão (Romero,1985). Recomenda-se estudar também a possibilidade de colocar esguichos controlados (registros/torneira), buscando conservar a vegetação viçosa/umedecida durante os períodos secos (Figura 6).

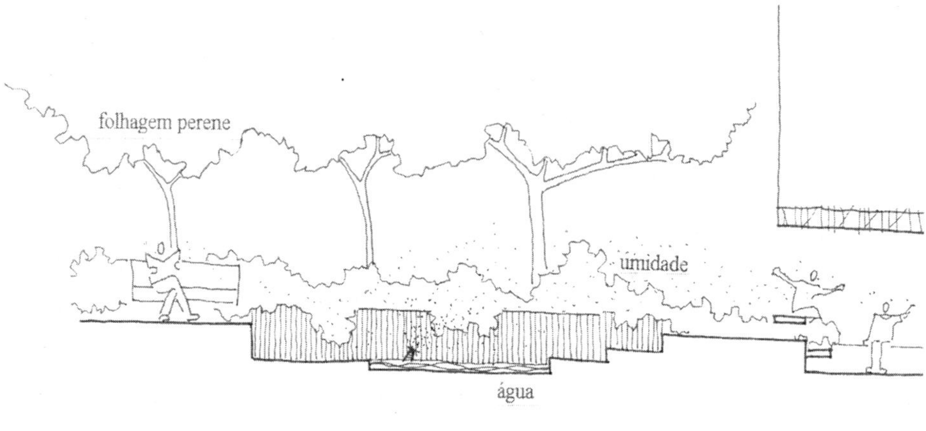


Figura 6. Utilizar os desníveis do terreno, devidamente arborizados e umedecidos, para organizar as praças. Locais de encontro por excelência nos trópicos ensolarados.

## Organização do espaço do edifício

Com relação ao edifício e seu entorno, sugere-se, no caso específico de Brasília, a criação de desníveis protegidos com vegetação arbórea e arbustiva no pilotis e proximidades, procurando o umedecimento e a redução da velocidade do ar, além da diminuição da quantidade de partículas em suspensão, atitudes que seguramente tornarão o "pilotis carioca" (pilotis utilizado com freqüência no litoral quente e úmido), implantado em Brasília, mais propício ao encontro e mesmo à circulação das pessoas, em regiões de clima tropical de planalto. (Figura 7)

A pesquisa de microclimas urbanos revelou ainda a importância do umedecimento das áreas contíguas aos edifícios em vez da organização de canteiros floridos próximos às vias, como vem ocorrendo no Plano Piloto de Brasília. Os dados não deixam dúvida de que os espaços úmidos próximos, ou mesmo dentro do edifício, têm melhor performance, sendo mais recomendáveis tanto do ponto de vista ecológico como econômico e se viabilizam numa perspectiva de desenvolvimento sustentável da cidade.

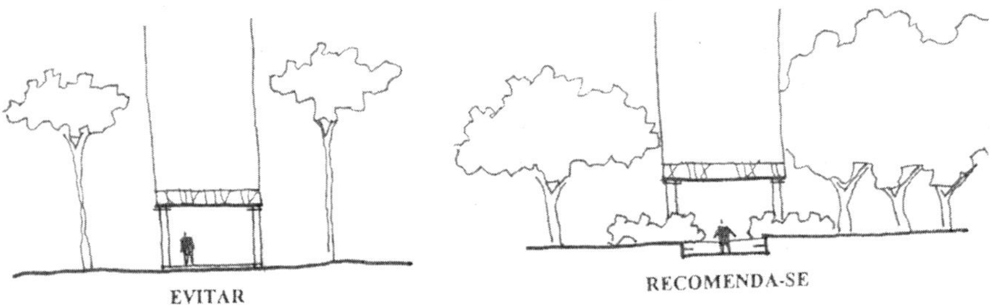


Figura 7. Evitar o pilotis pleno em toda extensão do edifício. Utilizar desníveis estrategicamente colocados, possibilitando, ao mesmo tempo, a passagem do pedestre no nível da rua e a criação de microespaços vegetados e com controle de umidade no pilotis.

Ainda no que diz respeito ao clima, identificaram, para efeito das decisões de projeto, três principais "períodos climáticos" no DF: o primeiro relativo à época seca (maio a setembro); o segundo observado no período chuvoso (outubro a abril); e o terceiro relativo à "friagem noturna", que ocorre tanto na época chuvosa como na seca.

Nos dois primeiros, alerta-se para a necessidade de trabalhar o espaço urbano, e principalmente do edifício, para se ter um controle da umidade relativa do ar, reinterpretando usos observados em várias sedes de fazendas coloniais construídas na região, que organizavam o espaço do edifício de forma a se ter ambientes ventilados e abertos para as épocas úmidas e espaços semifechados e freqüentemente umedecidos, pela proximidade com a vegetação organizada em hortas e/ou jardins, para os períodos secos. Também espaços internos protegidos por grossas paredes de barro, à semelhança das casas e particularmente das igrejas coloniais, que aproveitam a inércia térmica da terra, como elemento de conforto, revelam-se de grande performance, desde que se atente para a ventilação desses espaços, principalmente no período chuvoso – úmido (Figuras 8 e 9).

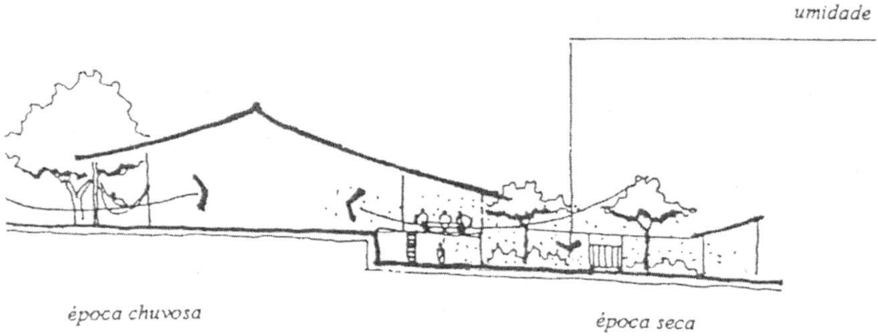


Figura 8. Casa colonial goiana – equilíbrio com os elementos naturais.

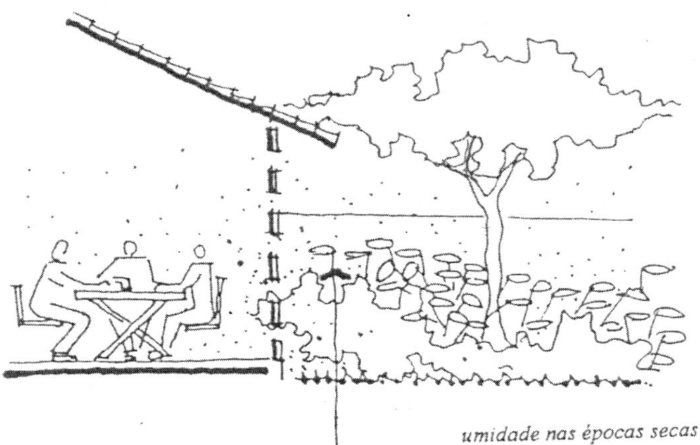


Figura 9. Casa colonial goiana – microclimas úmidos na época seca.

Não se pode, por outro lado, repetir os equívocos de outros tempos, como quando, por exemplo, da vinda da Família Real para o Brasil, no século XIX, que, ao convidar artistas e arquitetos franceses, no intuito de embelezar as cidades, trouxe também soluções arquitetônicas de fraca adaptação às realidades climática e econômica brasileiras. De fato, naquela ocasião, eles trouxeram a última moda de Paris, a metrópole mundial da época: as platibandas. Essas empenas de alvenaria acabavam com o beiral das casas e expunham a fachada dos edifícios e as pessoas aos rigores do clima tropical (sol e chuva).

É importante que se diga que no Brasil, de forma geral, o índice pluviométrico é muito superior ao europeu, sendo que os efeitos do sol nas paredes das casas causam ainda maiores problemas. Esse fato não foi suficiente para que tal modismo europeu, dispendioso e insustentável do ponto de vista climático, transformasse a paisagem urbana brasileira no século XIX e no início do XX. Assim, a necessidade de a Inglaterra ganhar dinheiro com a venda da calha metálica, que viabilizava a platibanda, fez nossa arquitetura retroceder, por quase um século, na sua adaptação à questão ambiental/climática (Figura 10).

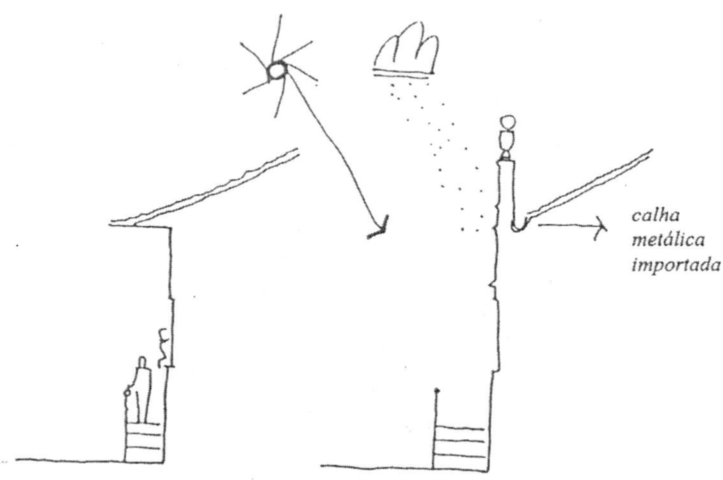


Figura 10. O beiral foi substituído pela platibanda, influência da missão francesa que expôs as fachadas da casa brasileira aos rigores do clima tropical de planalto.

Hoje, a globalização dos interesses norte-americanos tem até mesmo agravado essa situação. São freqüentes os exemplos de tecnologias pensadas para regiões de clima temperado/frio que são largamente difundidas no país, unicamente por questões econômicas, sem a menor relação com o clima e a cultura locais. Os exemplos são inúmeros e variam desde os grandes edifícios de vidros coloridos, com maquinária importada e altos gastos de energia para conservar a temperatura interna semelhante à de Nova York, em cidades como Cuiabá ou Goiânia, até a importação, ultrapassada e perigosa, da tecnologia do cimento-amianto que, banida dos Estados Unidos por provocar graves problemas de saúde, vem para o Brasil cobrir as casas e guardar a água que o brasileiro utiliza no dia-a-dia, numa forma de globalizar os custos da pesquisa norte-americana. Mesmo daquela malsucedida.

O uso freqüente e inadequado dessas tecnologias importadas, principalmente pelos setores de menor renda, mostra-se algo corriqueiro e, o que é mais grave, incentivado pelo próprio governo brasileiro.

Observou-se também na pesquisa de microclimas urbanos no DF e região, além dos períodos de seca e de umidade (chuva), um terceiro período, o da madrugada, que se denominou "friagem noturna". É importante atentar para a necessidade de se trabalhar os espaços dos edifícios no sentido de se ter um controle de ventilação. Os índios de várias tribos que ocupam/ocuparam a região, ao construírem suas ocas sem janelas, assim o faziam pois necessitavam se proteger da friagem noturna, que em mais de 90% dos dias é menor que 18 °C, temperatura que causava desconforto a quem não detinha a tecnologia da roupa. Dessa forma, ao ter a oca "vedada" e com a possibilidade de acender uma pequena fogueira, resolviam seu problema de conforto térmico à noite. Durante o dia, como a grande maioria de suas atividades era ao ar livre, livravam-se de um possível desconforto no interior da oca (Villas Boas, 1982).

Observou-se que, diferentemente das regiões de clima equatorial, como na Amazônia , a ventilação nas regiões de clima tropical de planalto não pode ser totalmente liberada, nem restringida, como nos climas secos do norte da África, por exemplo, mas há a necessidade, nos meses secos, de se aumentar a umidade relativa do ar, permitindo então sua penetração nos edifícios. Já nos períodos úmidos, deve-se arejar os espaços de forma controlada para evitar o mofo.

Ainda pode-se notar, com relação aos edifícios, que as formas recortadas, tais como varandas, brises de sol, reentrância, platibandas, pergolados, caixas de elevadores etc., têm desempenho melhor, principalmente nas fachadas norte e oeste, que sofrem forte incidência solar.

Tais providências, acompanhadas da organização da vegetação/água nas reentrâncias e proximidade do edifício, aumentam as possibilidades de sombreamentos nessas fachadas e também melhoram o desempenho em termos de umidade relativa do ar nas edificações (Figura 11).

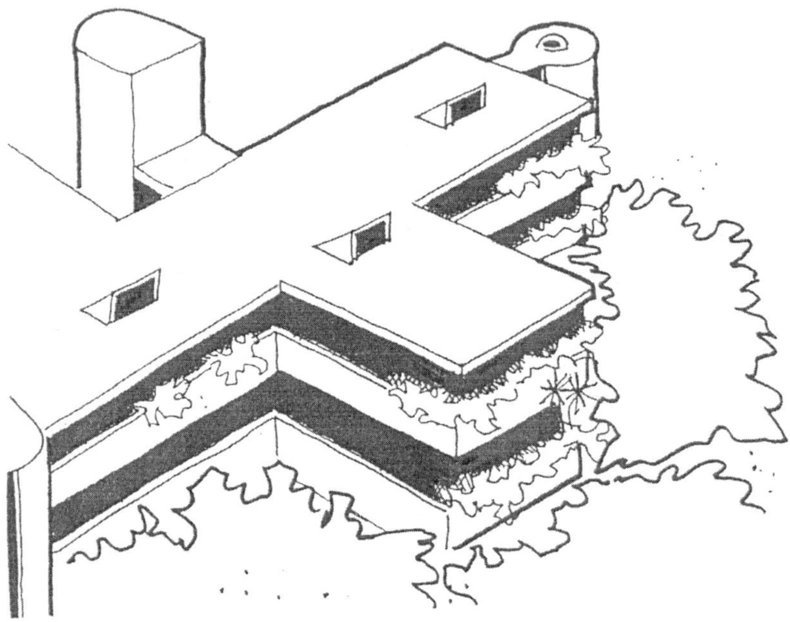

Figura 11. Organizar o espaço do edifício, procurando sombrear o máximo possível as fachadas norte e oeste e fazer penetrar a vegetação no espaço edificado.

**Por uma globalização que nos interessa**

A construção de uma cidade sustentável no Planalto Central e da própria consciência de sustentabilidade passa também pela assimilação da idéia de utilização de fontes de energias renováveis e limpas, da reciclagem e reutilização. Observa-se, todavia, que as políticas de reutilização no Brasil, diferentemente de outras regiões como a Europa, não podem ser pensadas como alternativas às políticas de novas construções, mas sim como soluções complementares e concomitantes.

Sempre tem que se ter em mente as particularidades locais, evitando copiar ou generalizar soluções para problemas diferentes. De toda maneira, sugere-se dar especial atenção aos materiais de demolição e principalmente ao lixo. Destaca-se, nesse caso, a utilização da coleta seletiva, a separação do lixo seco e orgânico, para o reaproveitamento do papel, do plástico, do vidro e a transformação do lixo orgânico em adubo que, juntamente com o esgoto tratado, teriam larga utilização na área rural contígua e na adubação da vegetação urbana, criando um ciclo de reaproveitamento inovador, que certamente caracterizará a ação do homem no século XXI.

Os fatores sociais aparecem também como elementos de suma importância na organização de uma cidade sustentável. A participação dos usuários na projetação do espaço urbano pode se dar das formas mais variáveis possíveis. Entretanto, quanto maior for o grau de identidade entre a organização espacial e seus usuários, como co-autores, maior será o interesse na implantação do projeto e na manutenção dos espaços urbanos concebidos, como também serão mais baixos os gastos para a manutenção da cidade.

Todo esse sistema necessita de uma gestão que promova, a partir de um conhecimento popular profundo, ações concretas no cotidiano da cidade e ao mesmo tempo contribua para a redução da miséria de nossas cidades com gestos ecológicos, como fez, por exemplo, a prefeitura de Curitiba, ao trocar alimentos por lixo seletivamente coletado.

Dentro dessa mesma idéia, pode-se propor a organização, nas periferias urbanas, de hortas comunitárias e medicinais, tão ao gosto do povo goiano e nordestino, que são maioria no DF e região, e/ou, ainda, um paisagismo alimentar, produzindo os apetrechos próprios para a retirada das frutas, ensinando às crianças a brincar com a generosidade da natureza tropical.

A realidade, hoje em dia, vem exigindo métodos de gestão e desenvolvimento de pesquisa, de forma a avançar na aplicação de conhecimentos de cunho cultural (social e ecológico), marcando de maneira genuína, com esses conhecimentos, o projeto urbano e do edifício que se esteja desenvolvendo, evitando a massificação de soluções criadas em outros países e impostas pela globalização, as quais, quando aplicadas às regiões de situações ecológica, econômica e sociais diversas, mesmo com as chamadas adaptações, não passam de alegorias e manifestações claras de dominação econômica e cultural.

Em suma, ao se propor essas idéias, procurou-se resgatar aspectos positivos da relação das formas urbanas com a natureza tropical de planalto, utilizadas há séculos por nossos antepassados no Planalto Central brasileiro, e, ao mesmo tempo, usar tecnologia ambiental para garantir os níveis de conforto da cidade contemporânea, numa perspectiva de construção de uma arquitetura e urbanismo genuínos, naturalmente representativos do local, a qual permitirá uma inserção no global de uma forma consciente e sustentável, como nos interessa.

## Referências bibliográficas

CAMPOS, Lauro. *Homenagem a Marx. O gênio do milênio*. Brasília: Senado Federal, 1999.

GOUVÊA, Luiz Alberto de Campos. *Biocidade: conceitos e critérios para um desenho ambiental urbano em regiões de clima tropical de planalto*. Tese de Pós-doutorado. Barcelona: Universidade Politécnica da Catalunha/UPC, 1999.

___________. *Desenhando a cidade com a natureza*. Tese de Doutorado. São Paulo: Universidade de São Paulo /USP, 1995.